"十二五"江苏省高等学校重点教材（编号：2013-1-082）

21世纪高等院校计算机网络工程专业规划教材

网络设备配置项目化教程
（第二版）

许军　鲁志萍　编著

清华大学出版社

北京

内 容 简 介

  本书以实际的网络环境为基础,把网络组建实际工程中所涉及的相关理论知识和操作方法分解到若干个教学项目中,每个项目包括若干任务。从基本的网络组建规划开始,通过对交换机的基本配置、网络隔离与广播风暴的控制、网络中链路的冗余备份、路由器的基本配置与远程管理、静态路由和动态路由实现网络互联、广域网协议的封装、访问控制列表的应用、利用 NAT 实现互联网的访问等项目任务的实现,使学生掌握相应的网络基础知识,具备一定的网络设备的配置调试能力。

  本书适合作为高职高专计算机网络及相关专业的教材,也可以作为相关网络技术人员在实际网络设备配置调试中的技术参考用书。

图书在版编目(CIP)数据

  网络设备配置项目化教程/许军,鲁志萍编著.--2 版.--北京:清华大学出版社,2015(2020.2 重印)
  21 世纪高等院校计算机网络工程专业规划教材
  ISBN 978-7-302-38941-5

  Ⅰ. ①网… Ⅱ. ①许… ②鲁… Ⅲ. ①网络设备-配置-高等学校-教材 Ⅳ. ①TP393

  中国版本图书馆 CIP 数据核字(2015)第 005690 号

责任编辑:刘向威 薛 阳
封面设计:何凤霞
责任校对:焦丽丽
责任印制:刘海龙

出版发行:清华大学出版社
    网 址:http://www.tup.com.cn,http://www.wqbook.com
    地 址:北京清华大学学研大厦 A 座   邮 编:100084
    社 总 机:010-62770175   邮 购:010-62786544
    投稿与读者服务:010-62776969,c-service@tup.tsinghua.edu.cn
    质量反馈:010-62772015,zhiliang@tup.tsinghua.edu.cn
    课件下载:http://www.tup.com.cn,010-83470236
印 装 者:北京国马印刷厂
经 销:全国新华书店
开 本:185mm×260mm 印 张:22.25   字 数:540 千字
版 次:2012 年 6 月第 1 版 2015 年 3 月第 2 版 印 次:2020 年 2 月第 5 次印刷
印 数:4001~4500
定 价:39.00 元

产品编号:062498-01

前　言

随着网络技术的普及和不断发展,网络已经成为人们学习、工作和生活中不可缺少的一部分。小到一个家庭,大到一个企业,都有构建网络的需要。同时,社会对网络构建相关技术人员的需求也会越来越多。

本书根据高职高专当前普遍采用的"项目化、任务驱动"教学方式编写,内容选取上遵循"实用为主、够用为度、应用为目的、适当拓展"的基本原则,并通过对相关企业调研和相关工作职位的能力分析,尽可能地采用最新和最实用的相关网络知识。本书内容全面,从基本的网络规划到常见的网络设备配置与调试都做了详细的介绍。

全书共由 13 个项目组成,项目 1 企业网络规划,主要介绍企业网络规划所需要的 IP 地址、子网划分以及常用网络测试命令;项目 2 实现企业交换机的远程管理,介绍交换机的基本配置方式及远程管理配置;项目 3 对企业各部门的网络进行隔离及广播风暴控制,介绍交换机上 VLAN 的使用;项目 4 实现企业网络中主干链路的冗余备份,介绍交换机上生成树协议(STP)及端口聚合的使用;项目 5 实现企业各部门 VLAN 之间的互联,介绍采用三层交换机和路由器实现 VLAN 之间路由的过程;项目 6 对企业路由器进行远程管理,介绍路由器的基本配置及远程管理配置;项目 7 通过路由协议实现企业总公司与分公司的联网,介绍静态路由和动态路由(RIP 和 OSPF)的配置;项目 8 在企业总公司与分公司之间进行广域网协议封装,介绍广域网协议(PPP 和帧中继)的封装配置;项目 9 通过路由器的设置控制企业员工的互联网访问,主要介绍访问控制列表(ACL)和网络地址转换(NAT)的使用;项目 10 构建无线局域网,介绍常用的家庭无线宽带路由器和企业无线 AP 的使用;项目 11 通过备份路由设备提供企业网络可靠性,介绍 VRRP 的基本配置;项目 12 对企业网络配置相关的防攻击措施,介绍 DHCP 监听技术,IP 源保护技术和动态 ARP 监测技术等安全配置。项目 13 企业双核心双出口网络的构建案例,用于对各知识综合运用练习。

本书所有项目都能在锐捷的相关设备上实际配置并测试,同时也提供了华为的相关命令参考,对于没有真实设备教学条件的,也可以通过思科的模拟器完成大部分的项目实训。

本书项目 1～项目 11,项目 13 由许军编写,项目 12 由鲁志萍编写。由于编者水平有限,书中难免存在错误和不足之处,殷切期望专家、同行和广大读者批评指正。

命令语法规范

为了能让读者更好地理解相关命令,本书中使用的命令语法规范与产品命令参考手册中的命令语法相同。

- 方括号([ ]):表示可选项。

- 大括号({ }): 表示必选项。
- 竖线(|): 表示分隔符,用于分开可选择的选项。
- 粗体字表示按照显示的文字输入的命令和关键字。
- 斜体字表示需要用户输入具体的值代替。

编　者

目 录

V

项目 1 企业网络规划

1. 项目描述

利用保留的 C 类网络号对企业网络进行子网划分,要求划分的子网数为 6 个,确定子网掩码、每个子网的有效 IP 地址范围和广播地址。

2. 项目目标

- 了解 IP 地址的组成;
- 了解子网掩码的作用;
- 掌握子网的划分;
- 熟悉掌握常用网络测试命令。

1.1 预备知识

1.1.1 IP 地址

1. IP 地址的定义

IP 地址就是给每个连接到互联网中的计算机分配的一个 32 位的地址。如果把互联网中计算机相互传递信息的过程看成生活中进行邮寄信件的过程,IP 地址就好比是家庭住址一样,邮寄信件时,邮递员需要知道唯一的家庭住址才能准确地把邮件送到,同样互联网中的计算机为了能相互正常通信,IP 地址在互联网中也是唯一的。

2. IP 地址的组成

按照 TCP/IP 协议规定,IP 地址用二进制来表示,每个 IP 地址长 32 位,例如一个采用二进制形式的 IP 地址是 11000000 10100000 00000001 00000001,由于二进制形式的 IP 地址太长,人们不容易记忆和处理,所以 IP 地址经常采用"点分十进制表示法",即将组成计算机的 IP 地址的 32 位二进制分成 4 段,每段 8 位,中间用小数点隔开,然后将每 8 位二进制转换成十进制数,上面的二进制形式的 IP 地址采用点分十进制表示法为 192.168.1.1。

从另外一个角度来讲,32 位的 IP 地址可以分成两个部分,一部分为网络地址(即网络号);另一部分为主机地址(机主机号),如图 1-1 所示。

3. 公有地址和私有地址

公有地址是在因特网中可以直接使用的 IP 地址,这些地址由因特网信息中心(Internet Network Information Center,Internet NIC)负责分配给注册并向 Internet NIC 提出申请的组织机构。

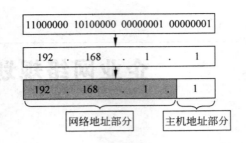

图 1-1　IP 地址的组成

　　私有地址属于非注册地址,专门用于局域网内部,而不能直接用于因特网中。留用的内部私有地址如下。

　　A 类 10.0.0.0~10.255.255.255。

　　B 类 172.16.0.0~172.31.255.255。

　　C 类 192.168.0.0~192.168.255.255。

4. 广播地址和网络地址

　　广播地址和网络地址是两个比较特殊的 IP 地址。IP 地址中主机地址部分全为 0 的为网络地址,它用来描述一个网段,例如:192.168.1.0。IP 地址中主机地址部分全为 1 的为广播地址,用于对网段内所有的主机广播,例如:192.168.1.255。

1.1.2　子网掩码

　　IP 地址由网络号和主机号两部分组成,问题是在一个 IP 地址中有多少位是网络号,而又有多少位是主机号呢? 这个问题可以通过子网掩码来确定。子网掩码不能独立存在,它必须结合 IP 地址一起使用。

1. 子网掩码的格式

　　子网掩码跟 IP 地址类似,也是由 32 位二进制数组成的,也采用点分十进制来表示(在跟 IP 地址一起书写时也经常采用子网掩码中二进制数 1 的位数来表示,例如:192.168.1.1/24 相当于 192.168.1.1　255.255.255.0)。跟 IP 地址不同的是子网掩码中的二进制数 1 和 0 是分别连续的。左边连续的二进制数 1 对应的是网络号的位数;右边连续的二进制数 0 对应的是主机号的位数。

2. 子网掩码的作用

　　子网掩码的作用有两个:一是识别 IP 地址中的网络号和主机号;二是进行子网划分。

　　通过 IP 地址的二进制与子网掩码的二进制进行与运算,可以确定某个 IP 地址具体的网络号和主机号。如果两个 IP 地址在子网掩码的按位与运算下所得结果相同(即网络号相同),那么表示这两个 IP 地址是在同一个子网中的。

　　例如:IP 地址是 202.10.113.24,对应的子网掩码是 255.255.255.0。

十进制 IP 地址	202	.	10	.	113	.	24
二进制 IP 地址	11001010		00001010		01110001		00011000
子网掩码	11111111		11111111		11111111		00000000
AND 运算	11001010		00001010		01110001		00000000

网络号为 202.10.113.0；

主机号为 0.0.0.24。

例如：IP 地址是 120.12.1.2，对应的子网掩码是 255.255.0.0。

十进制 IP 地址	120	.	12	.	1	.	2
二进制 IP 地址	01111000		00001100		00000001		0000010
子网掩码	11111111		11111111		00000000		0000000
AND 运算	01111000		00001100		00000000		0000000

网络号为 120.12.0.0；

主机号为 0.0.1.2。

A 类地址的默认子网掩码为 255.0.0.0；

B 类地址的默认子网掩码为 255.255.0.0；

C 类地址的默认子网掩码为 255.255.255.0。

1.1.3 子网划分

随着互联网应用的不断扩大，原先的 IPv4 的弊端也逐渐暴露出来，即网络号占位太多，而主机号位太少，所以其能提供的主机地址也越来越稀缺，目前除了使用 NAT 在企业内部利用私有地址自行分配以外，通常都对一个高类别的 IP 地址进行再划分，以形成多个子网，提供给不同规模的用户群使用。

子网划分实际上就是通过改变原有的子网掩码长度来改变原有网络规模的大小。子网划分能把原先一个大的网络划分成多个小的网络（增加子网掩码中 1 的位数），同样也可以把多个小的网络合并成一个大的网络（减少子网掩码中 1 的位数）。

1. 标准子网划分

所谓的标准子网划分就是在改变子网掩码长度时是按照 A/B/C 默认的掩码长度来改变的。

例如：一个 A 类的 IP 地址 10.10.10.1，默认的子网掩码长度是 255.0.0.0，这个 IP 地址所属的网络号是：10.0.0.0/8，这时可以通过改变子网掩码长度为 255.255.0.0 来缩小网络的规模。同时也将 10.0.0.0/8 这个大的网络划分成了 256 个小的网络，10.0.0.0/16～10.255.0.0/16。

	网 络 号	子 网 掩 码
划分前的网络	10.0.0.0	255.0.0.0
划分后的网络	10.0.0.0	255.255.0.0
	10.1.0.0	255.255.0.0
	10.2.0.0	255.255.0.0
	⋮	⋮
	10.254.0.0	255.255.0.0
	10.255.0.0	255.255.0.0

例如：一个 C 类的 IP 地址 192.168.1.1，默认的子网掩码长度是 255.255.255.0，这个 IP 地址所属的网络是：192.168.1.0/24，这时可以通过改变子网掩码长度为 255.255.0.0

来扩大网络的规模。同时也将 256 个 C 类网络(192.168.0.0/24～192.168.255.0/24)合并成一个大的网络 192.168.0.0/16。

	网　络　号	子网掩码
	192.168.1.0	255.255.255.0
	192.168.2.0	255.255.255.0
划分前的网络	192.168.3.0	255.255.255.0
	⋮	⋮
	192.168.254.0	255.255.255.0
	192.168.255.0	255.255.255.0
划分后的网络	192.168.0.0	255.255.0.0

2. 非标准子网的划分

非标准子网的划分相对标准子网的划分要复杂一些。但只要掌握基本方法后,也可以很容易地实现。所谓非标准子网是指子网掩码的长度不再是默认的 8/16/24 这三个位数,有可能是其他长度(例如:17 位,9 位等)。所以进行子网划分的关键就是如何确定子网掩码的长度。当把一个大的网络号划分成多个小的网络时,需要把原来主机号部分进行再次划分成子网号和新的主机号,由原来的网络号部分和子网号组成新的网络号。新的网络号的位数就是子网掩码的长度,如图 1-2 所示。

图 1-2　非标准子网划分

例如:某公司有 4 个部门,A 部门有 15 台 PC,B 部门有 20 台 PC,C 部门有 25 台 PC,D 部门有 10 台 PC,现在有一个 C 类地址 192.168.10.0/24,如何给每个部门划分单独的网段?

分析:首先每个部门要有一个单独的网段,公司有 4 个部门,所以至少需要划分 4 个子网。在知道子网数的前提下,可以通过公式 $2^n \geqslant m$($n=$ 子网号的位数,$m=$ 子网数)来求得子网号的位数。根据上面的公式计算,此时的子网号的位数 $n=2$。所以从原有的主机号中取出最高的两位用作子网号,跟原来的网络号组成新的网络号。新的子网掩码长度就是 $24+2=26$(位),如图 1-3 所示。

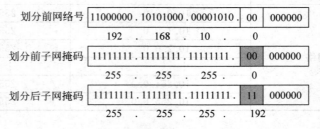

图 1-3　子网划分前后的子网掩码

知道新的子网掩码长度（即新的网络号位数）后，就可以写出划分后的不同子网的网络号，每个子网的可用 IP 地址范围（每个子网的可用 IP 地址的数量可以通过公式 $2^n-2=m$ 求得，$n=$ 主机号位数，$m=$ 可用的 IP 地址数量）及每个子网的广播地址，如图 1-4 所示。

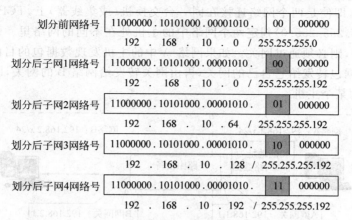

图 1-4　划分后的子网网络号

子网 1 的可用 IP 地址范围为 $192.168.10.1\sim192.168.10.62$；广播地址为 192.168.10.63，如图 1-5 所示。

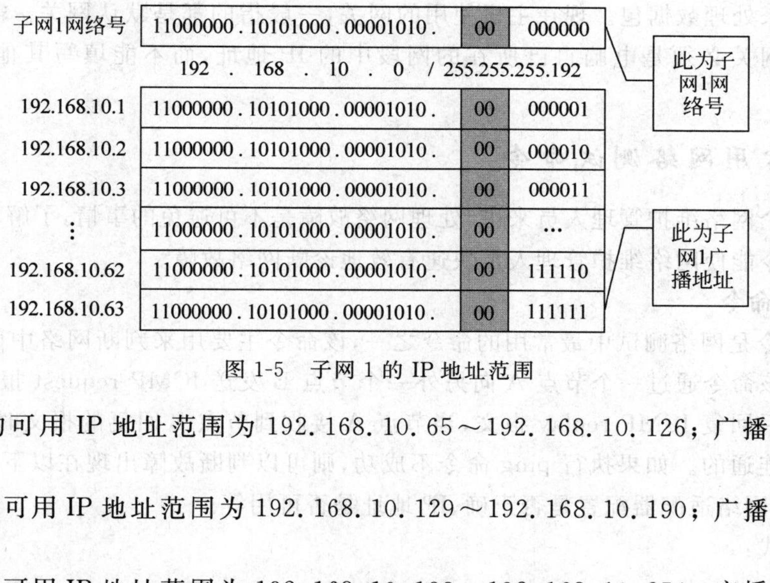

图 1-5　子网 1 的 IP 地址范围

子网 2 的可用 IP 地址范围为 $192.168.10.65\sim192.168.10.126$；广播地址为 192.168.10.127。

子网 3 的可用 IP 地址范围为 $192.168.10.129\sim192.168.10.190$；广播地址为 192.168.10.191。

子网 4 的可用 IP 地址范围为 $192.168.10.193\sim192.168.10.254$；广播地址为 192.168.10.255。

1.1.4　网关

按照不同的分类标准，网关有很多种，有协议网关、应用网关、传输网关、安全网关等。在这里所讲的"网关"均指 TCP/IP 协议下的网关。那么网关到底是什么呢？简单地说，网关就是一个网络连接到另外一个网络的"关口"。网关实质上是一个网络通向其他网络的

IP 地址。如图 1-6 所示,有网络 A 和网络 B,网络 A 的 IP 地址范围为 192.168.1.1～192.168.1.254,子网掩码为 255.255.255.0;网络 B 的 IP 地址范围为 192.168.2.1～192.168.2.254,子网掩码为 255.255.255.0。在没有路由器的情况下,两个网络之间是不能进行 TCP/IP 通信的,即使是两个网络连接在同一台交换机(或集线器)上,TCP/IP 协议也会根据子网掩码(255.255.255.0)判定两个网络中的主机处在不同的网络里。而要实现这两个网络之间的通信,则必须通过网关。如果网络 A 中的主机发现数据包的目的主机不在本地网络中,就把数据包转发给它自己的网关,再由网关转发给网络 B 的网关,网络 B 的网关再转发给网络 B 的某个主机。

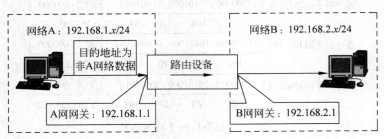

图 1-6　网关示意图

默认网关的意思是一台主机如果找不到可用的网关,就把数据包发给默认指定的网关,由这个网关来处理数据包。现在主机使用的网关,一般指的都是默认网关。需要特别注意的是:默认网关必须是电脑自己所在的网段中的 IP 地址,而不能填写其他网段中的 IP 地址。

1.1.5　常用网络测试命令

对于一个网络维护管理人员来讲,处理网络故障是不可避免的事情,了解和掌握常用的网络测试命令能使网络维护管理人员快速有效地诊断网络故障。

1. ping 命令

ping 命令是网络测试中最常用的命令之一,该命令主要用来判断网络中两个节点之间的连通性。该命令通过一个节点 A 向另外一个节点 B 发送 ICMP request 报文,节点 B 在接收到报文后回复 ICMP replay 报文,当节点 A 接收到节点 B 回复的报文时,就说明两个节点之间是连通的。如果执行 ping 命令不成功,则可以判断故障出现在以下几个方面:网线是否连通、网络适配器配置是否正确、IP 地址是否可用等。

命令格式:

ping IP 地址或主机名　[-t]　[-a]　[-n count]　[-l size]

参数含义:

-t:不停地向目标主机发送数据,直到强迫停止(按 Ctrl ＋ C 键进行终止);

-a:以 IP 地址格式来显示目标主机的网络地址;

-n count:指定要 ping 多少次,具体次数由 count 来指定,默认为 4 次;

-l size:指定发送到目标主机的数据包的大小,默认是 32 字节,最大可以定义到 65 500 字节。

例如：在 Windows 的 MS-DOS 命令行下执行 ping 192.168.1.1 后返回的结果如图 1-7 所示。

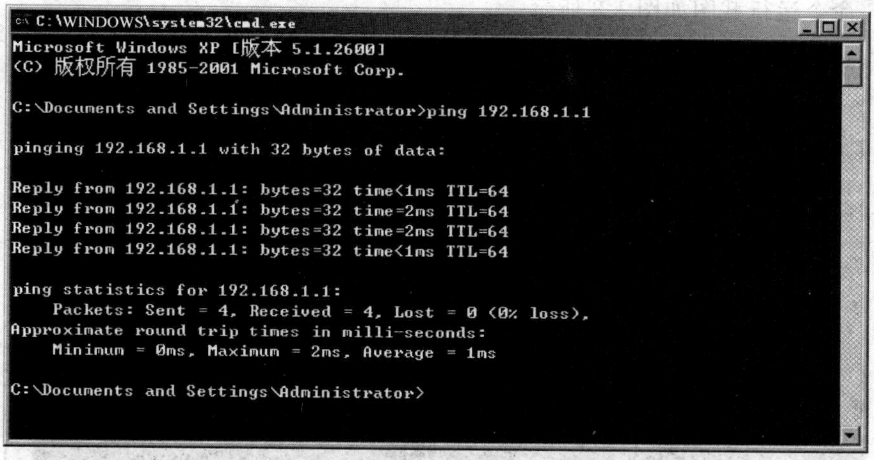

```
C:\WINDOWS\system32\cmd.exe

Microsoft Windows XP [版本 5.1.2600]
<C> 版权所有 1985-2001 Microsoft Corp.

C:\Documents and Settings\Administrator>ping 192.168.1.1

pinging 192.168.1.1 with 32 bytes of data:

Reply from 192.168.1.1: bytes=32 time<1ms TTL=64
Reply from 192.168.1.1: bytes=32 time=2ms TTL=64
Reply from 192.168.1.1: bytes=32 time=2ms TTL=64
Reply from 192.168.1.1: bytes=32 time<1ms TTL=64

ping statistics for 192.168.1.1:
    Packets: Sent = 4, Received = 4, Lost = 0 (0% loss),
Approximate round trip times in milli-seconds:
    Minimun = 0ms, Maximum = 2ms, Average = 1ms

C:\Documents and Settings\Administrator>
```

图 1-7   ping 命令运行结果

从上面返回的结果可以看出，ping 命令在默认情况下，发送测试的数据包大小为 32 个字节，默认发送 4 个数据包。

2. tracert 命令

tracert 命令是用来跟踪路由信息的，使用此命令可以查出数据从本地机器传输到目的主机所经过的所有途径。这对了解网络布局和结构有很大的帮助。命令功能同 ping 类似，但它所获得的信息要比 ping 命令详细得多，它把用户送出的到某一站点的请求包，所走的全部路由都告诉用户，并且通过该路由的 IP 是多少，通过该 IP 的时延是多少都能显示出来。tracert 命令一般用来检测故障的位置，该命令比较适用于大型网络。

命令格式：

tracert IP 地址或主机名　[- d][- h maximumhops][- j host_list] [- w timeout]

参数含义：

-d：不解析目标主机的名字；

-h maximum_hops：指定搜索到目标地址的最大跳跃数；

-j host_list：按照主机列表中的地址释放源路由；

-w timeout：指定超时时间间隔，程序默认的时间单位是毫秒。

tracert 命令通过向目标发送具有变化的"生存时间（TTL）"值的"ICMP 回响请求"消息来确定到达目标的路径。要求路径上的每个路由器在转发数据包之前至少将 IP 数据包中的 TTL 递减 1。这样，TTL 就成为最大链路计数器。数据包上的 TTL 到达 0 时，路由器应该将"ICM 已超时"的消息发送回源计算机。tracert 发送 TTL 为 1 的第一条"回响请求"消息，并在随后的每次发送过程将 TTL 递增 1，直到目标响应或跃点达到最大值，从而确定路径。默认情况下跃点的最大数量是 30，可使用-h 参数指定。检查中间路由器返回的"ICMP 超时"消息与目标返回的"回显答复"消息可确定路径。但是，某些路由器不会为其TTL 值已过期的数据包返回"已超时"消息，而且这些路由器对于 tracert 命令不可见。在这种情况下,将为该跃点显示一行 * 号。

例如:通过 tracert www.163.com 命令来了解自己的计算机到 163 网站服务器之间的路由情况,命令运行截图如图 1-8 所示。

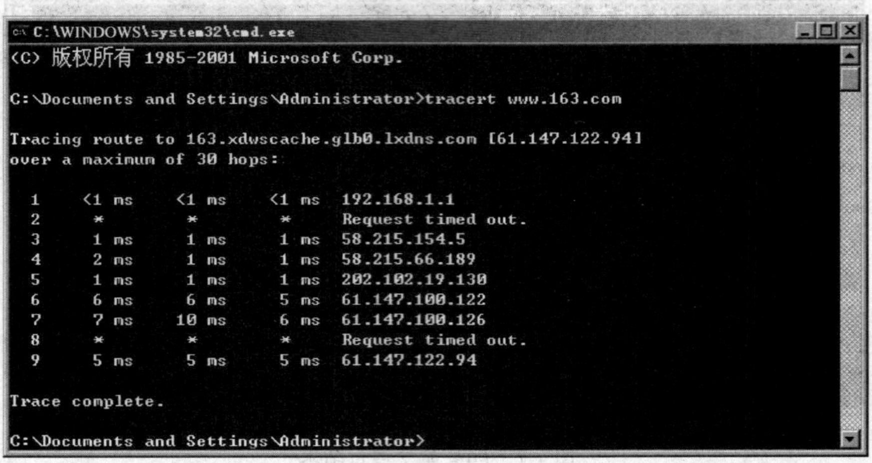

```
C:\WINDOWS\system32\cmd.exe
(C) 版权所有 1985-2001 Microsoft Corp.

C:\Documents and Settings\Administrator>tracert www.163.com

Tracing route to 163.xdwscache.glb0.lxdns.com [61.147.122.94]
over a maximum of 30 hops:

  1    <1 ms    <1 ms    <1 ms   192.168.1.1
  2     *        *        *      Request timed out.
  3     1 ms     1 ms     1 ms   58.215.154.5
  4     2 ms     1 ms     1 ms   58.215.66.189
  5     1 ms     1 ms     1 ms   202.102.19.130
  6     6 ms     6 ms     5 ms   61.147.100.122
  7     7 ms    10 ms     6 ms   61.147.100.126
  8     *        *        *      Request timed out.
  9     5 ms     5 ms     5 ms   61.147.122.94

Trace complete.

C:\Documents and Settings\Administrator>
```

图 1-8   tracert 命令运行结果

从上面的结果可以看出到达目标主机经过了 9 个节点,其中有两个节点(也许是出于安全考虑,也许是网络问题)没有回应,所以出现 * 号。

3. ipconfig 命令

ipconfig 命令以窗口的形式显示 IP 协议的具体配置信息,命令可以显示网络适配器的物理地址、主机的 IP 地址、子网掩码以及默认网关等,还可以查看主机名、DNS 服务器、节点类型等相关信息。其中网络适配器的物理地址在检测网络错误时非常有用。

命令格式:

ipconfig [/all] [/renew [adapter] [/release [adapter]

参数含义如下。

/all:显示所有适配器的完整 TCP/IP 配置信息。在没有该参数的情况下 ipconfig 只显示 IP 地址、子网掩码和各个适配器的默认网关值。适配器可以代表物理接口(例如安装的网络适配器)或逻辑接口(例如拨号连接)。

/renew[adapter]:更新所有适配器(如果未指定适配器),或特定适配器(如果包含了 adapter 参数)的 DHCP 配置。该参数仅在具有配置为自动获取 IP 地址的网卡的计算机上可用。

/release[adapter]:发送 DHCP release 消息到 DHCP 服务器,以释放所有适配器(如果未指定适配器)或特定适配器(如果包含了 adapter 参数)的当前 DHCP 配置并丢弃 IP 地址配置。该参数可以禁用配置为自动获取 IP 地址的适配器的 TCP/IP。

例如:通过 ipconfig /all 命令查看适配器完整的 TCP/IP 配置信息如图 1-9 所示。

4. telnet 命令

telnet 是远程登录命令,用户使用该命令可以通过网络远程登录计算机或网络设备(如交换机、路由器等)。在使用 telnet 命令进行远程登录时,必须要先知道要远程登录的主机

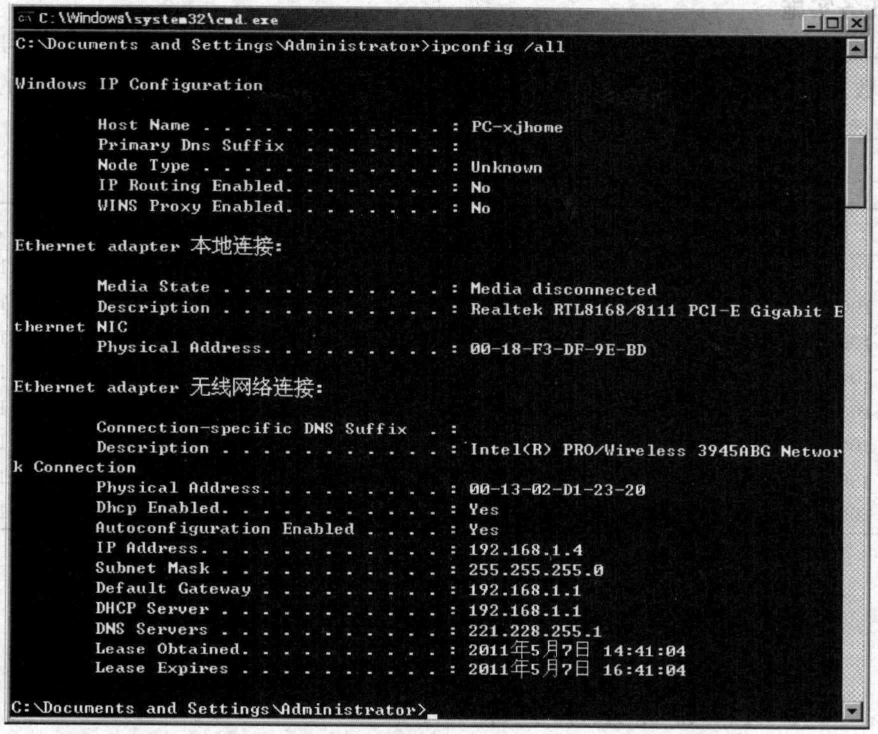

```
C:\Windows\system32\cmd.exe

C:\Documents and Settings\Administrator>ipconfig /all

Windows IP Configuration

        Host Name . . . . . . . . . . . . : PC-xjhome
        Primary Dns Suffix  . . . . . . . :
        Node Type . . . . . . . . . . . . : Unknown
        IP Routing Enabled. . . . . . . . : No
        WINS Proxy Enabled. . . . . . . . : No

Ethernet adapter 本地连接:

        Media State . . . . . . . . . . . : Media disconnected
        Description . . . . . . . . . . . : Realtek RTL8168/8111 PCI-E Gigabit E
thernet NIC
        Physical Address. . . . . . . . . : 00-18-F3-DF-9E-BD

Ethernet adapter 无线网络连接:

        Connection-specific DNS Suffix  . :
        Description . . . . . . . . . . . : Intel(R) PRO/Wireless 3945ABG Networ
k Connection
        Physical Address. . . . . . . . . : 00-13-02-D1-23-20
        Dhcp Enabled. . . . . . . . . . . : Yes
        Autoconfiguration Enabled . . . . : Yes
        IP Address. . . . . . . . . . . . : 192.168.1.4
        Subnet Mask . . . . . . . . . . . : 255.255.255.0
        Default Gateway . . . . . . . . . : 192.168.1.1
        DHCP Server . . . . . . . . . . . : 192.168.1.1
        DNS Servers . . . . . . . . . . . : 221.228.255.1
        Lease Obtained. . . . . . . . . . : 2011年5月7日 14:41:04
        Lease Expires . . . . . . . . . . : 2011年5月7日 16:41:04

C:\Documents and Settings\Administrator>
```

图 1-9 ipconfig 命令运行结果

的 IP 地址或域名地址和用户在远程主机上的合法用户名和密码。

命令格式:

telnet IP 地址/域名地址

例如:用户要远程登录一台名叫 xyz 的计算机,它的网络地址为 xyz.jsit.edu.cn,IP 地址为 192.168.10.1。那么可以用以下两种方式来进行远程登录:

telnet xyz.jsit.edu.cn

或

telnet 192.168.10.1

1.2 项目实施

任务一:企业网络子网划分

1. 任务描述

利用保留的 C 类网络 192.168.100.0 进行企业子网的划分,要求划分 6 个子网,确定子网掩码、每个子网的可用 IP 地址范围和广播地址。

2. 任务实施

首先通过要划分的子网数确定所需要的子网位数,根据公式 $2^n \geqslant m$($n=$子网号的位数,$m=$子网数)可以得出子网位数为 3,由此可以确定子网掩码的长度为 27 位(原来的 24 位加上子网位数),十进制形式为:255.255.255.224。划分的各个子网的情况如表 1-1 所示。

表 1-1　划分的各个子网情况

划分后的子网网络号	子网掩码	可用 IP 地址范围	广播地址
192.168.100.0	255.255.255.224	192.168.100.1～192.168.100.30	192.168.100.31
192.168.100.32	255.255.255.224	192.168.100.33～192.168.100.62	192.168.100.63
192.168.100.64	255.255.255.224	192.168.100.65～192.168.100.94	192.168.100.95
192.168.100.96	255.255.255.224	192.168.100.97～192.168.100.126	192.168.100.127
192.168.100.128	255.255.255.224	192.168.100.129～192.168.100.158	192.168.100.159
192.168.100.160	255.255.255.224	192.168.100.161～192.168.100.190	192.168.100.191
192.168.100.192	255.255.255.224	192.168.100.193～192.168.100.222	192.168.100.223
192.168.100.224	255.255.255.224	192.168.100.225～192.168.100.254	192.168.100.255

1.3　拓 展 知 识

1.3.1　网络故障排除基本步骤

对于网络维护管理人员来讲,当网络出现故障时要能迅速、准确地定位问题并排除故障,这除了要求管理人员对网络协议和技术有深入的理解和经验的积累外,更重要的是要有一个系统化的故障排除方法。通过系统化的故障排除方法,将一个复杂的问题隔离、分解或缩减排错范围,从而及时修复网络故障。

尽管网络故障现象多种多样,但总体上可以将网络故障分为两类:连通性故障和性能故障。

连通性故障是最容易觉察的,一般可以简单地用 ping 命令测试确认。而性能故障比较隐蔽,主要有网络出现拥塞、网络时断时续等现象,有时候需要用专门的测试仪器或测试软件来发现。

在故障排除时有序的思路和有效的方法能使网络管理人员迅速准确地定位故障和排除故障。图 1-10 是一般网络故障排除的处理流程。

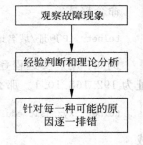

图 1-10　一般网络故障排除流程

1.3.2　常用故障排除方法

常用的网络故障排除方法有:分层故障排除法,分块故障排除法,分段故障排除法和替换法。

1. 分层故障排除法

我们知道因特网技术本身就是一种分层架构技术。所以在分析和排除故障时同样可以采用分层的方法。分层故障排除法要求按照 OSI 参考模型,从物理层到应用层,逐层排除故障,最终解决问题,那么具体在每一层应该关注哪些问题呢?

物理层负责通过某种介质提供到另一设备的物理连接,所以需要关注的主要是电缆、连接头等物理设备,例如电缆连接是否正确,连接头接触是否良好等。

数据链路层负责在网络层与物理层之间进行信息传输,在该层主要关注的是链路层封装的协议是否一致。例如路由器端口上链路层封装的协议。

网络层负责实现数据的路由传输,在该层除了要关注 IP 地址、子网掩码和网关等设置外,还有就是各个路由器上的路由表,沿着源地址到目的地址的路径查看路由器上的路由表,同时检查路由器的各个接口 IP 地址是排除网络层故障的基本方法。

高层协议负责端到端的数据传输,在该层主要检查终端安装的网络协议、软件等情况,例如 TCP/IP 协议安装是否正确,是否开启了防火墙阻止了相关通信等。

2. 分块故障排除法

分块故障排除法是排除网络设备(如交换机、路由器等)故障的常用方法。这是因为网络设备的配置一般可以分成以下几个部分:

* 网络管理部分(设备名称设置、安全口令设置、服务设置等)。
* 端口部分(端口 IP 设置、协议封装、认证等)。
* 路由协议部分(静态路由、直连路由、缺省路由、动态路由、路由的重分发等)。
* 策略部分(路由策略、安全配置等)。
* 接入部分(主控制台、telnet 登录等)。
* 其他应用部分(语音配置、VPN 配置、QoS 配置等)。

可以根据故障现象来分析问题在哪些部分,然后进行故障排除。例如当在路由器上用相关命令查看路由信息时只显示直连路由,那可以判断可能是由于路由协议部分(没有配置路由协议或路由协议配置不正确等)的问题导致相关路由信息缺失。

3. 分段故障排除法

分段故障排除法是把发生故障的网络分为若干段,逐步测试排除故障,这对排除大型复杂的广域网络的故障是很有效的,有助于快速地定位故障点。对网络分段时一般都是以相应的网络设备(如交换机、路由器等)为分界点的。例如主机到交换机为一段,交换机到路由器为一段,路由器到路由器为一段等,如图 1-11 所示。

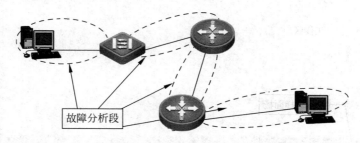

故障分析段

图 1-11　分段故障排除法

4. 替换法

替换法是在检测硬件是否存在问题时最常用的方法。当怀疑网线有问题时,可以更换一根确定好的网线,当怀疑交换机有问题时,可以用一台确认好的交换机来代替。

针对不同的网络故障可以采用不同的故障排除方法,但排除故障的流程基本是一样的。网络故障的及时准确排除不仅需要正确的故障排除方法,同时也需要以丰富的故障排除经验和扎实的理论技术为基础,这样才能够快速准确地定位和排除故障。

1.3.3 思科模拟器 Packet Tracer 的基本介绍

Packet Tracer 是 Cisco 公司针对其 CCNA 认证开发的一个辅助学习工具,它也是一个用来设计、配置和故障排除网络的模拟软件。使用者可在软件的图形用户界面上直接使用拖曳方法构建网络拓扑,软件中实现的 IOS 子集允许学生配置设备。软件还提供一个分组传输模拟功能让使用者观察分组在网络中的传输过程。该软件非常适合网络设备初学者使用。软件官方下载链接如下:

http://cisco.netacad.net/cnams/resourcewindow/noncurr/downloadTools/app_files/PacketTracer53_setup.exe

下载好软件后,安装非常简单,用鼠标双击软件安装程序,然后跟着安装向导一直单击"下一步",直到软件安装结束。安装成功后桌面上会有软件运行快捷图标出现,如图 1-12 所示。

图 1-12 Packet Tracer 快捷图标

1. Packet Tracer 软件运行界面

此时双击快捷图标运行软件,会出现如图 1-13 所示的软件界面。

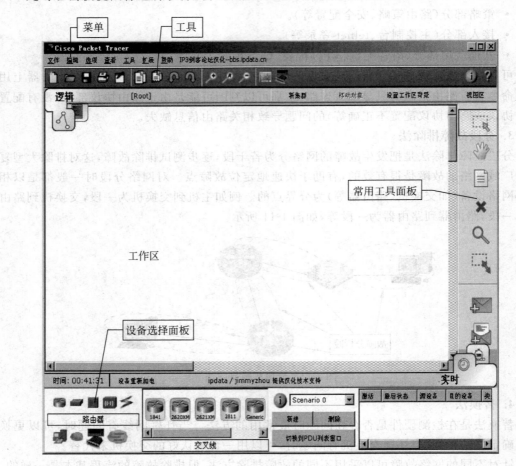

图 1-13 Packet Tracer 软件运行界面

软件的运行界面跟大部分软件的类似,最上面是菜单栏和工具栏,中间空白区域为工作区,工作区分为逻辑工作区和物理工作区,在逻辑工作区内可以完成网络设备的逻辑连接和设置,也是主要的工作区;物理工作区提供了办公地点(城市、办公室、工作间等)和设备的直观图。工作区右边是工具面板,上面放置着选择、移动、标签和删除等几个常用的工具。最下面是设备选择面板,设备选择面板分为两个部分。左边为选择设备的类型,有路由器、交换机、集线器、无线设备、线缆、终端设备、仿真广域网、自定义设备、多用户连接等;右边显示不同型号的某一类设备。

路由器的类型列表如图 1-14 所示。

图 1-14　路由器类型列表

交换机的类型列表如图 1-15 所示。

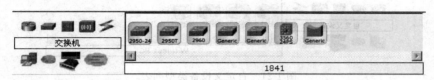

图 1-15　交换机类型列表

集线器的类型列表如图 1-16 所示。

图 1-16　集线器类型列表

无线设备类型列表如图 1-17 所示。

图 1-17　无线设备类型列表

线缆类型列表如图 1-18 所示。

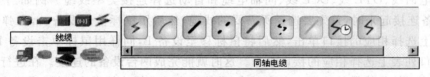

图 1-18　线缆类型列表

终端设备类型列表如图 1-19 所示。

图 1-19　终端设备类型列表

仿真广域网设备类型列表如图 1-20 所示。

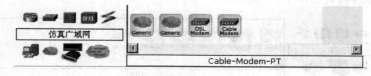

图 1-20　仿真广域网设备类型列表

自定义设备类型列表如图 1-21 所示。

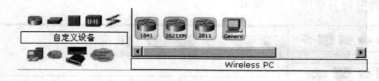

图 1-21　自定义设备类型列表

多用户接入设备类型列表如图 1-22 所示。

图 1-22　多用户接入设备类型列表

2. Packet Tracer 软件基本操作

1）在逻辑工作区添加/删除设备

可以通过鼠标拖曳相关设备的图标到逻辑工作区的方式来添加，也可以先用鼠标选择某个设备，然后将鼠标移至工作区单击鼠标的方式来添加。

当要删除工作区上的某个设备时，只要先选中要删除的设备，然后用鼠标单击右边工具面板上的删除按钮即可。

2）设备之间的连线

设备之间的连线也就是缆线的使用，模拟器提供了多种线缆，有配置线、直通线、交叉线、光纤、电话线、DTE 线、DCE 线、同轴电缆和自动选择连接类型线缆。例如当要将 A 和 B 两个设备连接起来时，首先要选择所需要的线缆，然后用鼠标单击设备 A，在弹出的设备接口列表上选择相应的接口单击，然后将鼠标移至设备 B，同样用鼠标单击设备 B，在弹出的设备接口列表上选择相应的接口单击。这时就能完成两台设备的连接。在进行设备连接时特别要注意的是线缆的选择一定要正确，虽然有自动选择连接类型线缆，但不建议大家用这个,因为这毕竟是一个软件来模拟的设备,跟真实设备还是会有一些区别的。所以在选用线缆时建议按照网络的标准要求进行。

3) 设备的基本配置

在该模拟器中,用鼠标单击工作区上的任何设备(如 PC 终端、交换机、路由器等),都会弹出一个设备的配置窗口。通过这个配置窗口,可以很方便地完成对相关设备的基本配置。这里以 PC 终端为例,其他设备在后面的学习中再去逐个认识。在单击 PC 终端设备时,弹出的配置窗口如图 1-23 所示。

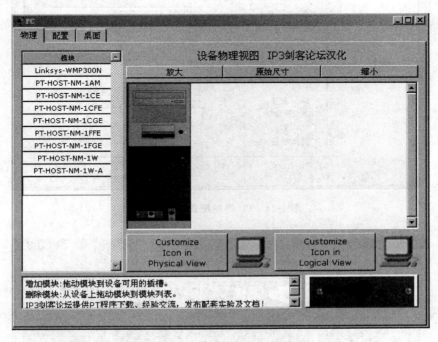

图 1-23　PC 终端配置窗口

从上面这个弹出的窗口上看到,总共有三个页面:物理、配置和桌面。在物理页面的左边是模块列表,不同的模块有不同的功能,这些模块可以添加到 PC 上,主要是无线网卡和不同类型的网卡。中间是 PC 设备物理视图,注意中间棕色的按钮,这个是设备的电源开关,上面有个绿色的灯,单击电源开关可以开启和关闭设备,当上面的灯显示绿色时,表示设备开启,当上面的灯显示黑色时表示关闭设备。在机箱下部是模块接口,当要更换模块时,注意必须关闭电源(即电源开关上面的灯显示为黑色),然后先移除上面原有的模块,再把新的模块移上去。其他设备如交换机、路由器等在更换模块时也需要这样按照顺序进行。在进入配置页面时,必须先开启电源。PC 终端的配置页面如图 1-24 所示。

在配置页面上,可以很方便地对 PC 终端设备的网络接口配置相关参数,如 IP 地址、子网掩码和网关等。而 PC 终端的桌面除了可以用来设置 IP 地址外,还可以使用一些应用服务,如拨号、终端服务、命令提示符、IE 浏览器等。PC 终端的桌面如图 1-25 所示(不同的版本会有一些区别)。

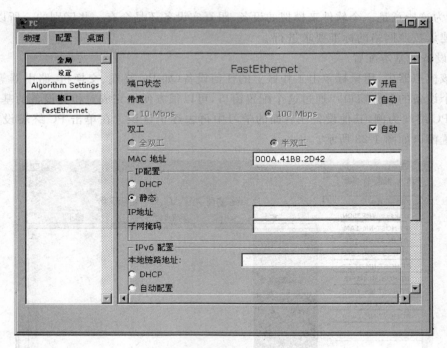

图 1-24　PC 终端配置页面窗口

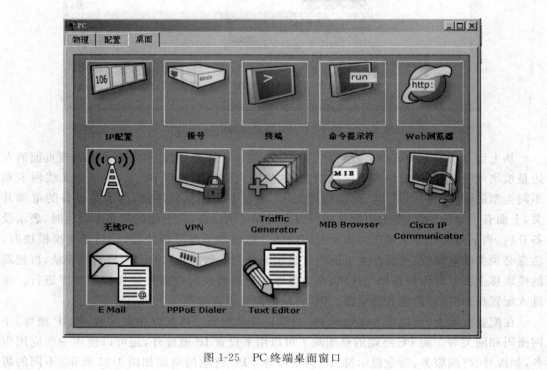

图 1-25　PC 终端桌面窗口

1.4 项目实训

办公室有两台 PC 和一台服务器,用交换机进行连接,组成一个简单的局域网,如图 1-26 所示,对 PC 和服务器配置相关 IP 地址等设置,使用常用网络命令进行网络测试。

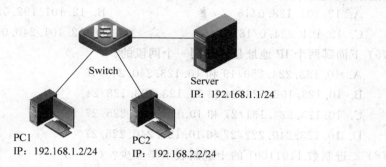

图 1-26　简单的局域网

基本要求如表 1-2 所示。

(1) 正确选择设备并使用线缆连接;

(2) 正确给 PC1、PC2 和 Server 配置相关 IP 地址及子网掩码等参数;

(3) 在 PC1 和 PC2 上分别用 ping 命令 ping Server,查看结果并分析。

拓展要求:

在 Server 上开启 HTTP、DHCP、DNS 等服务,并进行测试。

表 1-2　项目 1 考核表

序　号	项目考核知识点	参考分值	评　价
1	设备连接	2	
2	配置 IP 地址及子网掩码等参数	3	
3	ping 命令检测网络	2	
	合　计	7	

1.5 习　题

1. 选择题

(1) 公司想利用保留的 C 类网络号划分多个子网,每个子网最多可用的 IP 地址数为 13个,如果想获得最大数量的子网数,要使用(　　)子网掩码。

　　A. 255.255.255.192　　　　　　　　B. 255.255.255.128

　　C. 255.255.255.240　　　　　　　　D. 255.255.255.224

(2) 下面哪一项是错误的?(　　)

　　A. IP 地址的长度为 32 个二进制位

　　B. 所有的 IP 地址都可以在 Internet 中使用

　　C. IP 地址由网络号和主机号两部分组成

D. IP 地址常用点分十进制表示

（3）下面哪一个是广播地址？（　　　）

    A. 192.168.1.255/8 　　　　　　　　　　B. 192.168.1.255/16

    C. 192.168.1.255/18 　　　　　　　　　　D. 192.168.1.255/24

（4）下面哪一个是网络号？（　　　）

    A. 12.101.128.0/16 　　　　　　　　　　B. 12.101.192.0/17

    C. 12.101.224.0/18 　　　　　　　　　　D. 12.101.240.0/20

（5）下面哪两个 IP 地址是属于同一个网段的？（　　　）

    A. 10.123.224.250/19 和 10.123.240.245/19

    B. 10.123.192.128/24 和 10.123.193.128/24

    C. 10.123.224.161/27 和 10.123.224.225/27

    D. 10.123.240.222/27 和 10.123.240.225/27

（6）二进制数 11011001 的十进制表示是多少？（　　　）

    A. 186 　　　　　　B. 202 　　　　　　C. 217 　　　　　　D. 222

（7）IP 地址是 211.116.18.10，掩码是 255.255.255.252，其广播地址是多少？（　　　）

    A. 211.116.18.255 　　　　　　　　　　B. 211.116.18.12

    C. 211.116.18.11 　　　　　　　　　　D. 211.116.18.8

（8）IP 地址是 202.104.1.190，掩码是 255.255.255.192，其子网网络号是多少？（　　　）

    A. 202.104.1.0 　　　　　　　　　　B. 202.104.1.32

    C. 202.104.1.64 　　　　　　　　　　D. 202.104.1.128

（9）ping 命令发送的报文是（　　　）。

    A. echo request 　　B. echo reply 　　C. TTL 超时 　　D. LCP

（10）为了确定网络层所经过的路由器数目，应使用什么命令？（　　　）

    A. ping 　　　　　　B. arp-a 　　　　　C. telnet 　　　　　D. tracert

2. 简答题

（1）简述子网掩码的作用？

（2）常用的网络故障排除方法有哪些？

（3）假设存在网络 123.120.0.0，子网掩码是 255.255.0.0，现要将该网络划分为 5 个子网，那么使用的子网掩码是多少？每个子网的有效 IP 地址范围是多少？每个子网的广播地址是多少？

（4）假设存在网络 131.107.0.0，子网掩码是 255.255.240.0，那么这个子网可划分几个子网，每个子网的主机 ID 范围是多少？

项目 2 　实现企业交换机的远程管理

1. 项目描述

企业网络覆盖范围较大,网络中的交换机分散在各个楼层,为了能方便有效地对网络中的交换机进行管理与维护,需要对相关交换机设置 telnet 远程管理。

2. 项目目标

- 了解交换机的基本配置方式;
- 熟悉交换机的常用配置视图;
- 掌握帮助命令"?"的使用;
- 掌握 CLI 配置方式的命令书写规则;
- 掌握交换机 telent 远程登录的条件;
- 掌握交换机 telnet 远程登录的基本设置。

2.1　预 备 知 识

2.1.1　交换机的配置方式

对交换机的配置方式有多种,有 CLI 配置方式(也称为本地 Console 口配置方式或命令行配置方式)、telnet 远程登录配置方式、tftp 配置方式和 Web 配置方式等。最为常用的配置方式就是 CLI 配置和 telnet 远程登录配置两种。而本地 Console 口配置是交换机最基本、最直接的配置方式,也是对交换机进行第一次配置时所能采用的唯一方式。因为其他的配置方式都必须预先在交换机上进行相关设置以后才能使用。

在当前的网络组建中,使用得比较多的网络设备品牌主要有 Cisco(思科)、华为、锐捷、神州数码等。不管是哪个品牌的交换机,在对设备(网管型)的管理上都能够采用命令行接口或命令行界面(Command Line Interface,CLI)的方式来进行配置管理。这种配置方式也是新交换机唯一的一种配置方式,其他配置方式都要通过这种方式在交换机上做相应的设置后才能使用,只不过各个厂商在各自的管理命令的细节上会有差别。

2.1.2　CLI 配置方式

CLI 配置界面跟 Windows 中的 DOS 界面以及 Linux 和 UNIX 系统的命令行界面类似,CLI 配置界面不是图形方式,所以对于很多网络管理人员来讲,使用 CLI 方式管理网络是件比较头疼的事情,对于很多初学者来讲也会觉得很难掌握。其实很多人觉得 CLI 配置方式难以掌握并不是因为该方式采用的是命令行方式,而是因为在 CLI 配置方式中存在各种不同的命令视图、语法规则，相应的命令必须在特定的命令视图中才能运行的原因，所以大家在后面的学习过程中，特别需要注意各个命令所处的命令视图。虽然 CLI 配置方式在学习和掌握上不是很方便，但它的配置方式灵活，而且占用资源较少，容易实现，所以基本上所有的网管型设备都支持 CLI 配置方式。下面从以下几个方面来逐步了解 CLI 配置方式。

1. 交换机的连接

CLI 配置方式是一种基于 Console 口的配置方式，在进行具体配置前，首先要将配置用的 PC 和交换机用专用的线缆进行连接，即用专用的配置线(线缆的一头为 RJ45 插头，另一头为 RS-232 串口，如图 2-1 所示)。一头接交换机上的 Console 口(交换机上通常有一个旁边标有 Console 字样的接口)，另一头接 PC 上的 COM 串口，连接示意图如图 2-2 所示。

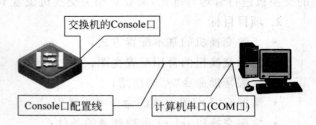

图 2-1　Console 口配置线　　　　　　　图 2-2　交换机 Console 口配置连接示意图

2. 配置终端仿真软件

用 Console 口配置线连接好交换机和电脑后，需要使用终端仿真软件才能进入交换机的 CLI 配置界面。如果想了解交换机的启动过程，那么在运行终端仿真软件之前先关闭交换机的电源，在配置好终端仿真软件后再开启交换机电源。如果不想查看交换机的启动过程，那么也可先开启交换机电源，后配置终端仿真软件。

最常用的终端仿真软件就是 Windows 自带的超级终端。该程序位于"开始"菜单→"程序"→"附件"→"通信"群组下面。启动超级终端后，将显示"连接描述"对话框，如图 2-3 所示。

在"名称"下方的输入框中为本次连接设置一个名称，可以任意输入，如 rj，然后单击"确定"按钮。在下一个显示的对话框中要求选择连接所用的串口，如图 2-4 所示。

图 2-3　"连接描述"对话框　　　　　　　图 2-4　选择连接所用的串口

在"连接时使用"下拉列表框中选择所使用的串口,然后单击"确定"按钮,此时会弹出对串口进行设置的对话框,这时可以直接单击"还原为默认值"按钮,或者逐个修改交换机Console 口与计算机串口(COM3)通信的相关参数:"每秒位数"为 9600b/s;"数据位"8 位;"奇偶校验""无";"停止位"1 位;"数据流控制""无",如图 2-5 所示。

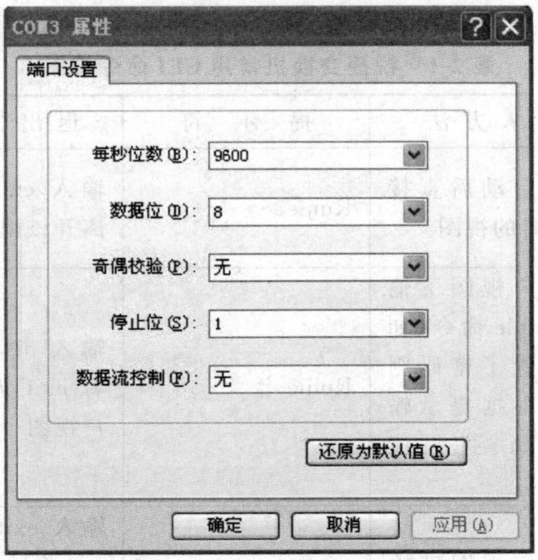

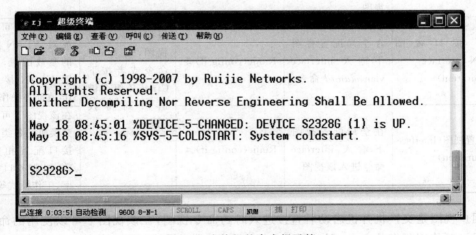

图 2-5 修改 COM3 属性

对串口的各个参数设置完成后,单击"确定"按钮完成超级终端的配置。然后打开交换机电源启动交换机,此时在超级终端的窗口中会显示交换机的启动过程,启动过程结束后按Enter 键,就会出现交换机的命令提示符(图中交换机为锐捷的 RG-S2328G,该交换机默认的命令提示符为 S2328G),如图 2-6 所示。

图 2-6 交换机的命令提示符

3. CLI 配置界面

交换机的 CLI(命令行接口)是交换机与用户之间的交互界面,要配置交换机,就要先了解和熟悉交换机的 CLI,不同品牌的交换机 CLI 会有一些区别(如系统默认的提示符等,锐捷交换机一般用"Ruijie＞",思科的交换机一般用"Switch＞",华为的交换机一般用

项目
2

实现企业交换机的远程管理

"<Quidway>")。下面以锐捷的交换机为例来了解 CLI 配置界面。

由于交换机的不同配置命令是在不同的命令视图下使用的,也就是说当前可用的命令是由当前所处的命令视图决定的。所以先来了解一下交换机常用的命令视图。表 2-1 描述了交换机主要的命令视图、进入方式、提示符、退出方法(表中示例的交换机主机名称均为默认的 Ruijie)。

表 2-1 锐捷交换机常用 CLI 命令视图

命 令 视 图	进 入 方 法	提 示 符	退 出 方 法	说 明
用户视图（User EXEC）	开机启动后直接进入时的视图	Ruijie>	输入 exit 命令离开该视图	在该视图下只能进行基本的测试、显示系统信息
特权视图/系统视图（Privileged EXEC）	在用户视图下输入 enable 命令(如果设置了密码则还要根据提示输入密码)进入该视图	Ruijie #	输入 disable 或者 exit 返回用户视图	使用该视图来验证设置命令的结果。该视图是具有口令保护的
全局配置视图（Global Configuration）	在特权视图下输入 config 命令进入该视图	Ruijie(config)#	输入 exit,或者 end 命令,或者按下 Ctrl＋Z 组合键退回特权视图	在该视图下可以配置应用到整个交换机上的全局参数
配置 VLAN 视图（Config-vlan）	在全局配置视图下输入 vlan *vlan-id* 命令进入该视图	Ruijie （config-vlan)#	输入 exit 命令退回全局配置视图,输入 end 命令或者按下 Ctrl＋Z 组合键退回到特权视图	在该视图下可以配置 VLAN 参数
VLAN 接口视图（VLAN Interface Configuration）	在全局配置视图下输入 interface vlan *vlan-id* 命令	Ruijie(config-if)#		在该视图下可以完成对 VLAN 接口的参数配置,如配置 VLAN 接口的 IP 地址等操作
接口配置视图（Interface Configuration）	在全局配置视图下输入 interface 命令进入该视图	Ruijie(config-if)#		在该视图下可以为交换机的各类主要接口配置相关参数,如业务口的速率、工作模式等

用户视图是交换机开机启动后直接进入时的命令视图,在该视图下可以使用的命令非常有限。要使用所有的命令,则必须进入特权视图(也叫系统视图),其他的命令视图也都必须要进入特权视图以后才能进入。也可以设置进入特权视图的密码,以此来对交换机起到一定的保护作用。要对交换机进行相关配置时,可以进入各种配置视图。

平时在交换机的管理和配置中用得最多的是特权视图和全局配置视图,而在全局配置视图中使用最多的就是接口配置视图和 VLAN 配置视图。在特权视图中使用的命令基本上都是用于管理的,如各种查看操作(show 命令)、对配置文件的操作命令等。而配置模式中的命令用于配置,这里又可以分为全局配置和接口配置,凡是要在交换机所有接口上应用的配置都是全局配置,即在全局配置模式下直接配置;如果要使某项配置仅应用于特定的接口或者 VLAN,则要在相应的接口配置视图或者 VLAN 的接口配置视图下进行配置。

4. 交换机帮助命令"?"的使用

交换机的配置命令有上千条,很多命令后面可以跟多种参数,那么是不是要把每一条命令都记下来呢? 如果要准确无误地把所有命令记下来,这不管是对初学者还是经验丰富的网络工程师来讲,都是一件不现实的事情。尤其是初学者,不需要去死记硬背那些命令,完全可以借助交换机的帮忙命令"?"来快速地查找命令及相关的参数设置。熟悉帮助命令"?"的使用对初学者来讲是很有帮助的。帮助命令"?"的使用有以下几种情况:

(1) 在各种视图提示符后面直接输入"?"。

这时列出当前模式下所有的命令及相关摘要信息。当所显示的信息满一屏时自动停止,这时按一下空格键会显示下一屏内容。如果希望下面的内容一行一行显示的话,可按Enter 键,按一下 Enter 键显示下一行信息。

例如:

```
S2328G>?
Exec commands:
  <1-99>      Session number to resume
  disable     Turn off privileged commands
  disconnect  Disconnect an existing network connection
  enable      Turn on privileged commands
  exit        Exit from the EXEC
  help        Description of the interactive help system
  lock        Lock the terminal
  ping        Send echo messages
  show        Show running system information
  telnet      Open a telnet connection
  traceroute  Trace route to destination

S2328G>
```

(2) 在输入字符串后面紧跟着"?"。

这时所显示的是当前模式下所有以指定字母开头的命令。

例如:

```
S2328G#di?
dir  disable  disconnect
S2328G#di
```

(3) 在命令关键字后面输入空格后再输入"?"。

这时会列出该命令关键字后面所能带的下一个参数列表及相关摘要说明。

例如:

```
S2328G#show ?
AggregatePort        AggregatePort IEEE 802.3ad
```

实现企业交换机的远程管理

```
aaa                      AAA Information
access - group           Show ACL applied on interface
access - lists           Show access list
address - bind           Address binding table
aliases                  Display alias commands
anti - arp - spoofing    Show anti - arp - spoofing setting
arp                      ARP table
class - map              Show QoS Class Map
clock                    Display the system clock
cpu                      CPU using rate
crypto                   Crypto information
debugging                State of each debugging option
        ⋮
S2328G#show
```

帮助命令"?"也是在实际的设备配置和管理中使用较多的命令之一,通过这个命令可以查看当前视图下可用的命令,并查看各命令的基本功能,还可以查看各个命令的可用参数和选项。

交换机一般都提供一个记录历史命令的功能,当需要重复刚才使用过的配置命令时,可以使用向上方向键或者 Ctrl+P 键来查找交换机自动记录的历史命令,不同的交换机记录的历史命令个数会有所不同,有的是 20 条,有的可能只有 10 条。

5. 命令书写规则

(1) 命令不区分大小写。

(2) 命令可以简写,即可以只输入命令关键字的前面一部分字符,只要这部分字符足够识别唯一的命令即可。通常是前面 4 个字母,有些命令可以是最前面 3 个字母,2 个字母,甚至一个字母。

例如:

Switch>enable

可以写成

Switch>en

例如:

Switch>show running - config

可以写成

Switch>show run

(3) 用 Tab 键可以使命令的关键字补充完整。当想要完整显示命令的关键字时,在输入了前面的部分字符(输入的字符个数要能足够识别)后再按一下 Tab 键,这时会自动把命令关键字补充完整。

例如:

Switch>en<Tab>
Switch>enable

例如：

```
Switch > show run < Tab >
Switch > show running - config
```

6. 常见的错误提示

在对交换机配置的过程中难免会出现一些问题，尤其是初学者，命令关键字错误，参数不完整等错误是最常见的，当执行某一条配置命令时，如果这条命令没有语法错误，那么交换机一般是不会有任何提示的。一般只有在出现错误时才会给出相应的提示信息。所以有必要了解交换机的一些常见错误提示信息。尤其是对于英语比较差的人，熟悉这些常见的错误提示信息是很有必要的，能很好地帮助用户了解错误的原因和故障解决方法。常见的错误提示信息有以下几种：

1）% Ambiguous command：＂e＂

"无法识别命令：′e′"，这种情况一般是用户在缩写输入的命令关键字时位数不够，使得该命令无法识别造成的。华为的设备在该种情况下提示的错误信息为"% Ambiguous command found at ′^′ position"。意思为"用户没有输入足够的字符，网络设备无法识别′^′位置的命令"。

例如：

```
Switch # e
 % Ambiguous command: "e"          //无法识别命令"e"
Switch #
```

2）% Incomplete command

"命令不完整"这种错误一般是因为没有输入命令必要的关键字或者变量参数等内容造成的错误。很多命令后面都会有一些必须要的关键字或者变量参数，如果缺少这些内容，命令就会变得不完整。华为的设备在该种情况下提示的错误信息为"% Incomplete command found at ′^′ position"。意思为" ^"位置命令不完整。

例如：

```
Switch # show
 % Incomplete command.          //命令不完整,因为 show 命令后面必须带有相应的参数
Switch #
```

3）% Invalid input detected at ′^′ marker

"检测到′^′位置输入无效"这种错误情况往往是因为输入的命令关键字错误或者变量参数错误造成的，符号"^"指明了产生错误的单词的位置。华为的设备在该种情况下提示的错误信息为"% Unrecognized command found at ′^′ position"意思为" ^"位置命令无法识别。

例如：

```
Switch # show runnning - config
 % Invalid input detected at ′^′ marker.   //running-config 输入错误
Switch #
```

实现企业交换机的远程管理

7. 命令中的 no 和 default 选项

几乎所有的命令中都有 no 这个选项,通常 no 选项是用来取消某个命令的设置或者禁用命令的某个功能的。例如,在接口配置视图下执行 no shutdown 命令,就可以打开原来处于关闭状态的接口。在华为的设备命令中也有类似的选项,即 undo。

部分配置命令都有 default(默认)选项,该选项用来将命令的设置恢复为缺省值。大多数命令的缺省值是禁止该功能,所以在许多情况下,default 选项的作用和 no 选项的作用是一样的。但也有一些命令的缺省值是允许该功能,这时候 default 选项的作用和 no 选项的作用是相反的。

2.1.3 telnet 配置方式

对交换机除了通过本地的 Console 口配置外,还有一种常用的配置方式,即 telnet 配置方式。telnet 配置方式同时也是一种远程登录配置方式,通过该方式,网络管理员可以对连接在网络中的交换机进行远程监控和管理。telnet 配置方式在连接上跟本地 Console 口配置的连接方式有一些不同,本地 Console 口配置使用交换机的专用接口(即 Console 口),而且使用的是专用的配置线缆;而 telnet 配置方式中,配置用计算机与交换机连接时使用的是普通网线,交换机上使用的是普通的业务接口。连接示意图如图 2-7 所示。

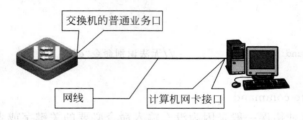

图 2-7 交换机 telnet 配置连接示意图

要实现对交换机进行 telnet 远程登录管理,必须先要通过 Console 口对交换机做以下的准备工作:

(1) 配置交换机的管理 IP 地址。要保证交换机和配置用计算机具有网络连通性,必须保证交换机具有可以管理的 IP 地址。二层交换机一般只支持一个激活的 IP 地址,并且是以 VLAN 的接口 IP 地址的形式存在的,主要用于管理。

(2) 配置用户远程登录密码。在缺省情况下,交换机允许 5 个 VTY 用户登录,但都没有设置口令,为了网络安全,交换机要求远程登录用户必须配置登录口令,否则不能登录。当不设置登录密码时尝试登录会得到 Password required,but none set 的信息提示,同时会跟主机失去连接,如图 2-8 所示。

图 2-8 没有设置用户远程登录密码时的提示信息

（3）配置特权密码：当不配置特权密码时，通过 telnet 远程登录时，是无法进入特权模式的，所以必须要配置进入特权模式的密码，如图 2-9 所示。

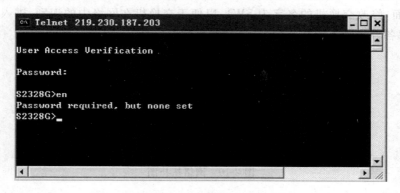

图 2-9　没有设置特权密码时的提示信息

2.1.4　交换机配置信息的保存

交换机的结构跟计算机类似，也可以分成两大部分：硬件和软件。硬件部分也有处理器（CPU）、内存储器（DRAM）、闪存（flash）、总线和输入输出接口等部分。交换机中的软件部分就相当于计算机中的操作系统。交换机的配置大部分是即时起效的，即运行配置命令正确后马上生效。在没有执行保存配置之前，所有的配置信息都是保存在内存储器 DRAM（DRAM 属于挥发性内存，只要停止电流供应，内存中的数据便无法保持）中的，当交换机重启时，所有的配置信息都会丢失。而在实际网络中由于断电或其他原因导致交换机重启是难免的。所以需要把相应的配置信息保存到闪存（flash）中（闪存是一种不挥发性（Non-Volatile）内存，在没有电流供应的条件下也能够长久地保持数据，其存储特性相当于硬盘）。配置信息是以文件（文件名为 config.text）的方式存放在闪存中的。当交换机启动时，首先会去查找闪存（flash）中是否存在配置文件，如果存在，则把配置文件内的配置信息调入内存储器 DRAM 中运行，如果不存在，则按初始化状态配置交换机。所以当要初始化交换机时，只要删除交换机内的配置文件，然后重启交换机就可以了。

交换机有自己的文件系统，在文件系统中除了交换机的配置信息文件外，还有交换机的网络操作系统文件。在对交换机初始化时，删的应该是配置信息文件，千万别误删网络操作系统文件。如果删除了网络操作系统文件，则会导致交换机无法正常启动。

2.2　项 目 实 施

2.2.1　任务一：熟悉交换机的 CLI 配置方式

1. 任务描述

某企业网络中使用的交换机品牌型号有多种，需要网络管理员去熟悉和了解这些不同品牌和型号的交换机，了解这些不同品牌交换机的基本情况，并熟悉交换机的 CLI 配置方式。

实现企业交换机的远程管理

2. 实验网络拓扑图

按网络拓扑图正确连接交换机,如图 2-10 所示并通过配置终端仿真软件进入交换机的 CLI 配置界面,修改交换机的名字为 SW1,以便于交换机在网络中的识别,进入各种常见配置视图,了解各种视图下的相关命令,最后保存配置信息。

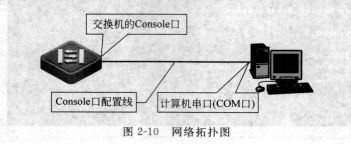

图 2-10　网络拓扑图

3. 设备配置

以锐捷的 RG-S2328G 为例。

```
S2328G > en                                   //进入特权视图
S2328G # config                               //进入全局配置视图
Enter configuration commands, one per line.   End with CNTL/Z.
S2328G(config) # host < Tab >                 //输入 host 后按 Tab 键将命令补充完整
S2328G(config) # hostname SW1                 //修改交换机的名字为 SW1
SW1(config) # s?                              //查看全局配置视图下以字符 s 开头的命令有哪些
service  show  snmp - server  sntp  spanning - tree  switchport
SW1(config) #
SW1(config) # show version                    //显示交换机版本信息
SW1(config) # show users                      //显示当前登录交换机的用户信息
SW1(config) # show ip interface               //显示交换机的 IP 地址配置信息
SW1(config) # inte f0/1                        //进入快速以太网端口 f0/1 的接口视图
SW1(config - if) #
SW1(config - if) # exit                        //退出当前视图
SW1(config) #
SW1(config) # vlan 1                          //进入 VLAN 1 配置视图
SW1(config - vlan) # exit                      //退出当前视图
SW1(config) # interface vlan 1                //进入 VLAN 1 接口配置视图
SW1(config - if) # exit
SW1(config) # line vty 0 4                    //进图 VTY 用户配置视图
SW1(config - line) # exit
SW1(config) # exit
SW1 # dir                                     //显示交换机闪存中的文件目录情况
SW1 # write                                   //保存当前配置信息到闪存中
SW1 # dir
SW1 # reload                                  //重启交换机
```

4. 相关命令介绍

1) 进入特权视图命令

视图:用户视图。

命令：

enable

说明：从用户视图进入特权视图，可以使用 exit 或者 disable 命令从特权视图退到用户视图。华为的交换机中进入特权视图的命令为 system-view，具体见拓展知识部分。

2）进入全局配置模式

视图：特权视图。

命令：

config

说明：使用该命令可以从特权视图进入全局配置视图，可以使用 exit，或者 end 命令，或者按 Ctrl＋Z 键退回特权视图。

3）修改交换机名字

视图：全局配置视图。

命令：

hostname *name*
no hostname

参数：

name：交换机的主机名，只能使用字符串、数字以及连接符。最大长度为 63 个字符。

说明：锐捷默认的主机名一般为 Ruijie 和 Switch。个别产品会采用具体的型号来作为默认的主机名，如型号为 RG-S2328G 的交换机的默认主机名为 S2328G，华为的交换机默认的主机名一般为 Quidway，思科的交换机默认的主机名一般为 Switch。no 选项可以用来恢复默认的主机名。

例如：设置交换机的主机名为 SW1。

```
S2328G(config)♯hostname SW1
SW1(config)♯
```

4）进入快速以太网接口视图

视图：全局配置视图。

命令：

interface fastEthernet *mod-num/port-num*

参数：

mod-num：模块号，范围由设备和扩展模块决定。

port-num：模块上的端口号。

说明：使用该命令可以进入具体的某个快速以太网口的接口配置视图。

例如：进入快速以太网口 fastEthernet 0/5 的接口配置视图。

```
Switch(config)♯interface fastEthernet 0/5
Switch(config-if)♯
```

实现企业交换机的远程管理

5) 查看交换机的版本信息

视图：特权视图。

命令：

show version

说明：通过该命令可以查看交换机的型号、软件版本和硬件版本等信息。

例如：

```
Switch(config)# show version
System description      : Ruijie Gigabit Security & Intelligence Access Switch
(S2328G) By Ruijie Network                    //系统描述,在此处能查看交换机的型号
System start time       : 2011 - 5 - 19 10:31:47      //交换机的启动时间
System hardware version : 1.01                        //交换机的硬件版本
System software version : RGNOS10.2.00(2), Release(27523)   //交换机的软件版本
System boot version     : 10.2.22136                  //交换机的 boot 版本
System CTRL version     : 10.2.25697                  //交换机的 CTRL 版本
System serial number    : 1234942570100               //交换机的序列号
Device information:                                   //设备信息
  Device - 1
    Hardware version    : 1.01
    Software version    : RGNOS10.2.00(2), Release(27523)
    BOOT version        : 10.2.22136
    CTRL version        : 10.2.25697
    Serial Number       : 1234942570100
Switch(config)#
```

6) 查看交换机当前配置信息

视图：特权视图。

命令：

show running - config

说明：通过该命令可以查看交换机当前运行的配置信息。当在对交换机进行配置时，可以用该命令来查看配置的信息，当配置正确时，一般都会在配置信息中显示出来。

例如（加粗部分为相关命令配置显示信息）：

```
SW1(config)# show running - config

Building configuration...
Current configuration : 1236 bytes

!
version RGNOS10.2.00(2), Release(27523)(Thu Dec  6 17:43:05 CST 2007 - ubu1server)
hostname SW1
!
vlan 1
!
vlan 10
```

```
!
username usera password 123456
no service password - encryption
!
interface FastEthernet 0/1
!
interface FastEthernet 0/2
  switchport access vlan 10
  duplex full
  speed 100
!
interface FastEthernet 0/3
!
… …
!
interface FastEthernet 0/24
!
interface GigabitEthernet 0/25
!
interface GigabitEthernet 0/26
!
interface VLAN 1
  ip address192.168.10.1 255.255.255.0
  no shutdown
!
line con 0
line vty 0 4
  login local
!
end
SW1(config)#
```

7) 查看存储在闪存中的配置文件内的信息

视图：特权视图。

命令：

```
show startup - config
```

说明：该命令是用来查看配置文件(config. text)内的配置信息的。当配置文件不存在时，无任何信息提示，当配置文件存在时，则显示的结果形式跟 show running-config 命令显示结果类似。

8) 查看交换机 IP 接口信息

视图：特权视图。

命令：

```
show   ip interface
```

说明：该命令用来查看交换机的 IP 接口信息，包括 IP 接口的状态、IP 接口的类型、IP

项
目
2

实现企业交换机的远程管理

接口所配置的 IP 地址等相关信息。

例如：

```
SW1(config)#show   ip interface
VLAN 1
```

IP interface state is: UP   //IP 接口状态：开启
IP interface type is: BROADCAST   //IP 接口类型：广播
IP interface MTU is: 1500   //IP 接口的 MTU: 1500
IP address is: //IP 接口的 IP 地址
 192.168.10.1/24 (primary)
IP address negotiate is: OFF   //IP 地址协商：关闭
Forward direct‑broadcast is: OFF   //转发直接广播：关闭
ICMP mask reply is: ON
Send ICMP redirect is: ON
Send ICMP unreachabled is: ON
DHCP relay is: OFF   //DHCP 中继：关闭
Fast switch is: ON   //快速交换：开启
Help address is:
Proxy ARP is: OFF

9) 查看交换机当前登录的用户信息

视图：特权视图。

命令：

show users

说明：该命令可以查看当前有哪些用户使用何种方式登录到交换机上。从显示的结果中查看登录的用户名、所使用的线路、登录的 IP 地址等信息。

例如：

```
SW1(config)#show users
    Line        User        Host(s)              Idle         Location
*   0 con 0                 idle                 00:00:00
    1 vty 0     usera       idle                 00:00:08     192.168.10.2
SW1(config)#
```

10) 显示闪存中的文件目录

视图：特权视图。

命令：

dir

说明：该命令用来显示闪存中的文件目录情况。

例如：

```
S2328G#dir
    Mode    Link    Size                MTime Name
```

```
       <DIR>    1          0 1970 - 01 - 01 08:00:00 dev/
       <DIR>    1          0 2011 - 05 - 18 10:26:43 ram/
       <DIR>    2          0 2011 - 05 - 18 10:26:55 tmp/
       <DIR>    0          0 1970 - 01 - 01 08:00:00 proc/
                1          8 2011 - 01 - 19 09:38:38 priority.dat
                1    7453632 2007 - 01 - 01 08:15:55 rgnos.bin
------------------------------------------------------------------------
```

2 Files (Total size 7453640 Bytes), 4 Directories.

Total 31457280 bytes (30MB) in this device, 22904832 bytes (21MB) available.

11）保存当前配置信息

视图：特权视图。

命令：

write

说明：该命令当前运行的配置信息以文件的方式写入闪存中，文件名为 config.text。

例如：

```
S2328G#write
Building configuration...
[OK]
S2328G#dir
     Mode   Link      Size              MTime Name
    -------  ----   -------  --------------------  --------------------
     <DIR>    1          0 1970 - 01 - 01 08:00:00 dev/
     <DIR>    1          0 2011 - 05 - 18 10:26:43 ram/
     <DIR>    2          0 2011 - 05 - 18 10:26:55 tmp/
     <DIR>    0          0 1970 - 01 - 01 08:00:00 proc/
              1          8 2011 - 05 - 18 10:51:26 priority.dat
              1    7453632 2007 - 01 - 01 08:15:55 rgnos.bin
              1       1180 2011 - 05 - 18 10:51:26 config.text
    ------------------------------------------------------------------
```

3 Files (Total size 7454820 Bytes), 4 Directories.

Total 31457280 bytes (30MB) in this device, 22913024 bytes (21MB) available.

12）删除配置信息文件

视图：特权视图。

命令：

delete config.text

说明：该命令用于删除闪存中的配置信息文件 config.text。当要对交换机恢复初始状态时，常用该命令来删除原有的配置信息文件，然后重启交换机（重启交换机是为了清除内存储器 DRAM 中的配置信息）。

13）重启交换机

视图：特权视图。

命令：

reload

说明：该命令可以重新启动交换机系统，用来清除内存储器 DRAM 中的配置信息。

例如：

SW1#reload
Processed with reload? [no]y

System Reload Now......
Reload Reason:

2.2.2　任务二：配置交换机的远程 telnet 登录管理

1. 任务描述

某企业网络中的交换机设置较为分散，其中有一台交换机（交换机名字为 SW1）在一楼管理间，而网络管理员的办公室在三楼，为了方便日常维护和管理一楼的交换机，需要对该交换机配置远程 telnet 登录管理方式。

2. 实验网络拓扑

实验网络拓扑如图 2-11 所示。

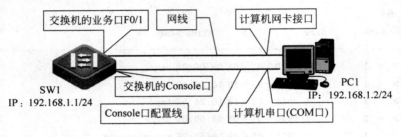

图 2-11　实验网络拓扑

3. 设备配置

```
S2328G>en
S2328G#config
Enter configuration commands, one per line.    End with CNTL/Z.
S2328G(config)#hostname SW1
SW1(config)#
SW1(config)#interface vlan 1                              //进入 VLAN 1 接口配置视图
SW1(config-if)#ip address 192.168.1.1 255.255.255.0    //配置交换机管理 IP 地址
SW1(config-if)#exit
SW1(config)#
SW1(config)#line vty 0 4                                  //进入 VTY 用户配置视图
SW1(config-line)#password 123456                         //配置 VTY 用户登录密码为 123456
SW1(config-line)#login                                    //开启用户登录验证
SW1(config-line)#exit
SW1(config)#enable password 123456                       //设置特权密码为 123456
```

SW1(config)#

4. 相关命令介绍

（1）创建交换机虚拟接口（Switch Virtual Interface，SVI）。

视图：全局配置视图。

命令：

interface vlan *vlan-id*

参数：

vlan-id：VLAN 编号，范围由具体设备决定（一般为 1～4094）。

说明：该命令也属于视图的导航命令，当 vlan-id 对应的交换机虚拟接口存在时，该命令的作用是进入对应的交换机虚拟接口；当 vlan-id 对应的交换机虚拟接口不存在时，则会创建该对应的虚拟接口，并进入交换机虚拟接口，前提条件是该 vlan-id 对应的 VLAN 已经创建存在，否则命令会提示错误信息。

例如：创建 VLAN 1 的交换机虚拟接口（VLAN 1 是交换机默认存在的）。

```
SW1(config)#interface vlan 1
SW1(config-if)#
```

例如：创建 VLAN 20 的交换机虚拟接口（VLAN 20 不存在）。

```
SW1(config)#interface vlan 20
vlan 20 doesn't exist!
% Unrecognized command.
SW1(config)#
```

（2）配置交换机管理 IP 地址。

视图：VLAN 接口视图。

命令：

ip address *ip-address network-mask*
no ip address *ip-address network-mask*

参数：

ip-address：IP 地址，以点分十进制形式表示。

network-mask：子网掩码，以点分十进制形式表示。

说明：交换机默认情况下是没有管理 IP 地址的，可以用 no 选项取消所设置的 IP 地址。在二层交换机上，只有三层口（SVI 即为三层口）才能设置 IP 地址，而且二层交换机不支持次 IP 地址（即一个接口上的第二个 IP 地址，在某些设备上，一个接口上可以配置多个 IP 地址，一个主 IP 地址，其余的为次 IP 地址）。

例如：配置交换的管理 IP 地址为 192.168.10.1/24。

```
SW1(config)#interface vlan 1
SW1(config-if)#ip address192.168.10.1 255.255.255.0
SW1(config-if)#
```

实现企业交换机的远程管理

(3) 进入 VTY 配置视图。

视图：全局配置视图。

命令：

line vty *first－line* [*last－line*]

参数：

first-line：进入 VTY 用户的起始编号。

last-line：进入 VTY 用户的结束编号。

说明：该命令是用来进入相应的 VTY 用户配置视图的，在进入用户配置视图后就可以进行用户配置。在缺省情况下，可用的 VTY 用户数为 5，编号从 0 到 4。last-line 必须要大于 first-line。

例如：

```
SW1(config)#line vty 0 4
SW1(config-line)#
```

(4) 配置远程登录密码。

视图：vty 用户配置视图。

命令：

password{ *password* }
no password

参数：

password：所设置的密码字符。

说明：该命令用来设置对远程 VTY 用户试图通过 line 线路登录进行认证的密码。可以用 no 选项来删除所配置的密码。交换机默认情况下不设置密码是不允许进行远程登录的。有效口令定义如下：

- 必须包含 1~26 个大小写字母和数字字符。
- 口令前面可以有前导空格，但被忽略。中间及结尾的空格则作为口令的一部分。

例如：设置 VTY 用户远程登录密码为 123456。

```
SW1(config-line)#password 123456
SW1(config-line)#
```

(5) 接口开启登录验证。

视图：VTY 用户配置视图。

命令：

login [local]
no login

参数：

local：采用本地用户名和口令验证。

说明：该命令用于设置 VTY 用户远程登录的验证方式，默认情况下是 line 线路简单口令验证,此时需要在 VTY 用户视图下配置远程登录密码,当命令后面使用 local 关键字时,表示 VTY 用户远程登录时使用本地用户名和口令验证,本地用户名和密码在全局配置视图下用 username 命令创建。no 选项的作用是取消 VTY 用户的远程登录验证,此时 VTY 用户远程登录时直接进入用户视图。

例如:设置 VTY 用户验证方式为本地用户名和密码验证。

```
S2328G(config-line)#login local
S2328G(config-line)#
```

(6)设置本地用户名。

视图:全局配置视图。

命令:

username *name* **password** *password*
no username *name*

参数:

name:本地用户名。

password:本地用户名对应的密码。

说明:该命令用于在交换机上创建一个本地用户名和相应的密码,该用户名和密码可以用于 line 线缆远程登录的验证。用 no 选项可以删除对应的本地用户信息。

例如:创建一个本地用户,用户名为 usera,密码为 456789。

```
S2328G(config)#username usera password 456789
S2328G(config)#
```

(7)设置特权密码。

视图:全局配置视图。

命令:

enable password *password*
no enable password

说明:该命令用来设置进入特权视图的验证密码。如果不设置特权密码,远程登录用户是无法进入特权视图的,当设置了特权密码后,从本地 Console 口进行配置时,进入特权视图也要输入密码。也就是说,特权密码对 Console 口的连接也是有效的。

例如:设置交换机的特权密码为 456789。

```
S2328G(config)#enable password 456789
S2328G(config)#
```

2.3 拓 展 知 识

2.3.1 Cisco 交换机常用 CLI 命令视图

Cisco 交换机常用 CLI 命令视图如表 2-2 所示。

38

表 2-2　Cisco 交换机常用 CLI 命令视图

视　图	进入方法	提示符	退出方法	说　明
用户视图（User EXEC）	开机启动后直接进入时的视图	Switch＞	输入 logout 或者 quit 命令	在该视图下只能执行基本的测试、查看等操作
特权视图/系统视图（Privileged EXEC）	在用户视图下输入 enable 命令（如果设置了密码则还要根据提示输入密码）	Switch＃	输入 disable 或者 exit	在该视图下能进行一些针对系统设置的操作。例如对配置文件的操作等
全局配置视图（Global Configuration）	在特权视图下输入 config	Switch (config)＃	输入 exit，或者 end 命令，或者按下 Ctrl＋Z 键退回特权视图	在该视图下可以配置应用到整个交换机上的参数
配置 VLAN 视图（Config-vlan）	在全局配置视图下输入 vlan *vlan-id* 命令	Switch (config-vlan)＃		在该视图下可以配置 VLAN 参数
VLAN 接口视图（VLAN Interface Configuration）	在全局配置视图下输入 interface vlan *vlan-id* 命令	Switch (config-if)＃	输入 exit 命令退回全局配置视图，输入 end 命令或者按下 Ctrl＋Z 键退回特权视图	在该视图下可以完成对 VLAN 接口的参数配置，如配置 VLAN 接口的 IP 地址等操作
接口配置视图（Interface Configuration）	在全局配置视图下输入 interface *interface* 命令	Switch (config-if)＃		在该视图下可以为交换机的各类主要接口配置相关参数，如业务口的速率、工作模式等
线路配置视图（Line Configuration）	在全局配置视图下输入带指定线路的 line vty 或者 line console 命令	Switch (config-line)＃		使用该视图可以为终端线路配置参数

2.3.2　华为交换机的常用命令视图

华为交换机的常用命令视图如表 2-3 所示。

表 2-3　华为交换机的常用命令视图

命令视图	提　示　符	说　明
用户视图	＜Quidway＞	交换机开机直接进入时的视图，在该视图下只能做一些查询操作，而不能进行相关的设置
系统视图	［Quidway］	在用户视图下输入 system-view 命令可以进入该视图，在该视图下可以对交换机进行基本的配置和进入具体的配置视图进行参数配置等操作
以太网端口视图　VLAN 接口视图	［Quidway-Ethernet0/1］ ［Quidway-Vlan-interface1］	在系统视图下使用 interface 命令可以进入相应的端口视图。进入某个以太网端口视图用 interface eth0/*n*，在该视图下主要可以完成端口的参数设置。进入某个 VLAN 接口视图使用 interface vlan *n*，该视图下可以完成对 VLAN 接口配置 IP 地址的操作

命 令 视 图	提 示 符	说 明
VLAN 配置视图	[Quidway-vlan 1]	在系统视图下使用 vlan n 命令可以进行相应的 VLAN 配置视图。在该视图下主要完成 VLAN 的属性配置，如往 VLAN 中添加端口操作等
VTY 用户界面视图	[Quidway-ui-vty0-4]	在系统视图下使用[Quidway]user-interface vty 0 4 命令，可以进入 VTY 用户配置视图。在该视图下可以配置远程登录用户的验证参数等信息

从表 2-2 和表 2-3 中可以看出 Cisco 和华为的命令视图还是有些区别的。例如进入特权视图(系统视图)时，Cisco 使用 enable 命令进入，而华为则采用 system-view 命令进入。其他的区别会在后面学习的过程中逐步给大家介绍。

2.3.3 华为交换机的 telnet 远程登录配置

华为交换机要进行 telnet 远程登录需要做以下设置：
- 配置管理的 IP 地址，保证交换机有用于管理的 IP 地址，并与配置计算机能正常地通信。
- 配置 VTY 用户登录的口令，在缺省情况下，VTY 用户没有口令是无法进行远程登录的。
- 配置 VTY 用户登录的权限，默认远程登录的用户是不具有管理员权限的，这时用户可以登录到交换机上，但不能进行具体的管理操作。如果需要进行远程修改交换机的配置，就需要有管理员的相应权限。

华为交换机的 telnet 远程登录配置命令如下：

```
<Quidway>system-view                        //进入系统视图
Enter system view, return to user view with Ctrl + Z.
[Quidway]interface Vlan-interface 1          //创建并进入 VLAN 1 的接口视图
[Quidway-Vlan-interface1]ip address 192.168.1.1 255.255.255.0
                                             //在 VLAN 1 接口上配置交换机远程管理的 IP 地址
[Quidway-Vlan-interface1]quit
[Quidway]user-interface vty 0 4              //进入远程登录用户管理视图
[Quidway-ui-vty0-4]set authentication password simple 123456
                                             //配置远程登录的密码为123456,密码明码显示
[Quidway-ui-vty0-4]user privilege level 3
                                             //配置远程登录用户的权限为最高权限 3
[Quidway-ui-vty0-4]quit
[Quidway]
```

2.3.4 锐捷和华为相关命令的区别

在锐捷和 Cisco 的命令系统中，退出某个视图采用 exit 命令，而在华为的命令系统中采用 quit 命令；在锐捷和 cisco 的命令系统中，当要取消某个设置时，使用 no 选项，而在华为的命令系统中使用 undo 选项；在锐捷和 Cisco 的命令系统中，进入远程登录用户管理视图使用 line vty 命令，而华为的命令系统中使用 user-interface vty 命令。

实现企业交换机的远程管理

在锐捷和 Cisco 中使用 show 命令来显示相关信息,而华为的命令系统中使用 display。

例如:显示系统信息。

锐捷的命令为 show version

华为的命令为 display version

例如:查看系统当前配置信息。

锐捷的命令为 show running-config

华为的命令为 display current-configuration

例如:保存当前配置信息。

锐捷的命令为 write

华为的命令为 save

例如:删除配置信息文件。

锐捷的命令为 del config. text

华为的命令为 reset saved-configuration

例如:设备重启。

锐捷的命令为 reload

华为的命令为 reboot

2.4 项目实训

企业网络中的交换机 SW1 部署三楼的设备间,网管的工作机 PC1 和 PC2 在一楼的网管中心,如图 2-12 所示,为了方便有效地管理,需要对交换机(SW1)进行远程 telnet 登录管理。

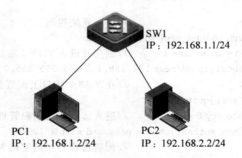

SW1
IP:192.168.1.1/24

PC1
IP:192.168.1.2/24

PC2
IP:192.168.2.2/24

图 2-12 交换机与两台 PC 拓扑图

基本要求:

(1) 正确选择设备并使用线缆连接;

(2) 正确给 PC1、PC2 和 SW1 配置相关 IP 地址及子网掩码等参数;

(3) 在 PC1 和 PC2 上分别用 ping 命令 ping SW1,查看结果并分析原因;

(4) 在 PC1 和 PC2 上分别进行 telnet 远程登录 SW1,查看结果并分析原因;

(5) 在 SW1 上配置远程登录用户密码,然后在 PC1 和 PC2 上再分别进行 telnet 远程登录 SW1,查看结果并分析原因;

(6) 在 SW1 上配置特权密码,然后在 PC1 和 PC2 上再分别进行 telnet 远程登录 SW1,

查看结果并分析原因；

拓展要求：

在 SW1 上配置远程登录用户的密码为 123456,同时使用 login local 命令启用本地用户验证,使用 username 创建一个用户名为 usera 和密码为 456789 的本地用户,然后在 PC1 上进行远程登录测试,查看交换机在两个密码同时设置时,使用的是哪个?

项目 2 考核表如图 2-4 所示。

表 2-4　项目 2 考核表

序　号	项目考核知识点	参 考 分 值	评　价
1	设备连接	2	
2	配置 PC 的 IP 地址及子网掩码等参数	2	
3	配置交换的 IP 地址	1	
4	配置远程用户登录模式及密码	2	
5	设置特权视图密码	1	
6	ping 命令和 telnet 命令测试网络配置	2	
7	拓展要求(选做)	2	
合　计		12	

2.5　习　　题

1. 选择题

(1) 刚出厂的新交换机能使用的配置方式是( )。

    A. telnet 配置方式
    B. Console 口配置方式
    C. TFTP 配置方式
    D. Web 配置方式

(2) 下面哪个选项是正确的?( )

    A. CLI 配置方式占用设备的系统资源少,容易实现

    B. CLI 配置采用图形界面操作方式

    C. CLI 配置方式对初学者来讲较容易掌握

    D. CLI 配置方式只需要用普通网线连接设备

(3) 交换机 Console 口与计算机串口通信的相关参数是( )。

    A. 每秒位数 2400；数据位 8 位；奇偶校验"无"；停止位 2 位；数据流控制"无"

    B. 每秒位数 9600；数据位 8 位；奇偶校验"无"；停止位 2 位；数据流控制"无"

    C. 每秒位数 9600；数据位 8 位；奇偶校验"无"；停止位 1 位；数据流控制"无"

    D. 每秒位数 115 200；数据位 8 位；奇偶校验"无"；停止位 1 位；数据流控制"无"

(4) 交换机启动后直接进入的命令视图是( )。

    A. 用户视图
    B. 系统视图
    C. 接口视图
    D. VLAN 视图

(5) 交换机命令行的配置方式下的帮助命令是( )。

    A. /?
    B. /hp
    C. ?
    D. hp

(6) 按下面哪个键可以把命令中的关键字补充完整?( )。

    A. Ctrl
    B. Alt
    C. →
    D. Tab

实现企业交换机的远程管理

(7) 显示交换机当前配置信息的命令是( )。

    A. show run   B. show save   C. show conf   D. dir

(8) 下面哪条命令用于显示交换机的版本信息? ( )。

    A. show run   B. show users   C. show interface   D. show version

(9) 下面哪种提示符表示交换机现在处于特权模式? ( )

    A. Switch>   B. Switch#

    C. Switch(config)#   D. Switch(confi-if)#

(10) 要在一个接口上配置 IP 地址和子网掩码,正确的命令是哪个? ( )

    A. Switch(config)# ip address 192.168.1.1 255.255.255.0

    B. Switch(confi-if)# ip address 192.168.1.1

    C. Switch(confi-if)# ip address 192.168.1.1 255.255.255.0

    D. Switch(confi-if)# ip address 192.168.1.1 netmask 255.255.255.0

2. 简答题

(1) 交换机的配置方式有哪些?

(2) 要对交换机进行 telnet 远程登录配置,需要满足哪些条件?

(3) 如何操作才能清空交换机的配置信息,使其恢复至出厂状态?

项目 3

对企业各部门的网络进行隔离及广播风暴控制

1. 项目描述

公司网络经常因为有电脑中病毒而导致整个网络中有大量的广播数据存在,使得网络的正常使用受到一定的影响,为此公司决定为各个部门划分不同的 VLAN,减少广播风暴对整个网络的影响。

2. 项目目标

- 理解 VLAN 的概念和作用;
- 理解 VLAN 的帧格式;
- 理解 VLAN 的端口类型;
- 掌握 VLAN 的创建方法;
- 掌握向 VLAN 中添加接口的方法;
- 掌握 VLAN 中 Trunk 端口的使用。

3.1 预 备 知 识

在交换机的管理与配置中,VLAN 技术是一个必须要熟悉和掌握的技术。VLAN 技术既是交换机配置与管理的重点,也是交换机管理与配置的难点。在交换机的管理与配置中,关键是要理解 VLAN 的创建和端口类型的设置。

3.1.1 VLAN 概述

VLAN(Virtual Local Area Network)的中文名为"虚拟局域网"。虚拟局域网(Virtual Local Area Network,VLAN)技术的出现,主要是为了解决交换机在进行局域网互联时无法限制广播的问题。VLAN 技术可以把一个局域网划分成多个逻辑的而不是物理的网络,也就是 VLAN。VLAN 有着和普通物理网络同样的属性,除了没有物理位置的限制,其他和普通局域网都相同。在同一个 VLAN 中的工作站,不论它们实际与哪个交换机连接,它们之间的通信就好像在独立的交换机上一样,同一个 VLAN 中的广播只有 VLAN 中的成员才能收到,而不会传输到其他的 VLAN 中去,这样可以很好地控制不必要的广播风暴的产生。同时,若没有路由,不同 VLAN 之间不能相互通信,这样加强了企业网络中不同部门之间的安全性。网络管理员可以通过配置 VLAN 之间的路由来全面管理企业内部不同管理单元之间的信息互访。

3.1.2　VLAN 的作用

VLAN 的主要用途就是缩小广播域，抑制广播风暴。在传统的共享介质的以太网和交换式的以太网中，所有的用户在同一个广播域中会引起网络性能的下降，浪费宝贵的带宽资源，而且广播对网络性能的影响随着广播域的增大会迅速增强。当网络中的用户大到一定的数量后，网络就会变得不可用，此时唯一的途径就是重新划分网络，把单一结构的大网划分成逻辑上相互独立的小网络。

每个 VLAN 是一个广播域，VLAN 内的主机间通信就和在一个局域网内一样，而 VLAN 间则不能直接互通，这样，广播报文被限制在一个 VLAN 内。VLAN 除了能将网络划分为多个广播域，从而有效地控制广播风暴的发生，以及使网络的拓扑结构变得非常灵活的优点外，还可以用于控制网络中不同部门、不同站点之间的互相访问。

3.1.3　VLAN 的划分

常用的 VLAN 的划分方法有以下几种。

1. 基于端口的划分

基于端口的 VLAN 划分就是根据以太网交换机的端口来划分。也就是说，交换机某些端口连接的主机在一个 VLAN 内，而另一些端口连接的主机在另一个 VLAN 中。VLAN 和端口连接的主机无关。这种 VLAN 划分的优点是定义 VLAN 的成员非常简单，只要指定交换机的端口即可，如果用户要更换 VLAN，只要改变用户接入端口所处的 VLAN。基于端口的 VLAN 是划分虚拟局域网最简单也是最有效的方法，基本上所有支持 VLAN 划分的交换机都支持基于端口的 VLAN 划分。

2. 基于 MAC 地址的划分

基于 MAC 地址的 VLAN 划分方法是根据连接在交换机上的主机的 MAC 地址来划分的。也就是说，某个主机属于哪一个 VLAN 只和它的 MAC 地址有关。与它所连接的端口和使用的 IP 地址无关。这种划分方式最大的优点是当用户改变接入端口时，不用重新配置。缺点是初始的配置量很大，要知道每台主机的 MAC 地址并进行配置。

3. 基于协议的划分

基于协议的划分是根据网络主机使用的网络协议来划分 VLAN，也就是说，主机属于哪一个 VLAN 取决于主机所允许的网络协议（如 IP 协议和 IPX 协议），而与其他因素无关。这种划分方式实际应用非常少，因为目前绝大多数都是运行 IP 协议的主机，所有很难将 VLAN 划分得更小。

4. 基于子网的划分

基于子网的划分就是根据主机所用的 IP 地址所在的网络子网来划分。也就是说，IP 地址属于同一个子网的主机属于同一个 VLAN，而与主机的其他因素无关。这种划分方式比较灵活，用户移动位置而不用重新配置主机或交换机，而且可以根据具体的应用来组织用户。但也有不足的地方，如一个端口有可能存在多个 VLAN 用户，所以对广播报文起不到抑制作用。用户也可以自己改变自己主机的 IP 地址所属的子网进入别的 VLAN，从而无法控制用户的相互访问。

所以从上面几种 VLAN 划分的方式来看，基于端口的 VLAN 划分是最普遍的方法之一,也是目前所有交换机都支持的一种 VLAN 划分方法。

3.1.4 VLAN 数据帧

为了保证不同厂商的设备能够顺序互通,802.1q 标准严格规定了统一的 VLAN 帧格式以及其他重要参数。

802.1q 标准规定在原有的标准以太网帧格式中增加一个特殊的标准域——Tag 域,用于标识数据帧所属的 VLAN ID,其帧格式如图 3-1 所示。

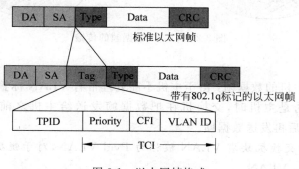

图 3-1 以太网帧格式

Tag 域长度为 4 个字节,其中各个标签的解释如下。

TPID:长度为 2 个字节,协议标识字段,值为固定的 0x8100,说明该帧具有 802.1q 标签。

TCI:长度为 2 个字节,控制信息字段,包括用户优先级、规范格式指示器和 VLAN ID。

Priority:长度为 3 个二进制位,用来指明帧的优先级,一共有 8 种优先级,主要用于当交换机发生拥塞时,决定优先发生哪个数据包。

CFI:长度为一个二进制位,这一位主要用于总线型的以太网与 FDDI、令牌环网交换数据时的帧格式。在以太网交换机中,规范格式指示器总被设置为 0。

VLAN ID:长度为 12 位,指明 VLAN 的 ID,每个支持 802.1q 协议的主机发出的数据包都会包含这个域,以指明自己属于哪一个 VLAN。该字段为 12 位,理论上支持 4096 个 VLAN 的识别。在这 4096 个 VLAN ID 中,0 被用于识别帧的优先级,4095 被预留,所以最多只有 4094 个,这也就是为什么在交换机上创建 VLAN 时 VLAN ID 范围是 1～4094 的原因。

3.1.5 VLAN 数据帧的传输

目前大部分主机都不支持带有 Tag 域的以太网数据帧,即主机只接收和发送标准的以太网数据帧,而会把带有 Tag 域的 VLAN 数据帧当作非法数据。所以支持 VLAN 的交换机在与主机和交换机进行通信时,要区别对待,如图 3-2 所示。

① 交换机从主机接收数据帧:由于主机处理的数据都是不带 VLAN 标签的,所以这时交换机端口从主机上接收到的数据都是不带 VLAN 标签的,交换机会根据该端口所属的缺省 VLAN ID 给该数据帧打上相应的 VLAN 标签,然后发往交换机上其他的端口。

② 交换机与交换机之间传输数据帧:交换机与交换机之间传输的数据帧一般都会被

对企业各部门的网络进行隔离及广播风暴控制

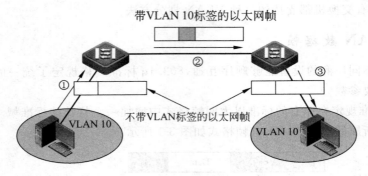

图 3-2　VLAN 数据帧的传输

打上 VLAN 标签。

③ 交换机发往主机的数据帧：由于主机不能处理带有 VLAN 标签的数据帧，所以当交换机目的端口连接的是主机时，交换机在把数据帧发送给主机之前会先把数据帧中的 VLAN 标签删除，然后再发送数据帧。

注意：对于华为交换机缺省 VLAN 被称为 Pvid VLAN，对于锐捷和思科交换机缺省 VLAN 被称为 Native VLAN。

3.1.6　VLAN 的端口类型

根据交换机处理数据帧的不同，交换机的端口可以分为三类：Access、Hybrid 和 Trunk。Access 类型的端口只能属于一个 VLAN，一般用于连接计算机的端口；Trunk 类型的端口可以属于多个 VLAN，可以接收和发送多个 VLAN 的报文，一般用于交换机之间连接的端口；Hybrid 类型的端口可以属于多个 VLAN，可以接收和发送多个 VLAN 的报文，可以用于交换机之间连接，也可以用于连接用户的计算机。Hybrid 端口和 Trunk 端口的不同之处在于 Hybrid 端口可以允许多个 VLAN 的报文发送时不打标签，而 Trunk 端口只允许缺省 VLAN 的报文发送时不打标签。

Access 端口只属于一个 VLAN，所以它的缺省 VLAN 就是它所在的 VLAN，不用设置；Hybrid 端口和 Trunk 端口属于多个 VLAN，所以需要设置缺省 VLAN ID。缺省情况下，Hybrid 端口和 Trunk 端口的缺省 VLAN 为 VLAN 1。如果设置了端口的缺省 VLAN ID，当端口接收到不带 VLAN Tag 的报文后，则将报文转发到属于缺省 VLAN 的端口；当端口发送带有 VLAN Tag 的报文时，如果该报文的 VLAN ID 与端口缺省的 VLAN ID 相同，则系统将去掉报文的 VLAN Tag，然后再发送该报文。

交换机各类 VLAN 端口对数据报文收发的处理如下。

Access 端口接收报文：收到一个报文，判断是否有 VLAN 信息标签：如果没有则打上端口的缺省 VLAN ID 标签，并进行交换转发，如果有则直接丢弃（缺省）。

Access 端口发送报文：将报文的 VLAN 信息标签剥离，直接发送出去。

Trunk 端口接收报文：收到一个报文，判断是否有 VLAN 信息标签：如果没有则打上端口的缺省 VLAN ID 标签，并进行交换转发，如果有则判断该 Trunk 端口是否允许该 VLAN 的数据进入：如果可以则转发，否则丢弃。

Trunk 端口发送报文：比较端口的缺省 VLAN ID 和将要发送报文的 VLAN 信息标

签,如果两者相等则剥离 VLAN 信息标签,再发送,如果不相等则直接发送。

Hybrid 端口接收报文:收到一个报文,判断是否有 VLAN 信息标签:如果没有则打上端口的缺省 VLAN ID 标签,并进行交换转发,如果有则判断该 Hybrid 端口是否允许该 VLAN 的数据进入:如果可以则转发,否则丢弃。

Hybrid 端口发送报文:判断该 VLAN 在本端口的属性(端口对哪些 VLAN 是 untag,对哪些 VLAN 是 Tag)。如果是 untag 则剥离 VLAN 信息标签,再发送,如果是 Tag 则直接发送。

3.2 项 目 实 施

3.2.1 任务一:给公司各个部门划分 VLAN

1. 任务描述

公司有生产、销售、研发、人事、财务等多个部分,这些部门分别连接在两台交换机(SW1 和 SW2)上,现要求给每个部门划分相应的 VLAN,并分配相应的端口。生产部对应的 VLAN ID 为 100,销售部对应的 VLAN ID 为 200,研发部对应的 VLAN ID 为 300,人事部对应的 VLAN ID 为 400,财务部对应的 VLAN ID 为 500,各个部门对应的端口分配如表 3-1 所示。

表 3-1　交换机端口分配表

部　　门	交换机 1(SW1)端口号	交换机 2(SW2)端口号	VLAN ID
生产部	1,3,5,7,9	1~5	100
销售部	2,4,6,8,10	6~10	200
研发部	11~15	11~15	300
人事部	16,18~20	16	400
财务部	21~22	21~22	500

2. 实验网络拓扑图

实验网络拓扑图如图 3-3 所示。

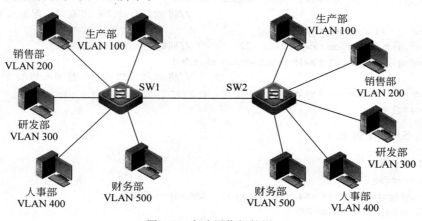

图 3-3　实验网络拓扑图

对企业各部门的网络进行隔离及广播风暴控制

3. 设备配置

交换机 SW1 配置如下:

```
S2328G > en
S2328G # config
Enter configuration commands, one per line.   End with CNTL/Z.
S2328G(config) # hostname SW1
SW1(config) # vlan 100                          //创建 VLAN 100
SW1(config-vlan) # name shengchan               //修改 VLAN 100 的名字为 shengchan
SW1(config-vlan) # vlan 200                      //创建 VLAN 200
SW1(config-vlan) # name xiaoshou                 //修改 VLAN 200 的名字为 xiaoshou
SW1(config-vlan) # vlan 300                      //创建 VLAN 300
SW1(config-vlan) # name yanfa                    //修改 VLAN 300 的名字为 yanfa
SW1(config-vlan) # vlan 400                      //创建 VLAN 400
SW1(config-vlan) # name renshi                   //修改 VLAN 400 的名字为 renshi
SW1(config-vlan) # vlan 500                      //创建 VLAN 500
SW1(config-vlan) # name caiwu                    //修改 VLAN 500 的名字为 caiwu
SW1(config-vlan) # exit
SW1(config) #
SW1(config) # interface fastEthernet 0/1         //进入 F0/1 端口视图
SW1(config-if) # switchport access vlan 100      //将 F0/1 端口加入 VLAN 100 中
SW1(config-if) # exit
SW1(config) # interface range f0/3,0/5,0/7,0/9   //同时进入 F0/3,5,7,9 端口
SW1(config-if-range) # switchport access vlan 100
                                                 //将 F0/3,5,7,9 端口一起加入 VLAN 100 中
SW1(config-if-range) # exit
SW1(config) # interface range f0/2,0/4,0/6,0/8,0/10  //同时进入 F0/2,4,6,8,10 端口
SW1(config-if-range) # switchport access vlan 200
                                                 //将 F0/2,4,6,8,10 端口一起加入 VLAN 200 中
SW1(config-if-range) # exit
SW1(config) # interface range f0/11-15           //同时进入 F0/11 到 F0/15 端口
SW1(config-if-range) # switchport access vlan 300
                                                 //将 F0/11~F0/15 端口一起加入 VLAN 300 中
SW1(config-if-range) # exit
SW1(config) # interface range f0/16,0/18-20      //同时进入 F0/16,18,19,20 端口
SW1(config-if-range) # switchport access vlan 400
                                                 //将 F0/16,18,19,20 端口一起加入 VLAN 400 中
SW1(config-if-range) # exit
SW1(config) # interface range f0/21-22           //同时进入 F0/21,22 端口
SW1(config-if-range) # switchport access vlan 500
                                                 //将 F0/21,22 端口一起加入 VLAN 500 中
SW1(config-if-range) # exit
SW1(config) #
```

交换机 SW2 配置如下:

```
S2328G > en
S2328G # config
Enter configuration commands, one per line.   End with CNTL/Z.
S2328G(config) # hostname SW2
SW2(config) # vlan 100
```

```
SW2(config - vlan) # name shengchan
SW2(config - vlan) # vlan 200
SW2(config - vlan) # name xiaoshou
SW2(config - vlan) # vlan 300
SW2(config - vlan) # name yanfa
SW2(config - vlan) # vlan 400
SW2(config - vlan) # name renshi
SW2(config - vlan) # vlan 500
SW2(config - vlan) # name caiwu
SW2(config - vlan) # exit
SW2(config) #
SW2(config) # interface range f0/1 - 5
SW2(config - if - range) # switchport access vlan 100
SW2(config - if - range) # exit
SW2(config) # interface range f0/6 - 10
SW2(config - if - range) # switchport access vlan 200
SW2(config - if - range) # exit
SW2(config) # interface range f0/11 - 15
SW2(config - if - range) # switchport access vlan 300
SW2(config - if - range) # exit
SW2(config) # interface f0/16
SW2(config - if) # switchport access vlan 400
SW2(config - if) # exit
SW2(config) # interface range f0/21 - 22
SW2(config - if - range) # switchport access vlan 500
SW2(config - if - range) # exit
SW2(config) #
```

4. 相关命令介绍

1）创建 VLAN

视图：全局配置视图/VLAN 配置视图。

命令：

vlan *vlan - id*
no vlan *vlan - id*

参数：

vlan-id：VLAN 的编号，一般的范围是 1～4094。

说明：当输入的 vlan-id 号不存在时，该命令用来创建 vlan-id 号所对应的 VLAN，当输入的 vlan-id 号已经存在时，该命令则是进入 VLAN 配置视图的导航命令。no 选项可以用来删除 vlan-id 号对应的 VLAN。注意，VLAN 1 是默认存在的而且不能被删除。

例如：创建 vlan-id 为 10 的 VLAN。

```
SW1(config) # vlan 10
SW1(config - vlan) #
```

2）设置 VLAN 的名字

视图：VLAN 配置视图。

对企业各部门的网络进行隔离及广播风暴控制

命令：

name *vlan - name*
no name

参数：

vlan-name：VLAN 的名字。

说明：该命令用来给相应的 VLAN 设置名字,便于管理维护和识别。VLAN 默认的名字为 VLAN *XXXX*,其中 *XXXX* 是由 0 开头的 4 位 VLAN ID 号。例如 VLAN 10 的默认名字为 VLAN 0010。该命令可以通过 no 选项来恢复 VLAN 的默认名字。

例如：设置 VLAN 10 的名字为 keyan。

```
SW1(config)#vlan 10
SW1(config-vlan)#name keyan
```

3) 进入一组快速以太网端口视图

视图：全局配置视图。

命令：

interface range fastEthernet {*mod - num/port - num* |, *mod - num/ port - num - port - num* }

参数：

mod-num：模块号,范围由设备和扩展模块决定。

port-num：模块上的端口号。

说明：该命令可以同时进入一组以太网的端口视图,主要用于对多个端口同时配置相同参数的情况。根据多个端口的不同组成情况,命令后面的参数可以有以下几种表示方式：

- 端口组成为多个不连续的端口,如端口 1,3,5,11 组成一组时,命令描述如下：

```
interfacerange fastEthernet 0/1,0/3,0/5,0/11
```

也可以简写为

```
inte range f0/1,0/3,0/5,0/11
```

- 端口组成为多个连续的端口,如端口 11,12,13,14,15,16,17,18 组成一组时,命令描述如下：

```
interfacerange fastEthernet 0/11-18
```

也可以简写为

```
inte range f0/11-18
```

- 端口组成既有不连续的,也有连续的,如端口 11,端口 15,16,17 组成一组时,命令描述如下：

```
interfacerange fastEthernet 0/11,0/15-17
```

也可以简写为

```
inte range f0/11,0/15-17
```

4）将端口添加到 VLAN 中

视图：接口配置视图。

命令：

switchport access **vlan** *vlan - id*
no switchport access **vlan**

参数：

vlan-id：VLAN 的编号，一般的范围是 1～4094。

说明：该命令用来将接口添加到对应的 VLAN 中去，该命令需要在所添加的接口视图下执行，例如，要将交换机的端口 5 添加到 VLAN 10 中去，就先要用 interface 命令进入端口 5 的接口视图，然后在该视图下执行该命令。在执行该命令时，如果命令中所输入的 vlan-id 号不存在，则会自动先创建该 VLAN，然后再将端口添加进该 VLAN。如果命令中输入的 vlan-id 号已经存在，则直接将端口添加进该 VLAN。华为的设备中要将端口添加到 VLAN 中时，可以用两种方式实现，第一种方式跟锐捷的相似，先进入端口视图，然后将端口添加到 VLAN 中去。另外一种方式是在 VLAN 配置视图下，把所需要添加的端口加进来。具体命令见拓展知识部分华为命令。该命令的 no 选项可以让该端口从指定的 VLAN 中删除，回到默认的 VLAN(VLAN 1)中。

例如：将端口 10 添加到 VLAN 20 中去。

```
SW1(config)#interface f0/10
SW1(config-if)#switchport access vlan 20
```

5）查看 VLAN 配置信息

视图：特权视图。

命令：

show vlan [**id** *vlan - id*]

参数：

vlan-id：VLAN 的编号，一般的范围是 1～4094。

说明：该命令用来查看 VLAN 的配置信息。通过该命令可以了解 VLAN 的编号、名称、状态和 VLAN 中所包含的端口号。

例如：查看所有 VLAN 的配置信息。

```
S2328G#show vlan
VLAN Name                             Status    Ports
---- --------------------------       -------   --------------------------------
   1 VLAN 0001                        STATIC    Fa0/6, Fa0/7, Fa0/8, Fa0/9
                                                Fa0/10, Fa0/11, Fa0/12, Fa0/13
                                                Fa0/14, Fa0/15, Fa0/16, Fa0/17
                                                Fa0/18, Fa0/19, Fa0/20, Fa0/21
                                                Fa0/22, Fa0/23, Fa0/24, Gi0/25
                                                Gi0/26
 100 shengchan                        STATIC    Fa0/1, Fa0/2, Fa0/3, Fa0/4
                                                Fa0/5
S2328G#
```

对企业各部门的网络进行隔离及广播风暴控制

例如：查看 VLAN 100 的配置信息。

```
S2328G♯show vlan id 100
VLAN Name                            Status   Ports
──── ───────────────────────         ──────── ───────────────────────────────
100  shengchan                       STATIC   Fa0/1, Fa0/2, Fa0/3, Fa0/4
                                              Fa0/5

S2328G♯
```

3.2.2 任务二：同一部门用户跨交换机的访问控制

1. 任务描述

公司在给各个部门划分 VLAN 后，分别连接在两台交换机(SW1 和 SW2，两交换机通过 F0/24 端口连接)上，同一部门的用户无法进行通信了，现要求连接在两台交换机上的研发、人事、财务三个部门的用户能各自相互访问，生产和销售两个部门隔离两个交换机之间的用户访问。各部门的 VLAN 划分和端口分配如表 3-2 所示。

表 3-2　各部门的 VLAN ID 和交换机端口分配表

部　　门	交换机 1(SW1)端口号	交换机 2(SW2)端口号	VLAN ID
生产部	1～5	1～5	100
销售部	6～10	6～10	200
研发部	11～15	11～15	300
人事部	16～20	16～20	400
财务部	21～22	21～22	500

2. 实验网络拓扑图

实验网络拓扑图如图 3-4 所示。

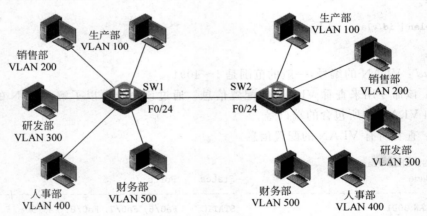

图 3-4　实验网络拓扑图

3. 设备配置

交换机 SW1 配置如下：

```
S2328G>en
S2328G♯config
```

```
Enter configuration commands, one per line.    End with CNTL/Z.
S2328G(config)#hostname SW1
```
//创建各 VLAN
```
SW1(config)#vlan 100
SW1(config-vlan)#name shengchan
SW1(config-vlan)#vlan 200
SW1(config-vlan)#name xiaoshou
SW1(config-vlan)#vlan 300
SW1(config-vlan)#name yanfa
SW1(config-vlan)#vlan 400
SW1(config-vlan)#name renshi
SW1(config-vlan)#vlan 500
SW1(config-vlan)#name caiwu
SW1(config-vlan)#exit
SW1(config)#
```
//分配交换机的各个端口至相应的 VLAN 中
```
SW1(config)#interface range f0/1-5
SW1(config-if-range)#switchport access vlan 100
SW1(config-if-range)#exit
SW1(config)#interface range f0/6-10
SW1(config-if-range)#switchport access vlan 200
SW1(config-if-range)#exit
SW1(config)#interface range f0/11-15
SW1(config-if-range)#switchport access vlan 300
SW1(config-if-range)#exit
SW1(config)#interface range f0/16-20
SW1(config-if-range)#switchport access vlan 400
SW1(config-if-range)#exit
SW1(config)#interface range f0/21-22
SW1(config-if-range)#switchport access vlan 500
SW1(config-if-range)#exit
SW1(config)#
```
//配置交换机之间的连接端口
```
SW1(config)#interface f0/24
SW1(config-if)#switchport mode trunk              //设置端口类型为 trunk
SW1(config-if)#switchport trunk allowed vlan remove 100,200
                                                  //阻止 VLAN 100,200 的数据通过
SW1(config-if)#exit
```

交换机 SW2 配置如下：

```
S2328G>en
S2328G#config
Enter configuration commands, one per line.    End with CNTL/Z.
S2328G(config)#hostname SW2
```
//创建各 VLAN
```
SW2(config)#vlan 100
SW2(config-vlan)#name shengchan
SW2(config-vlan)#vlan 200
SW2(config-vlan)#name xiaoshou
SW2(config-vlan)#vlan 300
```

项目 3

对企业各部门的网络进行隔离及广播风暴控制

```
SW2(config - vlan) # name yanfa
SW2(config - vlan) # vlan 400
SW2(config - vlan) # name renshi
SW2(config - vlan) # vlan 500
SW2(config - vlan) # name caiwu
SW2(config - vlan) # exit
SW2(config) #
//分配交换机的各个端口至相应的 VLAN 中
SW2(config) # interface range f0/1 - 5
SW2(config - if - range) # switchport access vlan 100
SW2(config - if - range) # exit
SW2(config) # interface range f0/6 - 10
SW2(config - if - range) # switchport access vlan 200
SW2(config - if - range) # exit
SW2(config) # interface range f0/11 - 15
SW2(config - if - range) # switchport access vlan 300
SW2(config - if - range) # exit
SW2(config) # interface range f0/16 - 20
SW2(config - if - range) # switchport access vlan 400
SW2(config - if - range) # exit
SW2(config) # interface range f0/21 - 22
SW2(config - if - range) # switchport access vlan 500
SW2(config - if - range) # exit
SW2(config) #
//配置交换机之间的连接端口
SW2(config) # interface f0/24
SW2(config - if) # switchport mode trunk
SW2(config - if) # switchport trunk allowed vlan remove 100,200
SW2(config - if) # exit
```

4. 相关命令介绍

1) 设置 VLAN 端口的类型

视图：接口视图。

命令：

switchport mode { access | **trunk** | **hybrid** }
no switchport mode

参数：

access：设置端口为 Access 端口。

trunk：设置端口为 Trunk 端口。

hybrid：设置端口为 Hybrid 端口。

说明：该命令用来设置交换机接口在 VLAN 中的端口类型，交换机所有的端口默认都是 Access 端口。Access 端口只能属于一个 VLAN，当需要端口属于多个 VLAN 时，需要将端口设置成 Trunk 端口或者 Hybrid 端口。

例如：将端口 F0/24 设置为 Trunk 端口。

```
SW2(config) # interface f0/24
```

```
SW2(config - if)♯switchport mode trunk
```

2）设置 Trunk 端口的许可 VLAN 列表

视图：接口视图

命令：

switchport trunk{allowed vlan { all | [add | remove | except] vlan - list }
no switchport trunk{allowed vlan }

参数：

allowed vlan *vlan-list*：配置这个 Trunk 端口的许可 VLAN 列表。参数 *vlan-list* 可以是一个 VLAN，也可以是一系列 VLAN，以小的 VLAN ID 开头，以大的 VLAN ID 结尾，中间用-符号连接，如 10-20。段之间可以用，符号隔开，如 1-10,20-25,30,33。

all 的含义是许可 VLAN 列表包含所有支持的 VLAN；

add 表示将指定 VLAN 列表加入许可 VLAN 列表；

remove 表示将指定 VLAN 列表从许可 VLAN 列表中删除；

except 表示将除列出的 VLAN 列表外的所有 VLAN 加入许可 VLAN 列表。

说明：在锐捷的交换上 Trunk 端口默认情况下是允许所有的 VLAN 的数据都能通过的。可以通过该命令来改变 Trunk 端口允许通过的 VLAN 列表。该命令同样可以用 no 选项来恢复 Trunk 端口的默认许可的 VLAN 列表。

例如：允许所有的 VLAN 通过 Trunk 端口。

```
SW2(config)♯interface f0/24
SW2(config - if)♯switchport mode trunk
SW2(config - if)♯switchport trunk allowed vlan all
```

例如：将 VLAN 10 和 VLAN 20 从 Trunk 端口的 VLAN 许可列表中去除。

```
SW2(config - if)♯switchport trunk allowed vlan remove 10,20
```

例如：将 VLAN 30 加入 Trunk 端口的 VLAN 许可列表中。

```
SW2(config - if)♯switchport trunk allowed vlan add 30
```

3）设置 Trunk 端口的默认 VLAN

视图：接口视图。

命令：

switchport trunk native vlan vlan - id
no switchport trunk native vlan

参数：

native vlan*vlan-id*：默认 VLAN ID。

说明：该命令是用来设置 Trunk 端口的默认 VLAN，每个端口都有一个默认 VLAN，端口在接收不打 Tag 标签的数据帧时，都会当作默认 VLAN 的数据帧，在转发到其他接口去时，会给这数据帧打上默认 VLAN 的 Tag 标签。同样在 Trunk 端口发送带有默认

对企业各部门的网络进行隔离及广播风暴控制

VLAN 的 Tag 标签的数据帧时,会把 Tag 标签去除。所有端口缺省的默认 VLAN 都是 VLAN 1。Access 类型的端口因为只能属于一个 VLAN,所有端口当前所属的 VLAN 即为默认 VLAN。而 Trunk 端口和 Hybrid 端口都可以同时属于多个 VLAN,所以可以通过相应的命令来设置端口的默认 VLAN。

例如:设置 Trunk 端口的默认 VLAN 为 VLAN 20。

```
SW2(config)＃interface f0/24
SW2(config-if)＃switchport mode trunk
SW2(config-if)＃switchport trunk native vlan 20
```

3.3 拓 展 知 识

3.3.1 PVLAN

PVLAN 即私有 VLAN(Private VLAN),PVLAN 采用两层 VLAN 隔离技术,在一台交换机上存在主 VLAN(Primary VLAN)和从 VLAN(Secondary VLAN),如图 3-5 所示。一个 Primary VLAN 和多个 Secondary VLAN 对应,Primary VLAN 包含所对应的所有 Secondary VLAN 中包含的端口和上行端口,这样对于交换机来说,只需识别下层交换机中的 Primary VLAN,而不必关心 Primary VLAN 中包含的 Secondary VLAN,简化了配置。节省了 VLAN 资源。PVLAN 中各成员虽然同处于一个子网中,但各自只能与自己的默认网关通信,相互之间不能通信。这样一来,就相当于在一个 VLAN 内部实现了 VLAN 本身所具有的隔离特性。开发这种 VLAN 的目的主要是为 ISP 解决客户 VLAN 数太多,超过交换机所允许的最大 4096 个 VLAN 的限制。

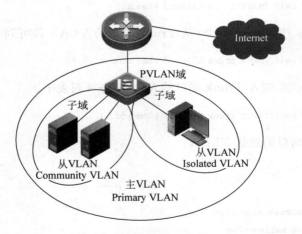

图 3-5　PVLAN 示例

PVLAN 的应用对于保证接入网络的数据通信的安全性是非常有效的。用户只需与自己的默认网关连接,一个 PVLAN 不需要多个 VLAN 和 IP 子网就提供了具备第二层数据通信安全性的连接,所有的用户接入 PVLAN,从而实现了所有用户与默认网关的连接,而与 PVLAN 内的其他用户没有任何访问。PVLAN 功能可以保证同一个 VLAN 中的各个端口相互之间不能通信,但可以穿过 Trunk 端口。这样即使同一 VLAN 中的用户,相互之间也不会受到广播的影响。

1. PVLAN 中的端口类型

在 PVLAN 中,交换机端口有三种类型:隔离端口(Isolated Port)、公共端口(Community Port)和混杂端口(Promiscuous Port)。在 PVLAN 中,Isolated Port 只能和 Promiscuous Port 通信,但彼此不能交流通信流;Community Port 不仅可以和 Promiscuous Port 通信,而且彼此也可以交换通信流;Promiscuous Port 与路由器或者三层交换机接口相连,它收到的通信流可以发往 Isolated Port 和 Community Port。它们分别对应不同的 VLAN 类型:Isolated port 属于 Isolated PVLAN,Community port 属于 Community PVLAN,而代表一个 Private VLAN 整体的是 Primary VLAN,前面两类 VLAN 需要和它绑定在一起,同时它还包括 Promiscuous port。

(1)混杂端口(Promiscuous Port):一个混杂类型端口属于主 VLAN,可以与所有端口通信,包括与主 VLAN 关联的从 VLAN 中的共有端口和隔离 VLAN 中的主机端口。

(2)隔离端口(Isolated Port):一个隔离端口是一个属于隔离 VLAN 中的主机端口(也就是只能与主机连接的端口)。这个端口与同一个 PVLAN 域中的其他端口完全二层隔离,除了混杂端口外。但是,PVLAN 会阻止所有从混杂端口到达隔离端口的通信,从隔离端口接收到的通信仅可以转发到混杂端口上。

(3)公共端口(Community Port):一个公共端口是一个属于公共 VLAN 的主机端口。公共端口可以与同一个公共 VLAN 中的其他端口通信。这些端口与所有其他公共 VLAN 上的端口,以及同一 PVLAN 中的其他隔离端口之间都是二层隔离的。

2. PVLAN 中的 VLAN 类型

PVLAN 中有三种不同类型的 VLAN:主 VLAN(Primary VLAN)、隔离 VLAN(Isolated VLAN)和公共 VLAN(Community VLAN)。隔离 VLAN 和公共 VLAN 都属于从 VLAN(Secondary VLAN)。

PVLAN 功能把一个 VLAN 二层广播域划分为多个子域。一个子域包括一对 PVLAN:一个主 VLAN(Primary VLAN)和一个从 VLAN(Secondary VLAN)。一个 PVLAN 域中可以有多个 PVLAN 对,每个子域一对。PVLAN 域的所有子域中的 PVLAN 对共享相同的主 VLAN,但每个子域中的从 VLAN ID 是不同的。也就是说,一个 PVLAN 域仅有一个主 VLAN(Primary VLAN)。一个 PVLAN 域中的每个端口都是主 VLAN 的成员。

(1)主 VLAN:主 VLAN 承载从混杂端口到隔离端口和共有主机端口以及其他混杂端口的单向通信。

(2)隔离 VLAN:一个 PVLAN 域中仅有一个隔离 VLAN,一个隔离 VLAN 是一个承载从主机到混杂端口和网关之间单向通信的从 VLAN。

(3)公共 VLAN:一个公共 VLAN 是一个承载从公共端口到混杂端口、网关和其他在同一个公共 VLAN 中的主机端口之间单向通信的从 VLAN。

3. PVLAN 当中使用的一些规则

- 一个 Primary VLAN 当中至少有一个 Secondary VLAN,没有上限。
- 一个 Primary VLAN 当中只能有一个 Isolated VLAN,可以有多个 Community

对企业各部门的网络进行隔离及广播风暴控制

VLAN。

- 不同 Primary VLAN 之间的任何端口都不能互相通信(这里"互相通信"是指二层连通性)。
- "Isolated 端口"只能与"混杂端口"通信,除此之外不能与任何其他端口通信。
- "Community 端口"可以和"混杂端口"通信,也可以和同一 Community VLAN 当中的其他物理端口通信,除此之外不能和其他端口通信。

4. PVLAN 配置过程

1) 创建 Primary VLAN

例如：配置 VLAN 20 为主 VLAN

```
S2328G(config)#vlan 20
S2328G(config-vlan)#private-vlan primary
S2328G(config-vlan)#exit
S2328G(config)#show vlan private-vlan

VLAN Type      Status   Routed  Ports               Associated VLANs
---- --------  -------  ------  ------------------  ------------------
20   primary   inactive Disabled

S2328G(config)#
```

2) 创建 Secondary VLAN

创建步骤如表 3-3 所示。

表 3-3　配置 PVLAN 的步骤

步骤	命　令	说　明
1	vlan *vlan-id*	进入要配置的 VLAN 配置模式
2	private-vlan{community │ isolated│ primary}	配置 PVLAN 的类型
	no private-vlan { community │ isolated │ primary}	清除 PVLAN 配置,这个命令的配置要到退出 VLAN 配置模式后才生效
3	end	退出 VLAN 配置模式
4	show vlan private-vlan [*type*]	显示 PVLAN

例如：配置 VLAN 201 为公共 VLAN(Community VLAN),VLAN 202 为隔离 VLAN(Isolated VLAN)。

```
S2328G(config)#vlan 201
S2328G(config-vlan)#private-vlan community
S2328G(config-vlan)#exit
S2328G(config)#vlan 202
S2328G(config-vlan)#private-vlan isolated
S2328G(config-vlan)#exit
S2328G(config)#show vlan private-vlan

VLAN Type      Status   Routed  Ports               Associated VLANs
```

```
---   --------   ------   ------   --------------------        --------------------
20     primary     inactive Disabled
201    community   inactive Disabled                            No Association
202    isolated    inactive Disabled                            No Association

S2328G(config)#
```

3）关联 Secondary VLAN 和 Primary VLAN

例如：关联 Secondary VLAN（VLAN 201,202）和 Primary VLAN（VLAN 20）的配置步骤如表 3-4 所示。

表 3-4　关联 Secondary VLAN 和 Primary VLAN 的配置步骤

步骤	命　令	说　明
1	vlan *p-vlan-id*	进入 Primary VLAN 配置模式
2	private-vlan association { *svlist* | add *svlist* | remove *svlist*}	关联 Secondary VLAN，*svlist* 为 Secondary VLAN 列表
	no private-vlan association	清除与所有 Secondary VLAN 的关联
3	end	退出 VLAN 配置模式
4	show vlan private-vlan [*type*]	显示 PVLAN

```
S2328G(config)#vlan 20
S2328G(config-vlan)#private-vlan association 201,202
S2328G(config-vlan)#show vlan private-vlan

VLAN  Type       Status   Routed  Ports                       Associated VLANs
---   --------   ------   ------   --------------------        --------------------

20     primary     inactive Disabled                            201 - 202
201    community   inactive Disabled                            20
202    isolated    inactive Disabled                            20

S2328G(config-vlan)#
```

4）映射 Secondary VLAN 和 Primary VLAN 的三层接口

映射 Secondary VLAN 和 Primary VLAN 的三层接口配置步骤如表 3-5 所示。

表 3-5　映射 Secondary VLAN 和 Primary VLAN 的三层接口配置步骤

步骤	命　令	说　明
1	Interface vlan *p-vid*	进入 Primary VLAN 的接口模式
2	private-vlan mapping { *svlist* | add *svlist* | remove *svlist*}	映射 Secondary VLAN 到 Primary VLAN 的三层口，*svlist* 为 Secondary VLAN 列表
	no private-vlan mapping	清除所有 Secondary VLAN 的映射
3	end	退出 VLAN 配置模式
4	show vlan private-vlan [*type*]	显示 PVLAN

对企业各部门的网络进行隔离及广播风暴控制

例如：配置 Secondary VLAN 的路由。

```
S2328G# configure terminal
S2328G(config)# interface vlan 20
S2328G(config-if)# private-vlan mapping add 201,202
S2328G(config-if)# end
S2328G#
```

5）配置二层接口的 PVLAN 端口类型

配置二层接口的 PVLAN 端口类型步骤如表 3-6、表 3-7 所示。

表 3-6　配置二层接口作 PVLAN 的主机端口配置步骤

步骤	命令	说明
1	Interface *interface*	进入接口配置模式
2	switchport mode private-vlan host	指定二层接口为 PVLAN 的 host 类型
	noswitchport mode	清除二层接口的 PVLAN 端口类型设置
3	switchport private-vlan host-association *p-vid s-vid*	关联二层接口与 PVLAN
	no switchport private-vlan host-association	取消二层接口与 PVLAN 的关联

例如：将 F0/1 指定为 PVLAN 的主机端口。

```
S2328G(config)# interface f0/1
S2328G(config-if)# switchport mode private-vlan host
S2328G(config-if)# switchport private-vlan host-association 20 201
S2328G(config-if)# show vlan private-vlan

VLAN  Type       Status    Routed   Ports                    Associated VLANs
---   ------     ------    ------   --------------------     ------------------

20    primary    inactive  Enabled                           201-202
201   community  inactive  Disabled Fa0/1                    20
202   isolated   inactive  Disabled                          20

S2328G(config-if)#
```

表 3-7　配置二层接口作 PVLAN 的混杂端口步骤

步骤	命令	说明
1	Interface *interface*	进入接口配置模式
2	switchport mode private-vlan promiscuous	指定二层接口为 PVLAN 的 promiscuous 类型
	noswitchport mode	清除二层接口的 PVLAN 端口类型设置
3	switchport private-vlan mapping *p-vid* {*svlist*| add *svlist*| remove *svlist*}	PVLAN 混杂端口选择所在 VLAN 及混杂的 Secondary VLAN 列表
	no switchport private-vlan mapping	取消混杂所有的 Secondary VLAN

例如：将 F0/3 指定为 PVLAN 的混杂端口。

```
S2328G(config)# interface f0/3
S2328G(config-if)# switchport mode private-vlan promiscuous
```

```
S2328G(config - if)♯switchport private - vlan mapping 20 201
S2328G(config - if)♯show vlan private - vlan

VLAN  Type       Status   Routed    Ports                        Associated VLANs
---   --------   ------   ------    --------------------------   --------------------

20    primary    active   Enabled   Fa0/3                        201 - 202
201   community  active   Disabled  Fa0/1, Fa0/2                 20
202   isolated   active   Disabled                               20

S2328G(config - if)♯
```

3.3.2 华为的相关命令

华为交换机在 VLAN 方面的相关操作命令跟锐捷和 Cisco 的有一些区别,主要相关命令如下:

1) 创建 VLAN

视图:系统视图。

命令:

[undo]vlan *vlan_id*

参数:

vlan_id:指定需要创建或删除的 VLAN 编号,取值范围为 1~4094。

说明:VLAN 命令用来创建 VLAN 并进入 VLAN 配置视图,如果指定的 VLAN 已经存在,则该命令将直接进入该 VLAN 的配置视图。undo vlan 命令用来删除指定的 VLAN。缺省情况下,系统中只存在一个 VLAN,即 VLAN 1。VLAN 1 为缺省 VLAN,无法删除。

2) 向 VLAN 添加端口

视图:VLAN 配置视图。

命令:

[undo]port *port_num* [to *port_num*] & < 1 - 10 >

参数:

port_num:表示要加入的当前 VLAN 中的端口号,由端口类型和端口序号(槽位号/端口号)组成,如 Ethernet0/1(简写 Eth0/1)。一次可以加入一个端口,也可以加入一组或多组端口,最多可以一次加入 10 组端口。关键字 to 之后的端口号要大于或等于 to 之前的端口号。

& < 1-10 >:表示前面的参数最多可以输入 10 次。例如一次加入 1~3,5,7~10 端口到 VLAN 2 中的命令为[Quidway-vlan2]port eth0/1 to eth0/3 eth0/5 eth0/7 to eth0/10。

说明:port 命令用来向当前 VLAN 中添加一个或一组端口。undo port 命令用来从当前 VLAN 中删除一个或一组端口。

3) 将当前端口添加到指定的 VLAN 中

视图:端口视图。

61

对企业各部门的网络进行隔离及广播风暴控制

命令：

[undo]port access vlan *vlan - id*

参数：

vlan-id：当前端口要加入的 VLAN 编号。

4) 指定 VLAN 端口类型

视图：以太网端口视图。

命令：

[undo]port link - type {access|**trunk**|**hybrid**}

参数：

access：将当前端口设置为 Access 端口。

hybrid：将当前端口设置为 Hybrid 端口。

trunk：将当前端口设置为 Trunk 端口。

说明：port link-type 命令用来设置以太网端口的链路类型。undo port link-type 命令用来恢复端口的链路类型为缺省状态，即为 Access 端口。缺省情况下，所有端口均为 Access 端口。Trunk 端口和 Hybrid 端口之间不能直接切换，只能先设为 Access 端口，再设置为其他类型端口。例如：Trunk 端口不能直接被设置为 Hybrid 端口，只能先设为 Access 端口，再设置为 Hybrid 端口。

5) 指定端口的缺省 VLAN ID

视图：以太网端口视图。

命令：

[undo]port trunk pvid vlan *vlan - id*

参数：

vlan-id：需要设置为当前端口缺省 VLAN 的 VLAN 编号，取值范围为 1~4094。

说明：port trunk pvid vlan 命令用来设置 Trunk 端口的缺省 VLAN，对于缺省 VLAN 的报文，Trunk 端口在发送时将不保留 VLAN Tag。undo port trunk pvid 命令用来恢复端口的缺省 VLAN ID。缺省情况下，Trunk 端口的 pvid 是 VLAN 1。在设置了 Trunk 端口的缺省 VLAN 后，还需要使用 port trunk permit vlan 命令使端口允许缺省 VLAN 通过，该端口才能正常发送缺省 VLAN 的报文。如果将某个 Trunk 端口的缺省 VLAN 配置为尚未创建的 VLAN，或没有通过 port trunk permit vlan 命令配置该端口允许缺省 VLAN 通过，则端口将无法接收不带 VLAN Tag 的报文。在修改 Trunk 端口的缺省 VLAN ID 时，需要保证 Trunk 链路两端的缺省 VLAN ID 一致，否则端口可能无法正确转发缺省 VLAN 的报文。

6) 指定 Trunk 端口可以通过的 VLAN 数据帧

视图：以太网端口视图。

命令：

[undo]port trunk permit vlan {*vlan-di-list*|all}

参数：

vlan-id-list：当前 Trunk 端口允许通过的 VLAN 的范围，表示方式为 *vlan-id-list* = [*vlan-id* 1 [to *vlan-id* 2]]&<1-10>，*vlan-id* 1 和 *vlan-id* 2 的取值范围为 1～4094，但 *vlan-id* 2 不能小于 *vlan-id* 1。&<1-10>表示前面的参数最多可以输入 10 次。

all：当前 Trunk 端口允许所有 VLAN 通过，该参数谨慎使用，以防止未授权 VLAN 的用户通过该端口访问受限资源。

说明：port trunk permit vlan 命令用来指定 Trunk 端口允许通过的 VLAN，即允许这些 VLAN 的报文通过。除缺省 VLAN 外，Trunk 端口在发送其他允许通过的 VLAN 的报文时将保留 VLAN Tag。undo port trunk permit vlan 命令用来将 Trunk 端口从指定的 VLAN 中删除。Trunk 端口可以属于多个 VLAN。如果多次使用 port trunk permit vlan 命令，那么 Trunk 端口上允许通过的 VLAN 是这些 *vlan-id-list* 的集合。缺省情况下，所有 Trunk 端口仅属于 VLAN 1。

3.4　项目实训

企业网络由 4 台交换机（一楼 SW1，二楼 SW2，三楼 SW3 和网络中心交换机 SW4）连接，因网络中经常有用户的电脑感染病毒而向网络中发送广播形成广播风暴，导致企业整个网络的正常使用受到影响。现要求在交换机上使用 VLAN 来进行不同部门之间的隔离，减少广播风暴对整个网络的影响，如图 3-6 所示。

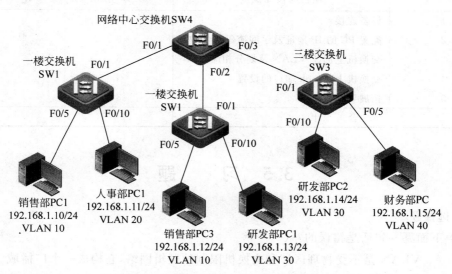

图 3-6　用 VLAN 实现不同部门间的隔离

基本要求：

（1）正确选择设备并使用线缆连接；

（2）正确给各个 PC 配置相关 IP 地址及子网掩码等参数；

（3）在 SW1 上配置相关 VLAN，并把交换机相应的端口添加到 VLAN 中，用相关显示

对企业各部门的网络进行隔离及广播风暴控制

命令查看配置结果。

(4) 在 SW2 上配置相关 VLAN,并把交换机相应的端口添加到 VLAN 中,用相关显示命令查看配置结果。

(5) 在 SW3 上配置相关 VLAN,并把交换机相应的端口添加到 VLAN 中。用相关显示命令查看配置结果。

(6) 在 SW4 上进行相关配置,使得不同交换机上的相同部门的 PC(如销售部 PC1 和销售部 PC3)可以相互访问。

拓展要求:

配置图 3-7 的网络拓扑图中的两个交换机,使得两个不同 VLAN 中的 PC 能相互访问。

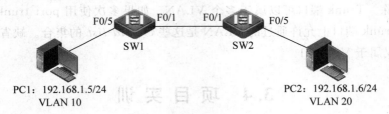

图 3-7　网络拓扑图

项目 3 考核表如表 3-8 所示。

表 3-8　项目 3 考核表

序　号	项目考核知识点	参 考 分 值	评　价
1	设备连接	2	
2	配置 PC 的 IP 地址及子网掩码等参数	3	
3	交换机上创建 VLAN 及划分相应端口	3	
4	交换机上 Trunk 端口的设置	3	
5	拓展要求	3	
	合　　计	14	

3.5　习　　题

1. 选择题

(1) 下面哪一句话是错误的?(　　)

A. VLAN 是不受物理区域和交换机限制的逻辑网络,它构成一个广播域

B. VLAN 能解决局域网内由广播过多所带来的宽带利用率下降、安全性低等问题

C. VLAN 的主要作用是缩小广播域,控制广播风暴

D. 所有主机和交换机都能识别带有 VLAN 标签的数据帧

(2) 一个 Access 端口可以属于多少个 VLAN?(　　)

A. 仅一个 VLAN

B. 最多 4094 个 VLAN

C. 最多 4096 个 VLAN

D. 根据管理员设置的结果而定

(3) 下面各类端口对报文处理正确的是（　　　）。

A. Access 端口可以接收和发送多个 VLAN 的报文

B. Trunk 端口可以接收和发送多个 VLAN 的报文

C. Hybrid 端口只可以接收和发送一个 VLAN 的报文

D. Trunk 端口可以接收和发送多个 VLAN 标签的报文

(4) 当需要 VLAN 跨交换机时,交换机与交换机之间连接的端口应该设置为哪类端口？（　　　）

A. Access 端口　　　　B. Trunk 端口　　　　C. Hybrid 端口　　　　D. Console 口

(5) IEEE 802.1q 协议是如何给以太网帧打上 VLAN 标签的？（　　　）

A. 在以太网帧的前面插入 4 字节的 Tag

B. 在以太网帧的后面插入 4 字节的 Tag

C. 在以太网帧的源地址和长度/类型字段之间插入 4 字节的 Tag

D. 在以太网帧的外部加上 802.1q 封装信息

(6) 对交换机的 Access 端口和 Trunk 端口描述正确的是（　　　）。

A. Access 端口只能属于一个 VLAN,而 Trunk 端口可以属于多个 VLAN

B. Access 端口只能发送不带 Tag 的帧,而 Trunk 端口只能发送带有 Tag 的帧

C. Access 端口只能接收不带 Tag 的帧,而 Trunk 端口只能接收带有 Tag 的帧

D. Access 端口的默认 VLAN 只能是 VLAN1,而 Trunk 端口可以有多个默认 VLAN

(7) 下面删除 VLAN 的命令哪一条是正确的？（　　　）

A. Switch# no vlan 10

B. Switch(config)# no vlan 1

C. Switch(config)# no vlan 10

D. Switch(config)# del vlan 10

(8) 在锐捷交换机上配置 Trunk 接口时,如果要从允许 VLAN 列表中删除 VLAN 10,该用下面哪条命令？（　　　）

A. Switch(config-if)# switchport trunk allowed remove 10

B. Switch(config-if)# switchport trunk vlan remove 10

C. Switch(config-if)# swtichport trunk vlan allowed remove 10

D. Switch(config-if)# swtichport trunk allowed vlan remove 10

(9) 当要使一个 VLAN 跨越两台交换机时,需要下面哪个条件支持？（　　　）

A. 用三层交换机连接两台交换机

B. 将两台交换机的连接口设置成 Trunk

C. 用路由器连接两台交换机

D. 在两台交换机上面配置相同的 VLAN

对企业各部门的网络进行隔离及广播风暴控制

（10）在 PVLAN 中，哪类端口可以与所有类型的端口通信？（　　　）

　　A. 公共端口　　　　　B. 隔离端口　　　　　C. 混杂端口　　　　　D. 私有端口

2. 简单题

（1）简述 VLAN 的概念。VLAN 的作用是什么？

（2）VLAN 有哪些划分方法？

（3）简述 Access 端口如何收发报文的？

（4）在一台锐捷交换机上配置一个 VLAN 10，并将端口 1～10 添加到 VLAN 10 中，将端口 24 设置成 Trunk 端口，该如何配置？

项目4 实现企业网络中主干链路的冗余备份

1. 项目描述

为了提高公司网络的可靠性和主干链路的带宽,网络管理员在核心交换机和各楼层交换机之间增加了多条物理链路,同时在各楼层交换机之间也增加了物理链路连接。为了达到提高网络可靠性和增加主干链路带宽的目的,同时避免网络环路的影响,需要对交换机做相关设置。

2. 项目目标

- 理解生成树协议(STP);
- 理解快速生成树协议(RSTP);
- 理解端口聚合;
- 掌握生成树协议和快速生成树协议的设置;
- 掌握端口聚合的设置;
- 掌握实现链路冗余备份的方法。

4.1 预 备 知 识

当网络变得复杂时,要保证网络中没有任何环路是很困难的,并且在许多可靠性要求高的网络中,为了能够提供不间断的网络服务,采用物理环路的冗余备份就是最常用的方法。所以要保证网络中不存在环路是不现实的。但网络有了环路,就会产生广播风暴而影响网络的运行。有没有办法既能让网络中存在冗余备份链路,又不至于构成环路导致广播风暴呢。答案是肯定的。那就是 802.1d 协议标准中规定的生成树协议(Spanning-Tree Protocol,STP),它能够通过阻断网络中存在的冗余链路来消除网络可能存在的路径环路,并且在当前活动路径发生故障时激活被阻断的冗余备份链路来恢复网络的连通性,保障业务的不间断服务。使用冗余备份能够为网络带来健壮性、稳定性和可靠性等好处,提高网络的容错能力。

4.1.1 生成树协议概述

生成树协议通过在交换机上运行一套复杂的算法生成"一棵树",树的根是一个称为根桥的交换机,根据设置不同,不同的交换机会被选为根桥,但任意时刻只能有一个根桥。由根桥开始,逐级形成一棵树,根桥定时发送配置报文,非根桥接收配置报文并转发,如果某台交换机能够从两个以上的端口接收到配置报文,则说明从该交换机到根有不止一条路径,便构成了循环回路,此时交换机根据端口的配置选出一个端口并把其他的端口阻塞,消除循环。当某个端口长时间不能接收到配置报文的时候,交换机认为端口的配置超时,网络拓扑可能已经改变,此时重新计算网络拓扑,重新生成一棵树。

生成树协议可以将有环路的物理拓扑变成无环路的逻辑拓扑,当交换机发现拓扑中存在环路时,就会逻辑地阻塞一个或更多个冗余端口,解决由于备份连接所产生的环路问题。

在了解生成树详细工作之前,先要弄明白所涉及的以下几个概念:

(1) 桥接协议数据单元(BPDU)。

桥接协议数据单元(BPDU),又称为配置消息。生成树协议要构造逻辑拓扑树,就必须要在各个交换机(又称网桥)之间进行一些信息的交流,这些信息交流单元就是桥接协议数据单元(BPDU)。生成树的 BPDU 是一种二层报文,目的 MAC 是多播地址 01-80-C2-00-00-00,所有支持生成树协议的网桥都会接收并处理收到的 BPDU 报文,该报文的数据区里携带了用于生成树计算的所有有用信息。

(2) 网桥 ID(Bridge ID)。

网桥 ID 长度为 8 个字节,由 2 个字节的网桥优先级和 6 个字节的网桥 MAC 地址组成,如图 4-1 所示。网桥优先级可以通过 Spanning-Tree Priority 命令设置,网桥优先级是 0~65 535 的数字,默认是 32 768,使用时取 4096 的倍数,网桥优先级数值越小,网桥的优先级就越高。网桥的优先级相同时,网桥 MAC 地址越小的,优先级越高。

(3) 端口 ID(Port ID)。

端口 ID 共 2 个字节,由 1 字节的端口优先级和 1 字节的端口编号组成,如图 4-2 所示。

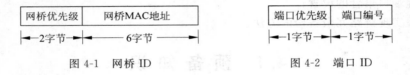

图 4-1　网桥 ID　　　　　　图 4-2　端口 ID

端口的优先级是 0~255 的数字,默认是 128(0x80)。端口编号则是按照端口在交换机上的顺序排列的,例如,1 端口的 ID 是 0x8001,2 端口的 ID 是 0x8002。同样,端口优先级数字越小,优先级越高,如果端口优先级相等,则端口编号越小,优先级越高。

(4) 根网桥(Root Bridge)。

网络中优先级最高的网桥(即网桥优先级数值最小的)为根网桥。生成树协议在选举根网桥时根据网桥 ID 先判断网桥的优先级,优先级数值最小的为根网桥;如果优先级相同,则判断网桥的 MAC 地址,MAC 地址最小的为根网桥。一个受生成树协议(STP)作用的交换网络中只有一个根网桥,根网桥不是一直固定不变的,当网络拓扑结构或生成树参数发生变化时根网桥也可能会产生变化。

(5) 指定根(Designated Root)。

指定根即根网桥。

(6) 指定网桥(Designated Bridge)。

对于每个 LAN 中到达根网桥路径开销最少的网桥,负责所在 LAN 上的数据转发。

(7) 根端口(Root Port)。

根端口是在非根网桥上到根网桥开销最少的端口,所谓的根端口即用来向根网桥发送数据的端口。根端口是在非根网桥上的,而不是在根网桥上的。

(8) 指定端口(Designated Port)。

指定端口是在每个 LAN 中距离根网桥最近的端口,负责将 LAN 上的数据转发到根网桥。

(9) 路径开销(Path Cost)。

路径开销用于表示网桥间距离的 STP 量度,是两个网桥间路径上所有的链路开销之和。路径开销的值的规律:带宽越大,路径开销越小。IEEE 802.1d 标准最初将开销定义为 1000Mb/s 除以链路的带宽(单位为 Mb/s)。例如,10BaseT 链路的开销是 100(1000/10),快速以太网以及 FDDI 的开销都是 10。随着吉比特以太网和速率更高的技术的出现,这种定义就出现了一些问题:开销是作为整数而不是浮点数存放的,例如,10Gb/s 的开销是 1000/10 000＝0.1,而这是一个无效的开销。为了解决这个问题,IEEE 更新了开销定义,如表 4-1 所示。

表 4-1   更新后的宽带链路的 STP 开销定义

带　　宽	链 路 开 销
4Mb/s	250
10Mb/s	100
16Mb/s	62
45Mb/s	39
100Mb/s	19
155Mb/s	14
622Mb/s	6
1Gb/s	4
10Gb/s	2

带有 10Gb/s 或者更高速率活动端口交换机的 STP 开销定义如表 4-2 所示。

表 4-2   带有 10Gb/s 或者更高速率活动端口交换机的 STP 开销定义

带　　宽	链 路 开 销
100kb/s	200 000 000
1Mb/s	20 000 000
10Mb/s	2 000 000
100Mb/s	200 000
1Gb/s	20 000
10Gb/s	2000
100Gb/s	200
1Tb/s	20
10Tb/s	2

4.1.2　生成树协议的工作过程

要理解生成树协议的工作过程并不难,生成树协议的工作过程就是无环路的逻辑拓扑结构的构造过程。整个过程需要经过以下几个步骤。

步骤 1:选举根网桥。

项目
4

实现企业网络中主干链路的冗余备份

步骤 2：在每个非根网桥上选举根端口。

步骤 3：在每个网段上选举一个指定端口。

步骤 4：阻塞非根、非指定端口。

我们以图 4-3 的网络拓扑图为例来了解生成树协议的工作过程。

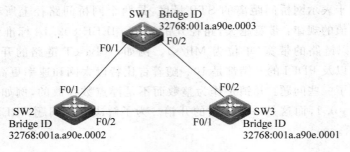

图 4-3　网络拓扑图

1）选举根网桥

首先，各网桥之间通过传递 BPDU 来选举出根网桥。选举的依据是网桥优先级和网桥 MAC 地址组合成的桥 ID(Bridge ID)，桥 ID 最小的网桥将成为网络中的根桥。在网桥优先级都一样(默认优先级是 32768)的情况下，MAC 地址最小的网桥成为根桥。

当网络中的交换机启动后，每一台都会假设自己是根网桥，把自己的网桥 ID 写入 BPDU 的相应字段里，然后向外广播。假设 SW2 先广播自己的 BPDU，如图 4-4 所示。

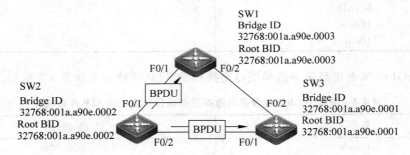

图 4-4　SW2 发送 BPDU 示意图

当 SW1 和 SW3 收到 SW2 广播的 BPDU 信息后，取出 BPDU 的相应字段中根网桥的 ID，然后跟自己当前的根网桥 ID 进行比较。如果接收到的根网桥 ID 的优先级高于自己当前的根网桥 ID，就用收到的根网桥 ID 替换原有的 ID，否则丢弃接收到的数据，维持自己当前的根网桥 ID，如图 4-5 所示。

网络中的交换机都会进行这个过程，向网络中广播自己的 Root BID，同样其他交换机也都会接收后进行比较。经过一段时间以后，所有的交换机都会比较完全部的 Root BID，此时网络中所有交换机的 Root BID 都会是同一个，如图 4-6 所示。

根据如图 4-6 所示的选举结果可以看出最后 SW3 成为了网络中的根网桥。

2）选举根端口

选定了网络中的根网桥后，接下来就要在所有的非根网桥上选举出根端口，所谓根端口就是从非根网桥到达根网桥的最短路径上的端口。选举根端口的依据顺序如下：

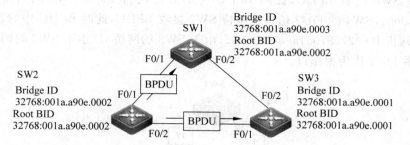

图 4-5 SW1 和 SW3 接收到 SW2 的 BPDU 进行比较后的结果

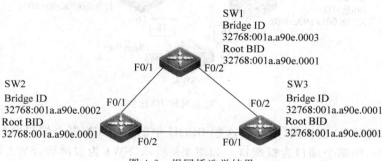

图 4-6 根网桥选举结果

- 根路径开销最小。
- 发送网桥 ID 最小。
- 发送端口 ID 最小。

如图 4-7(假设所有链路路径开销都相同,为 100M 链路)所示,SW3 为根网桥,SW1 和 SW2 都要选举出到达 SW3 的根端口(即确定根路径)。按照表 4-1 中路径开销的计算,对于 SW1 来说,从 F0/2 端口到达根网桥 SW3 的路径开销为 19,从 F0/1 端口到达根网桥 SW3 的路径开销为 38(19+19,因为经过 SW2),通过比较 F0/1 和 F0/2 两个端口的路径开销,F0/2 将被选举为根端口。同样,SW2 的 F0/2 端口也会被选举成为根端口。

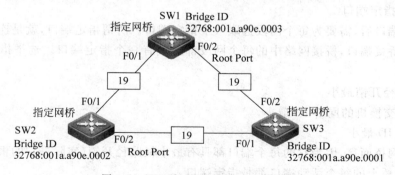

图 4-7 SW1 和 SW2 根端口选举结果

如果一台非根网桥到达根网桥的多条链路的路径开销相同,则比较从不同的根路径所收到的 BPDU 中的发送网桥 ID,哪个端口收到的 BPDU 中的发送网桥 ID 较小,则哪个端口为根端口;如图 4-8 中 SW4 有两条路径开销相同的链路到达根网桥 SW1,SW4 的 F0/1

实现企业网络中主干链路的冗余备份

端口从网桥 SW3 接收 BPDU,此时 BPDU 中的发送网桥 ID 为 SW3 的网桥 ID 32768:001a.a90e.0001,SW4 的 F0/2 端口从网桥 SW2 接收 BPDU,此时 BPDU 中的发送网桥 ID 为 SW2 的网桥 ID 32768:001a.a90e.0002,由于 SW3 的网桥 ID 小于 SW2 的网桥 ID,所以 SW4 将选举 F0/1 作为根端口。

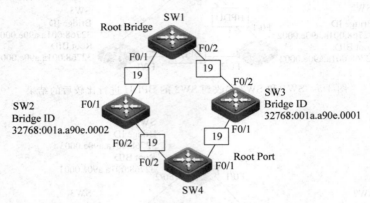

图 4-8   发送网桥 ID 比较

如果发送网桥 ID 也相同,则比较这些 BPDU 中的端口 ID,哪个端口收到的 BPDU 中的端口 ID 较小,则哪个端口为根端口。如图 4-9 所示,SW1 为根网桥,SW2 有两条链路同时连接至根网桥 SW1,两条链路的路径开销也相同,对于 SW2 来讲,发送网桥 ID 也相同(同为根网桥),此时,SW2 的 F0/1 端口从发送网桥 SW1 的 F0/2 端口接收 BPDU,SW2 的 F0/2 端口从发送网桥 SW1 的 F0/1 端口接收 BPDU,因为 SW1 的 F0/1 端口 ID 小于 F0/2 的端口 ID,所以,SW2 的 F0/2 端口被选举为根端口。

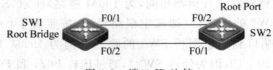

图 4-9   端口 ID 比较

3) 选举指定端口

选定根端口后,需要为每个网段选取一个指定端口。所谓指定端口,就是连接在某个网段上的一个桥接端口,桥接网络中的每个网段都必须有一个指定端口。选举指定端口的依据顺序如下:

- 根路径开销最小。
- 所在交换机的网桥 ID 最小。
- 端口 ID 最小。

对于根网桥而言,因为它的每个端口都具有最小根路径开销(实际是它的根路径开销为 0),所以根网桥上的每个活动端口都是指定端口。

如图 4-10 所示,根网桥 SW3 上的端口 F0/1 和 F0/2 由于根路径开销为 0,所以都被选为指定端口。而连接 SW1 和 SW2 的网段情况复杂一些,该网段上的两个端口(SW1 的 F0/1 端口和 SW2 的 F0/1 端口)的根路径开销都是 38(19+19),这时就要比较各个端口所在交换机的网桥 ID 了,SW1 和 SW2 的网桥优先级相同,但 SW2 的 MAC 地址小,所以,

SW2 上的 F0/1 端口被选为指定端口。

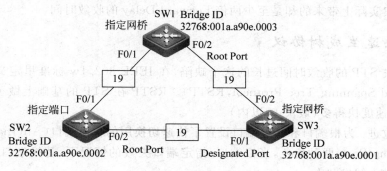

图 4-10　选举指定端口

到这里,STP 的计算过程基本结束了,这时,只有交换机 SW1 上的 F0/1 端口既不是根端口,也不是指定端口。

4)阻塞非根、非指定端口

在网络中各个网桥已经确定了根端口、指定端口和非根非指定端口后,STP 为了创建一个无环拓扑,配置根端口和指定端口转发流量,然后阻塞非根非指定端口,形成逻辑上无环的拓扑结构,最终结果如图 4-11 所示。此时,SW1 和 SW2 之间的链路为备份链路,当SW1 和 SW3、SW2 和 SW3 之间的主链路正常时,这条链路处于逻辑断开状态,这样就将交换环路变成了逻辑上的无环拓扑。只有当主链路故障时(SW1 和 SW3 之间的链路断开或者 SW2 和 SW3 之间的链路断开),才会启用备份链路,以保证网络的连通性。

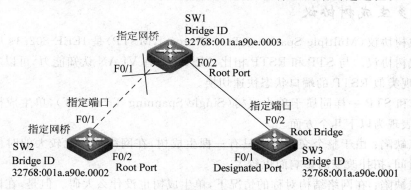

图 4-11　STP 生成的无环路拓扑

4.1.3　生成树协议的缺陷

网络从一种不稳定的状态转变到稳定状态的一系列过程就叫做收敛。STP 的缺陷主要表现在收敛速度上。

当拓扑发生变化,新的配置消息要经过一定的时延才能传播到整个网络,这个时延称为Forward Delay,协议默认值是 15s。在所有网桥收到这个变化的消息之前,若旧拓扑结构中处于转发的端口还没有发现自己应该在新的拓扑中停止转发,则可能存在临时环路。为了解决临时环路的问题,生成树使用了一种定时器策略,即在端口从阻塞状态到转发状态中间加上一个只学习 MAC 地址但不参与转发的中间状态,两次状态切换的时间长度都是

Forward Delay,这样就可以保证在拓扑变化的时候不会产生临时环路。但是,这个看似良好的解决方案实际上带来的却是至少两倍 Forward Delay 的收敛时间。

4.1.4 快速生成树协议

为了解决 STP 的收敛时间过长的这个缺陷,在 IEEE 802.1w 标准里定义了快速生成树协议(Rapid Spanning Tree Protocol,RSTP)。RSTP 在 STP 的基础上做了三点重要改进,使得收敛速度快得多(最快 1s 以内)。

第一点改进:为根端口和指定端口设置了快速切换用的替换端口(Alternate Port)和备份端口(Backup Port)两种角色,当根端口/指定端口失效的情况下,替换端口/备份端口就会无时延地进入转发状态。

第二点改进:在只连接了两个交换端口的点对点链路中,指定端口只需与下游网桥进行一次握手就可以无时延地进入转发状态。如果是连接了三个以上网桥的共享链路,下游网桥是不会响应上游指定端口发出的握手请求的,只能等待两倍 Forward Delay 时间进入转发状态。

第三点改进:直接与终端相连而不是把其他网桥相连的端口定义为边缘端口(Edge Port)。边缘端口可以直接进入转发状态,不需要任何延时。由于网桥无法知道端口是否是直接与终端相连的,所以需要人工配置。

可见,RSTP 相对于 STP 的确改进了很多。为了支持这些改进,BPDU 的格式做了一些修改,但 RSTP 仍然向下兼容 STP,可以混合组网。

4.1.5 多生成树协议

多生成树协议(Multiple Spanning Tree Protocol,MSTP)是 IEEE 802.1s 中定义的一种新型生成树协议。与 STP 和 RSTP 相比,MSTP 具有 VLAN 认知能力,可以实现负载均衡,可以实现类似 RSTP 的端口状态快速切换。

RSTP 和 STP 一样同属于单生成树(Single Spanning Tree,SST),单生成树有自身的缺点,主要表现为以下几个方面。

第一点缺陷:由于整个交换网络只有一棵生成树,在网络规模比较大的时候会导致较长的收敛时间,拓扑改变的影响面也较大。

第二点缺陷:在网络结构对称的情况下,单生成树也没什么大碍。但是,在网络结构不对称的时候,单生成树就会影响网络的连通性。

第三点缺陷:当链路被阻塞后将不承载任何流量,造成了带宽的极大浪费,这在环形城域网的情况下比较明显。

上面这些缺陷都是单生成树无法克服的,于是支持 VLAN 的多生成树协议(MSTP)出现了。

MSTP 将环路网络修剪成为一个无环的树状网络,避免报文在环路网络中的增生和无限循环,同时还提供了数据转发的多个冗余路径,在数据转发过程中实现 VLAN 数据的负载均衡。MSTP 兼容 STP 和 RSTP,并且可以弥补 STP 和 RSTP 的缺陷。它既可以快速收敛,也能使不同 VLAN 的流量沿各自的路径分发,从而为冗余链路提供了更好的负载分担机制。

STP/RSTP 是基于端口的,而 MSTP 是基于实例的。与 STP/RSTP 相比,MSTP 中引入了"实例"(Instance)和"域"(Region)的概念。所谓"实例"就是多个 VLAN 的一个集合,这种通过多个 VLAN 捆绑到一个实例中去的方法可以节省通信开销和资源占用率。MSTP 各个实例拓扑的计算是独立的,在这些实例上就可以实现负载均衡。使用的时候,可以把多个相同拓扑结构的 VLAN 映射到某一个实例中,这些 VLAN 在端口上的转发状态将取决于对应实例在 MSTP 里的转发状态。简单地说,MSTP 就是对网络中众多的 VLAN 进行分组,一些 VLAN 分到一个组里,另外一些 VLAN 分到另外一个组里,这里的"组"就是"实例"。每个组一个生成树,BPDU 是只对组进行发送的,这样就可以既达到了负载均衡,又没有浪费带宽,因为不是每个 VLAN 一个生成树,这样所发送的 BPDU 数量明显减少了。

4.1.6　端口聚合

如图 4-12 所示,端口聚合就是把交换机的多个物理端口绑定在一起,组成一个逻辑端口,这个逻辑端口被称为聚合端口(Aggregate Port,AP)。聚合端口有以下优点:

(1) 带宽增加,带宽相当于组成组的端口的带宽总和。

(2) 增加冗余,只要组内不是所有的端口都 down 掉,两个交换机之间仍然可以继续通信。

(3) 负载均衡,可以在组内的端口上配置,使流量可以在这些端口上自动进行负载均衡。

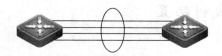

图 4-12　端口聚合

端口聚合可以将多个物理连接当作一个单一的逻辑连接来处理,它允许两个交换机之间通过多个端口并行连接,同时传输数据以提供更高的带宽、更大的吞吐量和可恢复性的技术。

一般来说,两个普通交换机连接的最大带宽取决于传输介质的连接速度(如 100BAST-TX 双绞线为 200Mb/s),而使用端口聚合技术可以将 4 个 200Mb/s 的端口捆绑后成为一个高达 800Mb/s 的连接。这一技术的优点是以较低的成本通过捆绑多端口提高带宽,而其增加的开销只是连接用的普通五类网线和多占用的端口,它可以有效地提高子网的上行速度,从而消除网络访问中的瓶颈。另外聚合端口还具有自动带宽平衡,即容错功能,即使聚合端口中只有一个连接存在时,仍然会工作,这无形中增加了链路的可靠性。

不同的交换机对端口聚合的支持是不一样的,主要是在聚合组的数量和聚合组端口成员数量上有区别。有的交换机只支持一个端口聚合组,有的交换机能支持多个端口聚合组;有的交换机一个聚合组中的端口成员数最多为 4 个,而有的交换机一个聚合组中的端口成员数可以有 8 个。除此之外,有的交换机对聚合组中端口成员要求必须连续的,还有的交换机对聚合组的起始端口也会有一定要求。

聚合端口的成员端口类型可以是 Access 端口或者 Trunk 端口,但同一个端口聚合组

实现企业网络中主干链路的冗余备份

中的成员端口必须为同一类型（Access 端口时必须属于同一个 VLAN），而且端口聚合功能需要在链路的两端同时配置才有效。有的交换机要求所有参加端口聚合的成员端口都必须工作在全双工模式下，速率也要相同（不能是自动协商）才能聚合。

端口聚合一般主要应用在交换机与交换机之间的连接和交换机与路由器之间的连接。配置端口聚合需要注意以下几点：

- 聚合端口的成员端口速率必须一致。
- 聚合端口的成员端口必须属于同一个 VLAN。
- 聚合端口的成员端口使用的传输介质应相同。
- 默认情况下创建的聚合端口是二层聚合端口。
- 二层端口只能加入二层的聚合端口，三层端口只能加入三层聚合端口。
- 聚合端口不能设置端口安全功能。
- 当把一个端口加入一个不存在的聚合端口时，会自动创建聚合端口。
- 当把一个端口加入聚合端口后，该端口的属性将被聚合端口的属性所取代。
- 将一个端口从聚合端口中删除后，该端口将恢复其加入聚合端口前的属性。
- 当一个端口加入聚合端口后，不能在该端口上进行任何配置，直到该端口退出聚合端口。

4.2 项 目 实 施

4.2.1 任务一：生成树配置

1. 任务描述

为了提高公司办公大楼中网络（网络中各个部门划分了不同的 VLAN）的可靠性，网络管理员将一楼的交换机（SW1）、二楼的交换机（SW2）和三楼的交换机（SW3）进行了互连，为了避免环路，要求对交换机进行生成树配置，如图 4-13 所示。

2. 实验网络拓扑图

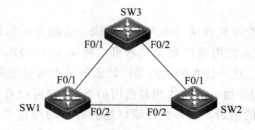

图 4-13　实验网络拓扑图

3. 设备配置

1）一楼的交换机 SW1 配置

```
S2328G>en
S2328G#conf
Enter configuration commands, one per line.   End with CNTL/Z.
S2328G(config)#hostname SW1
```

```
SW1(config)#spanning-tree                          //开启生成树协议
Enable spanning-tree.
Jun 13 08:36:02 %MSTP-5-EVENT: 2011-6-13 8:36:02 topochange:topology is changed
SW1(config)#spanning-tree mode stp                 //设置生成树模式为STP
SW1(config)#interface range f0/1-2
SW1(config-if-range)#switchport mode trunk
SW1(config-if-range)#exit
SW1(config)#
```

2）二楼的交换机 SW2 配置

```
S2328G>en
S2328G#conf
Enter configuration commands, one per line.    End with CNTL/Z.
S2328G(config)#hostname SW2
SW2(config)#spanning-tree
Enable spanning-tree.
Jun 13 08:36:17 %MSTP-5-EVENT: 2011-6-13 8:36:17 topochange:topology is changed
SW2(config)#spanning-tree mode stp
SW2(config)#
SW2(config)#interface range f0/1-2
SW2(config-if-range)#switchport mode trunk
SW2(config-if-range)#exit
SW2(config)#
```

3）三楼的交换机 SW3 配置

```
Ruijie>enable
Ruijie#conf
Enter configuration commands, one per line.    End with CNTL/Z.
Ruijie(config)#hostname SW3
SW3(config)#spanning-tree
Enable spanning-tree.
Jun 13 08:14:28: %SPANTREE-5-ROOTCHANGE: Root Changed: New Root Port is FastEthernet 0/1.
New Root Mac Address is001a.a90e.9f36.
SW3(config)#spanning-tree mode stp
SW3(config)#
SW3(config)#interface range f0/1-2
SW3(config-if-range)#switchport mode trunk
SW3(config-if-range)#exit
SW3(config)#
```

4．相关命令介绍

1）开启生成树命令

视图：全局配置视图。

命令：

spanning-tree
nospanning-tree

说明：该命令用来开启交换机上的生成树协议，设备默认状态下是关闭生成树协议的。
需要关闭时可以用 no 选项。

实现企业网络中主干链路的冗余备份

2）查看生成树协议

视图：特权视图。

命令：

show spanning‐tree

说明：使用该命令可以查看交换机生成树设置的情况，是否开启生成树协议，在生成树开启状态下，可以查看生成树的协商结果。

例如：在未开启生成树时查看显示。

```
SW3(config)# show spanning‐tree
No spanning tree instance exists.
SW3(config)#
```

例如：在开启生成树后查看显示。

```
SW3(config)# show spanning‐tree
StpVersion : STP                                     //生成树模式为 STP
SysStpStatus : ENABLED                               //系统 STP 状态：有效
MaxAge : 20                                          //BPDU 报文消息生存的最长时间
HelloTime : 2                                        //定时发送 BPDU 报文的时间间隔
ForwardDelay : 15                                    //端口状态改变的时间间隔
BridgeMaxAge : 20
BridgeHelloTime : 2
BridgeForwardDelay : 15
MaxHops: 20
TxHoldCount : 3
PathCostMethod : Long
BPDUGuard : Disabled
BPDUFilter : Disabled
LoopGuardDef  : Disabled
BridgeAddr :001a. a94e.97fb                          //本网桥的 MAC 地址
Priority: 32768                                      //本网桥的优先级
TimeSinceTopologyChange : 0d:0h:35m:49s
TopologyChanges : 0
DesignatedRoot :8000.001a. a90e.9f36
  //指定根桥 ID，即根网桥 ID，其中优先级部分采用十六进制形式表示(32 768 的十六进制数为 8000)
RootCost : 200000                                    //根路径开销，当交换机为根网桥时，此开销为 0
RootPort : 1                                         //根端口号，当交换机为根网桥时，此处为 0
SW3(config)#
```

从上面显示的信息可以指定网络中的生成树协议采用了 STP 模式，根网桥的 MAC 地址为 001a. a90e.9f36，本网桥的 MAC 地址为 001a. a94e.97fb，本网桥上的根端口是 F0/1。

3）显示某个端口的生成树信息

视图：特权视图。

命令：

show spanning‐tree interface *interface-id*

参数：

interface-id：接口编号，如 F0/1。

说明：该命令用来查看某个具体端口的生成树信息，如端口当前的状态等。

例如：查看端口 F0/1 的生成树信息。

SW2 # **show** spanning - tree interface f0/1

```
PortAdminPortFast : Disabled
PortOperPortFast : Disabled
PortAdminAutoEdge : Enabled
PortOperAutoEdge : Disabled
PortAdminLinkType : auto
PortOperLinkType : point - to - point
PortBPDUGuard : Disabled
PortBPDUFilter : Disabled
PortState : forwarding                      //端口状态为转发状态
PortPriority : 128                           //端口优先级为 128
PortDesignatedRoot :1000.001a.a94e.97fb
PortDesignatedCost : 0
PortDesignatedBridge :1000.001a.a94e.97fb
PortDesignatedPort : 8002
PortForwardTransitions : 3
PortAdminPathCost : 200000
PortOperPathCost : 200000
PortRole : rootPort                          //端口角色为根端口
SW2 #
```

4.2.2　任务二：快速生成树配置

1. 任务描述

为了提高公司办公大楼中网络(网络中各个部门划分了不同的 VLAN)的可靠性,网络管理员将一楼的交换机(SW1)、二楼的交换机(SW2)和三楼的交换机(SW3)进行了互连,为了避免环路,要求对交换机进行快速生成树配置。同时指定交换机 SW3 为根网桥,交换机 SW2 为备份根网桥。

2. 实验网络拓扑图

实验网络拓扑图如图 4-14 所示。

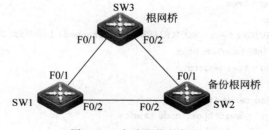

图 4-14　实验网络拓扑图

实现企业网络中主干链路的冗余备份

3. 设备配置

1）一楼的交换机 SW1 配置

```
S2328G > en
S2328G # conf
Enter configuration commands, one per line.    End with CNTL/Z.
S2328G(config) # hostname SW1
SW1(config) # spanning - tree                          //开启生成树协议
Enable spanning - tree.
Jun 13 08:36:02 % MSTP - 5 - EVENT: 2011 - 6 - 13 8:36:02 topochange:topology is changed
SW1(config) # spanning - tree moderstp          //设置生成树模式为 RSTP
SW1(config) # interface range f0/1 - 2
SW1(config - if - range) # switchport mode trunk
SW1(config - if - range) # exit
SW1(config) #
```

2）二楼的交换机 SW2 配置

```
S2328G > en
S2328G # conf
Enter configuration commands, one per line.    End with CNTL/Z.
S2328G(config) # hostname SW2
SW2(config) # spanning - tree
Enable spanning - tree.
Jun 13 08:36:17 % MSTP - 5 - EVENT: 2011 - 6 - 13 8:36:17 topochange:topology is changed
SW2(config) # spanning - tree mode rstp
SW2(config) #
SW2(config) # interface range f0/1 - 2
SW2(config - if - range) # switchport mode trunk
SW2(config - if - range) # exit
SW2(config) # spanning - tree priority 8192       //设置桥的优先级为 8192(备份根网桥)
SW2(config) #
```

3）三楼的交换机 SW3 配置

```
Ruijie > enable
Ruijie # conf
Enter configuration commands, one per line.    End with CNTL/Z.
Ruijie(config) # hostname SW3
SW3(config) # spanning - tree
Enable spanning - tree.
Jun 13 08:14:28: % SPANTREE - 5 - ROOTCHANGE: Root Changed: New Root Port is FastEthernet 0/1.
New Root Mac Address is001a. a90e. 9f36.
SW3(config) # spanning - tree moderstp
SW3(config) #
SW3(config) # interface range f0/1 - 2
SW3(config - if - range) # switchport mode trunk
SW3(config - if - range) # exit
SW3(config) # spanning - tree priority 4096        //设置桥的优先级为 4096(根网桥)
SW3(config) #
```

4. 相关命令介绍

1) 设置生成树协议类型

视图：全局配置视图。

命令：

spanning - tree mode [stp | rstp | mstp]
no spanning - tree mode

参数：

stp：Spanning Tree protocol(IEEE 802.1d)。

rstp：Rapid Spanning Tree Protocol(IEEE 802.1w)。

mstp：Multiple Spanning Tree Protocol(IEEE 802.1s)。

说明：该命令用来设置生成树协议类型，锐捷交换机默认的生成树协议类型是 MSTP。

2) 设置交换机的优先级

视图：全局配置模式。

命令：

spanning - tree priority *priority*
nospanning - tree priority *priority*

参数：

priority：设备优先级，可选用 0，4096，8192，12 288，16 384，20 480，24 576，28 672，32 768，36 864，40 960，45 056，49 152，53 248，57 344 和 61 440。共 16 个整数，均为 4096 的倍数，默认为 32 768。

说明：该命令用于调整设备的优先级，当需要指定某台交换机为根网桥时，只要通过该命令将该交换机的优先级别数值设置得最低。该命令可以通过 no 选项恢复设备默认的优先级别。

例如：设置交换机的优先级为 4096。

SW1(config)♯ spanning - tree priority 4096

3) 设置端口优先级

视图：接口视图。

命令：

spanning - tree port - priority *priority*
nospanning - tree port - priority

参数：

priority：端口的优先级，取值范围为 0～240，默认为 128，以 16 为步长设置。

说明：该命令用来设置端口的优先级，数值越小，端口的优先级就越高。设置的优先级必须是 16 的倍数，默认值为 128，可以通过 no 选项恢复端口的默认优先级。

例如：设置端口 F0/1 上的优先级为 16。

SW2(config)♯ interface f0/1
SW2(config - if)♯ spanning - tree port - priority 16

实现企业网络中主干链路的冗余备份

4) 设置端口路径开销

视图：接口视图。

命令：

```
spanning - tree cost cost
no spanning - tree cost
```

参数：

cost：端口路径开销值，取值范围为 1~200 000 000，缺省情况下，根据链路速率自动计算。1000Mb/s 的链路端口路径开销为 20 000；100Mb/s 的链路端口路径开销为 200 000；10Mb/s 的链路端口路径开销为 2 000 000。

说明：通过该命令可以改变端口路径开销，交换机是根据端口到根网桥的根路径开销来选定根端口的，因此端口路径开销的设置关系到本交换机的哪个端口将成为根端口。端口路径开销的默认值是按端口的链路速率自动计算的。速率高的端口开销就小。如果没有特别需要，可不必更改它，因为这样计算出来的路径开销最科学。可以用 no 选项恢复端口的默认值。

4.2.3　任务三：多生成树配置

1. 任务描述

公司采用了双核心交换机，为了实现网络的冗余和可靠性的同时实现负载均衡。管理员决定在交换机上采用基于 VLAN 的多生成树协议。

2. 实验网络拓扑图

实验网络拓扑图如图 4-15 所示。

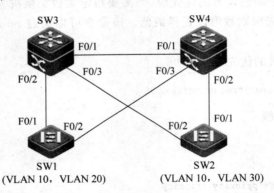

图 4-15　实验网络拓扑图

3. 设备配置

1) 接入层交换机 SW1 的配置

```
SW1(config)# spanning - tree          //开启生成树
SW1(config)# spanning - tree mode mstp //配置生成树模式为 MSTP
SW1(config)# vlan 10                   //创建 VLAN 10
SW1(config)# vlan 20                   //创建 VLAN 20
SW1(config)# vlan 30                   //创建 VLAN 30
```

```
SW1(config) # interface fastethernet 0/1
SW1(config - if) # switchport mode trunk        //定义 F0/1 为 Trunk 端口
SW1(config) # interface fastethernet 0/2
SW1(config - if) # switchport mode trunk        //定义 F0/2 为 Trunk 端口
SW1(config) # spanning - tree mst configuration //进入 MST 配置模式
SW1(config - mst) # instance 1 vlan 1,10        //配置 instance 1(实例 1)并关联 VLAN 1 和 10
SW1(config - mst) # instance 2 vlan 20,30       //配置实例 2 并关联 VLAN 20 和 30
SW1(config - mst) # name region1                //配置 MST 名称为 region1
SW1(config - mst) # revision 1                  //配置 MST 版本(修正号)
```

2) 接入层交换机 SW2 的配置

```
SW2(config) # spanning - tree                   //开启生成树
SW2(config) # spanning - tree mode mstp         //配置生成树模式为 MSTP
SW2(config) # vlan 10                           //创建 VLAN 10
SW2(config) # vlan 20                           //创建 VLAN 20
SW2(config) # vlan 30                           //创建 VLAN 30
SW2(config) # interface fastethernet 0/1
SW2(config - if) # switchport mode trunk        //定义 F0/1 为 Trunk 端口
SW2(config) # interface fastethernet 0/2
SW2(config - if) # switchport mode trunk        //定义 F0/2 为 Trunk 端口
SW2(config) # spanning - tree mst configuration //进入 MST 配置模式
SW2(config - mst) # instance 1 vlan 1,10        //配置 instance 1(实例 1)并关联 VLAN 1 和 10
SW2(config - mst) # instance 2 vlan 20,30       //配置实例 2 并关联 VLAN 20 和 30
SW2(config - mst) # name region1                //配置 MST 名称为 region1
SW2(config - mst) # revision 1                  //配置 MST 版本(修正号)
```

3) 核心交换机 SW3 的配置

```
SW3(config) # spanning - tree                   //开启生成树
SW3(config) # spanning - tree mode mstp         //采用 MSTP 生成树模式
SW3(config) # vlan 10
SW3(config) # vlan 20
SW3(config) # vlan 30
SW3(config) # interface fastethernet 0/1
SW3(config - if) # switchport mode trunk        //定义 F0/1 为 Trunk 端口
SW3(config) # interface fastethernet 0/2
SW3(config - if) # switchport mode trunk        //定义 F0/2 为 Trunk 端口
SW3(config) # interface fastethernet 0/3
SW3(config - if) # switchport mode trunk        //定义 F0/3 为 Trunk 端口
SW3(config) # spanning - tree mst 1 priority 4096  //配置交换机 SW3 在 instance 1 中的优先级为
4096,缺省是 32 768,值小者优先成为该 instance 中的 root switch
SW3(config) # spanning - tree mst configuration //进入 MST 配置模式
SW3(config - mst) # instance 1 vlan 1,10        //配置实例 1 并关联 VLAN 1 和 10
SW3(config - mst) # instance 2 vlan 20,30       //配置实例 2 并关联 VLAN 20 和 30
SW3(config - mst) # name region1                //配置 MST 名称为 region1
SW3(config - mst) # revision 1                  //配置 MST 版本(修正号)
```

4) 核心交换机 SW4 的配置

```
SW4(config) # spanning - tree                   //开启生成树
SW4(config) # spanning - tree mode mstp         //采用 MSTP 生成树模式
```

项目

4

实现企业网络中主干链路的冗余备份

```
SW4(config)#vlan 10
SW4(config)#vlan 20
SW4(config)#vlan 30
SW4(config)#interface fastethernet 0/1
SW4(config-if)#switchport mode trunk          //定义 F0/1 为 Trunk 端口
SW4(config)#interface fastethernet 0/2
SW4(config-if)#switchport mode trunk          //定义 F0/2 为 Trunk 端口
SW4(config)#interface fastethernet 0/3
SW4(config-if)#switchport mode trunk          //定义 F0/3 为 Trunk 端口
SW4(config)#spanning-tree mst 2 priority 4096   //配置交换机 SW4 在 instance 2 中的优先级为
4096,缺省是 32 768,值小者优先成为该 instance 中的 root switch
SW4(config)#spanning-tree mst configuration     //进入 MST 配置模式
SW4(config-mst)#instance 1 vlan 1,10            //配置实例 1 并关联 VLAN 1 和 10
SW4(config-mst)#instance 2 vlan 20,30           //配置实例 2 并关联 VLAN 20 和 30
SW4(config-mst)#name region1                    //配置 MST 名称为 region1
SW4(config-mst)#revision 1                      //配置 MST 版本(修正号)
```

4. 相关命令介绍

1) 配置实例中交换机的优先级

视图：全局配置视图。

命令：

spanning-tree [mst *instance-id*] **priority** *priority*

no spanning-tree [mst *instance-id*] **priority**

参数：

instance-id：实例编号,范围是 0～64。

priority：实例中交换机的优先等级,可选用 0, 4096,8192, 12 288, 16 384, 20 480, 24 576,28 672, 32 768, 36 864, 40 960, 45 056, 49 152,53 248, 57 344 和 61 440 共 16 个整数,均为 4096 的倍数。

说明：*instance-id* 的缺省值为 0,*priority* 的缺省值为 32 768,用 no 命令可以取消相关设置恢复至缺省状态。

例如：给 instance 10 中的当前交换机优先级值设为 4096。

```
Ruijie(config-if)# spanning-tree mst10 priority 4096
```

2) 进入 MST 配置模式

视图：全局配置视图。

命令：

spanning-tree mst configuration

no spanning-tree mst configuration

参数：

无。

说明：使用该命令可以进入 MST 配置模式,进入 MST 配置模式后,可以对 MST 的域名和版本等相关参数进行配置。no 命令可以使该命令下所有设置参数恢复至缺省状态。

3）配置实例与 VLAN 的关联

视图：MST 配置视图。

命令：

instance *instance* - *id* **vlan** *vlan* - *range*
no instance *instance* - *id* [**vlan** *vlan* - *range*]

参数：

instance-id：实例编号，范围为 0～64。

vlan-range：实例关联的 VLAN，范围是 1～4095，可以是一些 VLAN 的集合，不连续的 VLAN 编号之间用逗号隔开，连续的 VLAN 可以使用-连接头尾两个 VLAN 编号。

说明：缺省的配置是所有的 VLAN 均在 Instance 0 中，使用 no 命令可以删除关联，但要注意 no 命令中 Instance 的范围为 1～64。

例如：将 VLAN 2,3,6,7,8,9 添加到 Instance 10 中。

```
Ruijie(config - mst)# instance 10 vlan 2,3,6 - 9
```

4）配置 MST 名称

视图：MST 配置视图。

命令：

name *name*
no name

参数：

name：MST 区域的名称，取值范围是长度为 1～32 个字符的字符串。

说明：同一个 MST 区域中的交换机，应该配置相同的 MST 名称。用 no name 命令可以恢复其缺省值。

例如：将 MST 区域名称设置为 A1。

```
Ruijie(config - mst)# name A1
```

5）配置 MST 版本

视图：MST 配置视图。

命令：

revision *number*
no revision

参数：

number：MST 区域的版本号（修正号），取值范围是 0～65 535，默认值为 0。

说明：该命令用来设置 MST 区域的版本，也叫区域的修正号，用 no revision 命令可以恢复其缺省值。同一个 MST 区域中的交换机，应该配置相同的 MST 区域版本号。

例如：设置 MST 区域版本为 2。

```
Ruijie(config - mst)# revision 2
```

实现企业网络中主干链路的冗余备份

4.2.4　任务四：端口聚合配置

1. 任务描述

某公司为了提高两台核心交换机之间的链路带宽和可靠性,管理员在两台交换机(SW1 和 SW2)之间采用了两根网线互连,并将相应的端口进行了聚合。

2. 实验网络拓扑图

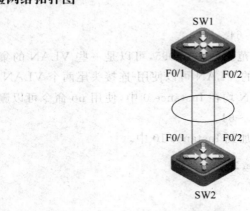

图 4-16　实验网络拓扑图

3. 设备配置

核心交换机一(SW1)配置如下:

```
SW1#conf
Enter configuration commands, one per line.    End with CNTL/Z.
SW1(config)#interface aggregateport 1          //创建聚合端口1
SW1(config-if)#switchport mode trunk           //设置聚合端口类型为Trunk
SW1(config-if)#exit
SW1(config)#interface range f0/1-2
SW1(config-if-range)#port-group 1              //将端口F0/1-2加入聚合端口1
SW1(config-if-range)#exit
SW1(config)#
SW1(config)#show aggregatePort summary         //查看聚合端口配置信息
AggregatePort   MaxPorts   SwitchPort Mode   Ports
-----------     -------    --------   ----   ------------------------------
Ag1             8          Enabled    TRUNK  Fa0/1   ,Fa0/2
SW1(config)#
```

核心交换机二(SW2)配置如下:

```
SW2#conf
Enter configuration commands, one per line.    End with CNTL/Z.
SW2(config)#interface aggregateport 1          //创建聚合端口1
SW2(config-if)#switchport mode trunk           //设置聚合端口类型为Trunk
SW2(config-if)#exit
SW1(config)#interface range f0/1-2
SW2(config-if-range)#port-group 1              //将端口F0/1-2加入聚合端口1
SW2(config-if-range)#exit
```

```
SW2(config)#
SW2(config)# show aggregatePort summary          //查看聚合端口配置信息
AggregatePort   MaxPorts   SwitchPort Mode   Ports
-----------     -------    --------   ----   ------------------------------
Ag1             8          Enabled    TRUNK  Fa0/1    ,Fa0/2
SW2(config)#
```

4. 相关命令介绍

1）创建聚合端口

视图：全局配置视图。

命令：

```
interface aggregateport port-number
no interface aggregateport port-number
```

参数：

port-number：聚合端口号，范围由设备和扩展模块决定，不同的设备支持的数量不同。S2328G 支持 6 个，S3760 支持 31 个。

说明：当所输入的聚合端口号不存在时，该命令用来创建对应的聚合端口，并进入对应的聚合端口配置视图。当输入的聚合端口号已经存在时，该命令用于直接进入对应的聚合端口配置视图。no 选项用来删除对应的聚合端口。

例如：创建聚合端口 1。

```
Ruijie(config)# interface aggregateport1
Ruijie(config-if)#
```

2）向聚合端口添加成员端口

视图：接口视图。

命令：

port-group *port-group-number*
no port-group

参数：

port-group-number：端口所要加入的聚合端口号。

说明：该命令用来将当前的物理端口添加为聚合端口的成员端口。交换机上所有的物理端口都不属于任何聚合端口。no 选项用来将当前物理端口从聚合端口中删除。添加时要注意，所有的 AP 成员接口都要在同一个 VLAN 中，或者都配置成 Trunk port。属于不同 Native VLAN 的接口不能构成聚合端口。

例如：将端口 F0/5～F0/8 4 个添加到聚合端口 1 中。

```
Ruijie(config)# interface aggregateport1
Ruijie(config-if)# exit
Ruijie(config)# interface range f0/5-8
Ruijie(config-if-range)# port-group 1
Ruijie(config-if-range)# exit
Ruijie(config)#
```

实现企业网络中主干链路的冗余备份

项目
4

或者直接执行

```
Ruijie(config)# interface range f0/5-8
Ruijie(config-if-range)# port-group 1
Ruijie(config-if-range)# exit
Ruijie(config)#
```

3）配置聚合端口的流量平衡

视图：全局配置视图。

命令：

aggregateport load-balance{dst-mac | src-mac | src-dst-mac | dst-ip | src-ip | ip }
no aggregateport load-balance

参数：

dst-mac：根据输入报文的目的 MAC 地址进行流量分配。在 AP 各链路中，目的 MAC 地址相同的报文被送到相同的端口，目的 MAC 不同的报文分配到不同的端口。

src-mac：根据输入报文的源 MAC 地址进行流量分配。在 AP 各链路中，来自不同 MAC 地址的报文分配到不同的端口，来自相同 MAC 地址的报文使用相同的端口。

src-dst-mac：根据源 MAC 与目的 MAC 进行流量分配。不同的源 MAC-目的 MAC 对的流量通过不同的端口转发，同一源 MAC-目的 MAC 对通过相同的链路转发。

dst-ip：根据输入报文的目的 IP 地址进行流量分配。在 AP 各链路中，目的 IP 地址相同的报文被送到相同的端口，目的 IP 不同的报文分配到不同的端口。

src-ip：根据输入报文的源 IP 地址进行流量分配。在 AP 各链路中，来自不同 IP 地址的报文分配到不同的端口，来自相同 IP 地址的报文使用相同的端口。

ip：根据源 IP 与目的 IP 进行流量分配。不同的源 IP-目的 IP 对的流量通过不同的端口转发，同一源 IP-目的 IP 对通过相同的链路转发。在三层条件下，建议采用此流量平衡的方式。

说明：该命令用来设置聚合端口的流量平衡算法。不同设备支持的流量平衡算法会有一些不同。默认的流量平衡算法一般为 src-dst-mac，用 no 选项可以恢复默认的流量平衡算法。使用 show aggregateport load-balance 命令查看设置的流量平衡算法。S8600 系列设备支持所有流量平衡算法，S2300 系列设备只支持 dst-mac、src-mac 和 src-dst-mac 三种流量平衡算法。

例如：设置聚合端口根据源 MAC 地址与目的 MAC 地址进行流量分配。

Ruijie(config)# aggregateport load-balance src-dst-mac

4）查看端口聚合配置情况

视图：特权配置视图。

命令：

show aggregateport{[aggregate-port-number] summary | load-balance}

参数：

aggregate-port-number：聚合端口号。

summary：显示 aggregate port 中每条链路的摘要信息。

load-balance：显示 aggregate port 的流量平衡算法。

说明：该命令用来显示聚合端口的相关信息。如果没有指定聚合端口号，则所有聚合端口的信息将被显示出来。

例如：显示聚合端口 1 的摘要信息。

```
Ruijie (config) # show aggregatePort 1 summary
AggregatePort MaxPorts SwitchPort Mode    Ports
------------- -------- ---------- ------  ------------------------------
Ag1          8         Enabled    Access  Fa0/1 ,Fa0/2
Ruijie (config) #
```

例如：显示聚合端口的流量平衡算法。

```
Ruijie(config) # show aggregatePort load - balance
Load - balance    : Source MAC and Destination MAC
Ruijie(config) #
```

4.3 拓 展 知 识

4.3.1 BPDU

STP 依靠 BPDU 在交换机之间交换信息。在 STP 中，有两种类型的 BPDU：一种是配置 BPDU(CBPDU)，用于交换机配置信息，它是由根网桥始发的，其类型值为 0x00；另一种是拓扑结构改变通告 BPDU(TCN BPDU)，专用于在 STP 拓扑结构发生改变时发送，TCN BPDU 是由非根网桥始发的，其类型值为 0x80。CBPDU 与 TCN BPDU 类型标识是由 BPDU 协议结构中的 Message Type 字段设定的。BPDU 的报文内容如表 4-3 所示。

表 4-3 BPDU 的报文内容

所占字节数	字　　段
2	Protocol ID(协议 ID)
1	Version(版本)
1	Message Type(消息类型)
1	Flags(标记)
8	Root ID(根网桥 ID)
4	Cost of Path(路径开销)
8	Bridge ID(网桥 ID)
2	Port ID(端口 ID)
2	Message Age(消息生存时间)
2	Maximum Age(最大保存时间)
2	Hello Time(Hello 消息发送频次)
2	Forward Delay(转发延迟)

89

实现企业网络中主干链路的冗余备份

TCN BPDU 是由非根网桥始发的。当一台非根网桥交换机拓扑发生变化的时候,就会产生一个 TCN BPDU,这个 BPDU 是用来告诉根网桥网络拓扑结构发生了变化,只有非根网桥的根端口才会发生这类的 BPDU,然后上行至根网桥。

CBPDU 是由根网桥始发的。当来自非根网桥的 TCN BPDU 到达根网桥后,也会产生一个 CBPDU 进行响应,告诉所有它知道的非根网桥交换机拓扑发生了变化。这种 CBPDU 是通过根网桥的指定端口始发,由网段中的指定端口转发的,直到下行到 STP 拓扑结构中的生成树叶交换机。另外,根网桥也会每隔 2s 以广播的方式发生一次 BPDU 到非根网桥的根端口上,以便告知网络中的最新 STP 拓扑结构信息。正常情况下,交换机只会从它的根端口上接收 CBPDU 包,绝不会主动发送 CBPDU 包给根网桥。

非根网桥的根端口负责 CBPDU 接收和 TCN BPDU 发送,而根网桥和各网段中的指定交换机的指定端口负责接收 TCN BPDU 和 CBPDU 发送。

总结以上可以知道:配置 BPDU(CBPDU)是用于 STP 计算的,由根网桥产生,非根网桥转发,每隔 2s 发送一次,它是通过指定端口发送的。TCN BPDU(拓扑变更通告 BPDU)是当网络拓扑发生变化的时候才产生的,通过根端口发送。

4.3.2 STP 协议计时器

STP 协议计时器主要有三个:Hello 时间、老化时间和转发延迟。

Hello 时间(Hello Time):当 STP 拓扑稳定后,根交换机定时向网络中发送 BPDU,然后由网络中其他的交换机转发并扩散到各交换机,根交换机发送 BPDU 报文的时间间隔就是 Hello Time,默认为 2s。这个时间也可以通过配置修改,但是通常不建议修改。

老化时间(Maximum Age):也称为最大生存时间,根交换机发送的 BPDU 除了通知网络中的 STP 参数外,另一个重要的功能是维护网络拓扑的稳定。如果交换机发现某个端口一段时间内都没有收到 BPDU 报文,会认为网络中的拓扑发生变化,将向根交换机发送 TCN BPDU 报文,这段时间就是老化时间,默认为 20s。

转发延迟(Forward Delay):这个时间是端口停留在监听状态和学习状态的时间,默认为 15s。

4.3.3 STP 端口状态

交换机中参与生成树算法的端口都会经过一系列的状态变换最后达到稳定状态,即端口被阻塞或者转发数据。运行 STP 的交换机的二层端口,其端口的工作状态有以下 5 个状态。

(1)阻塞状态(Blocking):在生成树的计算中,为了将某些链路从逻辑上断开,交换机需要将某些端口设置为阻塞状态,那么这些端口所在的链路就被阻塞了,阻塞状态下的端口不能转发数据帧,也不能学习数据帧中的 MAC 地址,但是能监听从上游交换机上发来的 BPDU 报文。注意:处于阻塞状态的端口是逻辑上的断开,并非物理状态的 down。

(2)监听状态(Listening):在网络拓扑发生变更时,交换机的部分端口会进入监听状态。在监听状态下进行生成树的运算,监听端口有可能被选举为根端口、指定端口或阻塞端口。在监听状态,端口接收并发生 BPDU 报文,但不学习数据帧的 MAC 地址。监听状态是一个过渡状态,端口会在一段时间后进入其他状态,这个时间长度就是 Forward Delay 指定的,默认 15s。

(3) 学习状态(Learning):交换机端口在监听状态时,如果被选举为根端口或者指定端口,那么此端口应该会进入学习状态。在学习状态下的端口,会学习数据帧中的 MAC 地址,接收和发送 BPDU 报文,但是不转发数据帧。交换机在学习状态下等待的时间由根交换机配置 BPDU 报文中的 Forward Delay 决定,默认是 15s。

(4) 转发状态(Forwarding):从学习状态等待了 Forward Delay 的时间后,端口将进入转发状态。在转发状态下,交换机为了构造 MAC 地址表,端口会学习数据帧的源 MAC 地址。

(5) 禁用状态(Disable):禁用状态的端口不参与 STP 的运算,不发生和接收 BPDU 报文,也不发生和接收任何数据帧。

当 STP 网络中拓扑发生变化时,交换机端口从阻塞状态变化到转发状态,需要等待的时间是 30~50s,最短为两倍的 Forward Delay 时间,最长为老化时间(Maximum Age)加上两倍的 Forward Delay。

4.3.4 RSTP 端口状态和端口角色

1. 端口状态

在 RSTP 中,端口状态只有三种:丢弃状态(Discarding)、学习状态(Learning)和转发状态(Forwarding)。在 RSTP 中将禁用状态、阻塞状态和监听状态都合并到丢弃状态。

2. 端口角色

在 STP 中,端口角色有根端口、指定端口、阻塞端口和禁用端口 4 种。在 RSTP 中除了以上 4 种还增加了替代端口和备份端口。

(1) 根端口(Root Port):和 STP 中一样,根端口处于非根交换机上,是本地交换机距离根交换机最近的端口(根交换机上没有根端口)。

(2) 指定端口(Designated Port):也和 STP 中的一样,指定端口是用于向以太网段转发数据的端口。

(3) 替代端口(Alternate Port):替代端口是根端口的备份端口。替代端口可以接收 BPDU 报文,但不转发数据。替代端口出现在非指定交换机上,当根端口发生故障后,替代端口将成为根端口。

(4) 备份端口(Backup Port):RSTP 中的备份端口作为指定端口的备份端口,可以接收 BPDU 报文,但是不转发数据。备份端口出现在指定交换机上,作为到达以太网段的冗余链路。备份端口只出现在交换机拥有两条或两条以上到达共享 LAN 网段的链路的情况下。当指定端口出现故障后,备份端口会成为指定端口。

4.3.5 RSTP 快速收敛原理

RSTP 和 STP 最大的区别在于收敛的速度。当网络的拓扑结构发生变化时,STP 中阻塞端口进入转发状态所需的时间是 30~50s。在 RSTP 中,这个时间可以在 1s 内。RSTP 通过改进 BPDU 报文格式,引进替代端口和备份端口,优化拓扑变更机制等方式来提高网络的收敛速度。

在 STP 中,当某个端口被选举为指定端口后,它从阻塞状态进入转发状态需要等待两倍的转发延迟时间,而在 RSTP 中,端口能够主动确认是否已经安全过渡到转发状态,不需要依赖定时器的时间。

4.3.6 华为的相关命令

在生成树和端口聚合配置方面,华为的相关配置命令跟锐捷和思科的命令区别相对大一些。

1. 华为交换机有关生成树的命令

1) 启动生成树协议

视图:系统视图。

命令:

```
stp enable
stp disable
```

说明:该命令用来开启交换机的生成树协议。当该命令在某个端口视图下运行时,则是设置该端口的生成树协议。当在系统视图下开启生成树协议后,默认交换机上所有的端口都参与生成树计算,当确定某些端口不会构成回路时,可以关闭这些端口的生成树协议,使得这些端口不参与生成树的计算。在端口视图下的命令如下:

```
[Quidway-Ethernet0/1]stp enable        //开启端口的生成树协议
[Quidway-Ethernet0/1]stp disable       //关闭端口的生成树协议
```

2) 设置生成树协议类型

视图:系统视图。

命令:

```
stp mode { stp|rstp }
```

参数:

stp:设置生成树协议类型为 STP。

rstp:设置生成树协议类型为 RSTP(快速生成树协议)。

说明:系统默认为 RSTP。

3) 配置网桥的优先级

视图:系统视图。

命令:

```
stp priority bridge-priority
```

参数:

bridge-priority:交换机的优先级,取值为 0~61 440,步长为 4096,即交换机可以设置 16 个优先级取值,如 0、4096、8192 等。

说明:stp priority 命令用来配置交换机在指定生成树中的优先级。undo stp priority 命令用来恢复交换机优先级的缺省值。缺省情况下,交换机优先级取值为 32 768。

4) 配置端口的优先级

视图:端口视图。

命令：

stpport priority *priority*

参数：

priority：端口的优先级取值，取值范围为 0～240，以 16 为步长，如 0、16、32 等。

说明：stp port priority 命令用来设置当前端口在指定生成树实例上的优先级。undo stp port priority 命令用来恢复当前端口在指定生成树实例上的优先级的缺省值。缺省情况下，端口在各个生成树实例上的优先级取值为 128。

5) 配置端口路径开销

视图：端口视图。

命令：

stp cost *cost*

参数：

cost：端口路径开销，取值范围如下：

- 当选择 IEEE 802.1d-1998 标准来计算端口的缺省路径开销值时，以太网的端口路径开销取值范围为 1～65 535。
- 当选择 IEEE 802.1t 标准来计算端口的缺省路径开销值时，以太网的端口路径开销取值范围为 1～200 000 000。
- 当选择私有标准来计算端口的缺省路径开销值时，以太网的端口路径开销取值范围为 1～200 000。

说明：stp cost 命令用来设置当前端口在指定生成树实例上的端口路径开销。undo stp cost 命令用来恢复当前端口在指定生成树实例上的路径开销的缺省值。缺省情况下，交换机自动按照相应的标准计算在各个生成树实例上的路径开销取值。

6) 配置端口的 Forward Delay

视图：系统视图。

命令：

stp timer forward-delay *centi-seconds*

参数：

centi-seconds：Forward Delay 时间参数，取值为 400～3000，单位为厘秒。

说明：stp timer forward-delay 命令用来设置交换机的 Forward Delay 时间参数值。undo stp timer forward-delay 命令用来恢复交换机的 Forward Delay 时间参数的缺省值。缺省情况下，交换机的 Forward Delay 时间参数取值为 1500 厘秒。

7) 查看生成树设置

视图：任何视图。

命令：

disp stp

说明：使用该命令可以查看交换机生成树设置的情况，是否开启生成树协议，在开始状

实现企业网络中主干链路的冗余备份

态下,查看生成树的协商结果。

例如:未开启 STP 时,交换机所显示的 STP 信息如下。

```
<Quidway> disp stp
Spanning tree protocol is disabled              //生成树协议无效,说明该交换机没有开启 STP
The bridge ID (Pri.MAC): 32768.00e0 - fc2e - 923c  //显示本交换机的优先级和 MAC 地址
The bridge times: Hello Time 2 sec, Max Age 20 sec, Forward Delay 15 sec
                                                //显示交换机上跟 STP 有关的时间参数
```

例如:开启 STP 后,交换机所显示的 STP 信息如下。

```
[Quidway]disp stp
Protocol mode: IEEE RSTP                         //默认的 STP 模式为 RSTP
The bridge ID (Pri.MAC): 32768.00e0 - fc2e - 923c   //本交换机的优先级和 MAC 地址
The bridge times: Hello Time 2 sec, Max Age 20 sec, Forward Delay 15 sec
Root bridge ID(Pri.MAC):32768.000f - e248 - 89aa   //根交换机的优先级和 MAC 地址
Root path cost: 200                              //根端口的路径开销
Bridge bpdu - protection: disabled
Timeout factor: 3

Port 1 (Ethernet0/1) of bridge is Forwarding    //端口为转发状态
  Port spanning tree protocol: enabled          //端口 STP 有效
  Port role: Root Port                          //根端口
  Port path cost: 200                           //端口路径开销 200
  Port priority: 128                            //端口优先等级 128
  Designated bridge ID(Pri.MAC):32768.000f - e248 - 89aa  //该端口连接的对端交换机 MAC 地址
  The Port is a non - edged port
  Connected to a point - to - point LAN segment
  Maximum transmission limit is 3   Packets / hello time
  Times: Hello Time 2 sec,      Max Age 20 sec
         Forward Delay 15 sec, Message Age 0
  BPDU sent:      29
         TCN: 0, RST: 29, Config BPDU: 0
  BPDU received: 28
         TCN: 0, RST: 28, Config BPDU: 0
```

2. 华为交换机有关端口聚合的条件

Quidway S 系列以太网交换机一般提供两种方式的端口聚合,一种是根据数据帧的源 MAC 地址进行数据帧的分发。另一种方式是根据数据帧的源 MAC 地址和目的 MAC 地址进行数据帧的分发。在实现端口负载分担时,两种方式对数据帧分发有较大差别。前一种对数据流的分类较粗,对实现负载分担不利,而后者分类细致,有利于链路的负荷均担,根据不同的应用场合选择适合的聚合方式,更有利于发挥产品的特性。如 S2016 只支持一个聚合组,每个聚合组最多包含 4 个端口,参加聚合的端口必须连续,但对起始端口无特殊要求。S3526 支持 4 个聚合组,每个聚合组最多可以包含 8 个端口,参加聚合的端口也必须连续,但是聚合组的起始端口只能是 eth0/1、eth0/9、eth0/17 或 Gabitethernet1/1。在一个端口汇聚组中,端口号最小的作为主端口,其他的作为成员端口。同一个汇聚组中成员端口的链路类型与主端口的链路类型保持一致,即如果主端口为 Trunk 端口,则成员端口也为 Trunk 端口;如主端口的链路类型改为 Access 端口,则成员端口的链路类型也变为 Access

端口。

另外,所有参加聚合的端口还必须满足另一条件,即所有参加聚合的端口都必须工作在全双工模式下,且工作速率相同(不能为自动协商模式)才能进行聚合。并且聚合功能需要在链路两端同时配置方能生效。

3. 华为交换机有关端口聚合的命令

(1) 配置端口的双工属性(Duplex)。

视图:以太网接口视图。

命令:

duplex{ auto | full | half }
undo duplex   //恢复双工属性为默认值

参数:

auto:端口处于自协商状态。

full:端口处于全双工状态。

half:端口处于半双工状态。

说明:duplex 命令用来设置以太网端口的双工属性。undo duplex 命令用来将端口的双工属性恢复为缺省的自协商状态。缺省情况下,端口处于自协商状态。

(2) 设置端口的速率(Speed)。

视图:以太网端口视图。

命令:

speed { 10 | 100 | 1000 | auto }
undo speed

参数:

10:指定端口速率为 10Mb/s。

100:指定端口速率为 100Mb/s。

1000:指定端口速率为 1000Mb/s(该参数仅千兆端口支持)。

auto:指定端口的速率处于自协商状态。

说明:speed 命令用来设置端口的速率。undo speed 命令用来恢复端口的速率为缺省值。缺省情况下,端口速率处于自协商状态。

(3) 端口聚合。

视图:系统视图。

命令:

link - aggregation *interface_name*1 **to** *interface_name*2 **{ both | ingress }**
undo link - aggregation **{** *master_interface_name* **| all }**

参数:

*interface_name*1:聚合起始端口。

*interface_name*2:聚合结束端口。

master_interface_name:聚合主端口,一般是聚合起始端口。

ingress:表示聚合方式为根据源 MAC 地址进行数据分流。

实现企业网络中主干链路的冗余备份

both：表示聚合方式为根据源 MAC 地址和目的 MAC 地址进行数据分流。

all：删除所有聚合组。

（4）查看端口聚合情况。

视图：系统视图。

命令：

display link - aggregation [*master_interface_name*]

参数：

master_interface_name：聚合主端口，一般是聚合起始端口。

4. 以太网端口汇聚配置排错

当配置端口汇聚时，出现配置不成功的提示信息，可以从以下几个方面逐个检查排错。

（1）检查输入的起始端口是否小于结束端口，如是则转下一步。

（2）检查所配置的端口是否属于其他已存在的汇聚组，如否则转下一步。

（3）检查所汇聚的端口的速率是否相同且为全双工模式，如是，则转下一步。

（4）检查汇聚组中的端口总数目是否小于或等于 4 个。

4.4 项目实训

公司两台核心交换机(SW4 和 SW5)之间使用双链路，如图 4-17 所示，采用端口聚合功能，目的是保证核心交换机之间链路的可靠性并提高链路的带宽，公司其他交换机(SW1，SW2，SW3)和核心交换机 SW4 相互连接，为了提高网络的可靠性，采用生成树，完成设置后并进行相关的网络测试。

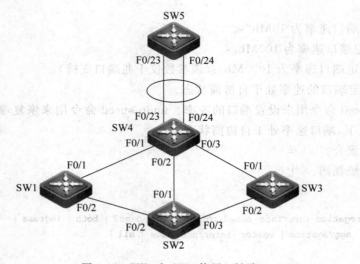

图 4-17 SW4 和 SW5 使用双链路

基本要求：

（1）正确选择设备并使用线缆连接。

（2）在 SW1、SW2、SW3 和 SW4 上分别启用生成树协议，并找出根交换机。

（3）了解 SW1、SW2、SW3 和 SW4 上参与 STP 运算的各个端口的状态和角色，找出被阻断的链路。

（4）设置 SW4 为根网桥，SW3 为备份根网桥，再次查看 SW1、SW2、SW3 和 SW4 上参与 STP 运算的各个端口的状态和角色，找出被阻断的链路。

（5）断开某条正常的链路，然后再观察被阻断的链路状态。

（6）设置 SW4 和 SW5 之间的链路端口聚合。

（7）在交换机 SW4 和 SW5 上检查链路端口聚合状态。

拓展要求：

在自学 MSTP 的前提下，尝试完成以下内容。

在交换机 SW1、SW2 上分别创建 VLAN 10 和 VLAN 20，在 SW3、SW4 分别创建 VLAN 30 和 VLAN 40，然后在 SW1、SW2、SW3 和 SW4 上分别启用多生成树协议（MSTP），并在相应的交换机上创建对应的实例，然后查看各个 VLAN 的生成树结构。

项目 4 考核表如表 4-4 所示。

表 4-4　项目 4 考核表

序　号	项目考核知识点	参考分值	评　价
1	设备连接	2	
2	端口聚合配置	4	
3	生成树配置	4	
4	交换机生成树状态检查和端口聚合状态检查	2	
5	拓展要求	3	
合　计		15	

4.5　习　题

1. 选择题

（1）下面哪句话是正确的？（　　　）

A. 生成树协议可以将有环路的物理拓扑变成无环路的逻辑拓扑

B. 生成树协议是在 802.1b 协议中定义的

C. 生成树协议中网桥的优先级数值越大，就越有可能成为根桥

D. 生成树协议中网桥的 MAC 地址越大，就越有可能成为根桥

（2）生成树协议是如何推举根网桥的？（　　　）

A. 生成树协议推举网桥优先级数值最大的为根网桥

B. 生成树协议推举网桥 MAC 地址最小的为根网桥

C. 当网桥优先级相同时，生成树协议推举 MAC 地址最小的为根网桥

D. 当网桥优先级相同时，生成树协议推举 MAC 地址最大的为根网桥

（3）哪个端口拥有从非根网桥到根网桥的最低路径开销？（　　　）

A. 根端口　　　　　　　　　　　　　　B. 指定端口

      C. 阻塞端口   D. 非根非指定端口

(4) 下面对根端口和指定端口描述错误的是(　　)。

    A. 根端口是用来向根网桥发送数据的端口

    B. 根端口在非根网桥上,而不是在根网桥上

    C. 指定端口只在根网桥上,而不在非根网桥上

    D. 指定端口是在每个 LAN 中距离根网桥最近的端口

(5) STP 中选择根端口时,如果根路径开销相同,则比较以下哪一项?(　　)

    A. 发送网桥的转发延迟   B. 发送网桥的型号

    C. 发送网桥的 ID   D. 发送端口

(6) 下面关于聚合端口描述错误的是(　　)。

    A. 聚合端口是由多个物理端口组成的一个逻辑端口

    B. 聚合端口的带宽是参与聚合的物理端口带宽的总和

    C. 聚合端口中的成员端口必须属于同一个 VLAN

    D. 所有聚合端口中的成员端口数量最多只能是 4 个

(7) 下面哪个不是 RSTP 中的端口状态?(　　)

    A. 学习状态   B. 阻塞状态   C. 丢弃状态   D. 转发状态

(8) RSTP 中的哪个状态等同于 STP 中的监听状态?(　　)

    A. 学习状态   B. 监听状态   C. 丢弃状态   D. 转发状态

(9) 在 RSTP 中下面哪种端口是根端口的备份端口?(　　)

    A. 根端口   B. 指定端口   C. 备份端口   D. 替代端口

(10) 对于一个处于监听状态的端口,以下哪项是正确的?(　　)

      A. 可以接收和发送 BPDU,但不能学习 MAC 地址

      B. 既可以接收和发送 BPDU,也可以学习 MAC 地址

      C. 可以学习 MAC 地址,但不能转发数据帧

      D. 不能学习 MAC 地址,但可以转发数据帧

2. 简答题

(1) 简述生成树协议的主要功能。

(2) 在交换网络中,能实现链路备份的技术有哪些?

(3) 简述 STP 的工作过程。

(4) 非根网桥如何确定根端口?

(5) STP、RSTP 和 MSTP 之间的区别是什么?

(6) 配置端口聚合需要注意哪些事项?

项目 5 实现企业各部门 VLAN 之间的互联

1. 项目描述

由于公司网络中经常有电脑因感染病毒而在网络中发送大量广播包造成网络堵塞，影响整个网络的使用，于是采用了给每个部分划分不同的 VLAN，减少广播风暴的影响。使用 VLAN 技术虽然减少了广播风暴对网络的影响，但也阻止了各个部门之间的正常相互访问。为了实现各部分不同 VLAN 之间的相互访问，公司购进了三层交换机和路由器。需要网络管理员对三层交换机或路由器进行相关设置。

提示：解决不同 VLAN 之间的相互访问可以使用三层交换机和路由器来实现。

2. 项目目标

- 理解 VLAN 间路由；
- 理解三层接口；
- 了解利用三层交换机实现 VLAN 间路由的过程；
- 了解单臂路由的数据流程；
- 掌握三层交换机实现 VLAN 间路由的基本设置；
- 掌握单臂路由的基本设置。

5.1 预 备 知 识

5.1.1 VLAN 间路由

(1) VLAN 之间为什么不通过路由就不能通信？

在 VLAN 内的通信，必须在数据帧头中指定通信目标的 MAC 地址。而为了获取 MAC 地址，TCP/IP 协议下使用的是 ARP。ARP 解析 MAC 地址的方法，则是通过广播。也就是说，如果广播报文无法到达，那么就无从解析 MAC 地址，亦即无法直接通信。而 VLAN 本身就是用来隔离广播的，所以 VLAN 之间不通过路由是无法直接通信的。

(2) 何为路由？

路由是指路由器从一个接口上收到数据包，根据数据包的目的地址进行定向并转发到另一个接口的过程。路由是指导 IP 报文发送的路径信息。路由一般由路由器或者带有路由功能的三层交换机来完成。路由和交换的区别在于交换主要在 OSI 参考模型的第二层（数据链路层）利用数据帧中的 MAC 地址完成，而路由则是 OSI 参考模型的第三层（网络层）利用数据包中的 IP 地址完成。

5.1.2 理解三层接口

三层接口最大的特性就是可以配置像 IP 地址这样的三层属性,配置了 IP 以后,接口就可以通过 IP 地址由用户直接访问了。三层接口主要用于提供路由和管理连接(如 telnet 远程登录管理)。

三层接口又分为物理三层接口和逻辑三层接口两大类:逻辑三层接口就是三层 VLAN 接口(通常所说的 VLAN 接口,SVI 交换虚拟接口),这类接口具有路由和桥接功能;物理三层接口就只有路由功能,如一般路由器上的接口。

VLAN 技术是为了隔离广播报文,提高网络带宽的有效利用率而设计的。VLAN 在隔离广播的同时,也把正常的 VLAN 之间的通信隔离了。要实现不同 VLAN 之间的相互通信有两种方法:一是通过路由器进行转发实现;二是通过三层交换机转发实现。

5.1.3 用路由器实现 VLAN 间路由

1. 路由器与交换机之间的连接

在使用路由器构建 VLAN 之间路由时,首先要弄清楚路由器和交换机之间该如何连接。路由器和交换机的接线方式大致有以下两种:

* 将路由器与交换机上的每个 VLAN 分别连接。
* 路由器与交换机只用一条网线连接(跟 VLAN 的多少无关)。

在这两种方法中,最容易想到的就是把路由器和交换机上的每个 VLAN 分别用网线连接起来,如图 5-1 所示。

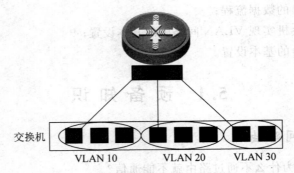

交换机

VLAN 10　　　VLAN 20　　　VLAN 30

图 5-1　路由器与交换机上的每个 VLAN 分别连接

这种方式中如果交换机上有三个 VLAN,那么在交换机上就要预留三个口用于每个 VLAN 与路由器的连接。同样在路由器上也需要有三个口,交换机与路由器用三条线连接。不难想象,交换机上每多一个 VLAN,就要多预留一个端口,同样路由器上也要多一个以太网口,而且要多布一条线,这都会增加成本,所以这种方式在 VLAN 较多的情况下就变得不可行了。

第二种方式是只用一条网线连接路由器和交换机,要在一条链路上通过多个 VLAN 的数据时,要使用 Trunk 链路。所以要把交换机上与路由器连接的对应端口设置成 Trunk 端口,并允许所有的 VLAN 都通过。而路由器上虽然对应的也只有一个物理接口,但可以在这个物理接口上设置多个逻辑接口(即子接口),每个逻辑接口对应一个 VLAN,如图 5-2 所示。

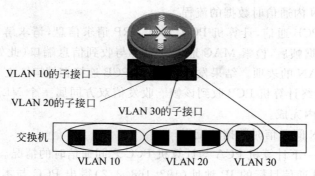

VLAN 10的子接口——

VLAN 20的子接口——

VLAN 30的子接口——

交换机

VLAN 10   VLAN 20   VLAN 30

图 5-2   路由器与交换机只用一根网线连接

这种方式中如果增加 VLAN，只要路由器上增加一个逻辑接口，而不再需要在交换机和路由器上增加物理接口，也不需要增加布线了。

2. 单臂路由的数据流程

以图 5-3 为例来了解单臂路由中数据的转发过程。

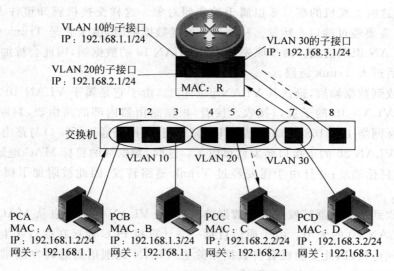

VLAN 10的子接口
IP：192.168.1.1/24

VLAN 30的子接口
IP：192.168.3.1/24

VLAN 20的子接口
IP：192.168.2.1/24

MAC：R

交换机

1   2   3   4   5   6   7   8

VLAN 10   VLAN 20   VLAN 30

PCA   PCB   PCC   PCD
MAC：A   MAC：B   MAC：C   MAC：D
IP：192.168.1.2/24   IP：192.168.1.3/24   IP：192.168.2.2/24   IP：192.168.3.2/24
网关：192.168.1.1   网关：192.168.1.1   网关：192.168.2.1   网关：192.168.3.1

图 5-3   单臂路由的数据转发

图 5-3 中的交换机通过对各端口所连计算机 MAC 地址的学习，生成如表 5-1 所示的 MAC 地址列表。

表 5-1   交换机的 MAC 地址列表

端口号	MAC 地址	VLAN
1	A	10
3	B	10
5	C	20
7	D	30
8	R	1,10,20,30

实现企业各部门 VLAN 之间的互联

1) 同一 VLAN 内通信时数据的流程

假设 PCA 与 PCB 通信,计算机 PCA 发出 ARP 请求信息,请求解析 PCB 的 MAC 地址。交换机收到数据帧后,检索 MAC 地址列表中与收到信息端口(此处为 PCA 连接的端口 1)同属一个 VLAN 的表项。结果发现,计算机 PCB 连接在端口 3 上,于是交换机将数据帧转发给端口 3,最终计算机 PCB 收到该帧。收发信双方同属一个 VLAN 之内的通信,一切处理均在交换机内完成。

2) 不同 VLAN 间通信时数据的流程

让我们来分析一下计算机 PCA 与计算机 PCC 之间通信时的情况。

计算机 PCA 从通信目标的 IP 地址(192.168.2.2)得出 PCC 与本机不属于同一个网段。因此会向设定的默认网关(Default Gateway,DGW)转发数据帧。在发送数据帧之前,需要先用 ARP 获取路由器的 MAC 地址。得到路由器的 MAC 地址 R 后,就将要送往 PCC 去的数据帧发往路由器。这时数据帧中,目标 MAC 地址是路由器的地址 R,但内含的目标 IP 地址仍是最终要通信的对象 PCC 的地址。交换机在端口 1 上收到数据帧后,检索 MAC 地址列表中与端口 1 同属一个 VLAN 的表项。由于 Trunk 链路会被看作属于所有的 VLAN,因此这时交换机的端口 8 也属于被参照对象。这样交换机就知道往 MAC 地址 R 发送数据帧,需要经过端口 8 转发。从端口 8 发送数据帧时,由于它是 Trunk 链路,因此会被附加上 VLAN 识别信息。由于原先是来自 VLAN 10 的数据帧,因此会被加上 VLAN 10 的识别信息后进入 Trunk 链路。

路由器收到数据帧后,确认其 VLAN 识别信息,由于它是属于 VLAN 10 的数据帧,因此交由负责 VLAN 10 的子接口接收。接着,根据路由器内部的路由表,判断该向哪里转发。由于目标网络 192.168.2.0/24 是 VLAN 20,且该网络通过子接口与路由器直连,因此只要从负责 VLAN 20 的子接口转发就可以了。这时,数据帧的目标 MAC 地址被改写成计算机 PCC 的目标地址;并且由于需要经过 Trunk 链路转发,因此被附加了属于 VLAN 20 的识别信息。

交换机收到从路由器转发过来的数据帧后,根据 VLAN 标识信息从 MAC 地址列表中检索属于 VLAN 20 的表项。由于通信目标——计算机 PCC 连接在端口 3 上,而且端口 3 为普通的访问链接,因此交换机会将数据帧除去 VLAN 识别信息后转发给端口 3,最终计算机 PCC 才能成功地收到这个数据帧。

从上面 PCA 到 PCC 之间的通信过程来看,进行 VLAN 间通信时,即使通信双方都连接在同一台交换机上,也必须经过"发送方→交换机→路由器→交换机→接收方"这样一个流程。

5.1.4 三层交换机实现 VLAN 间路由

三层交换机具备网络层的功能,实现 VLAN 相互访问的原理是:利用三层交换机的路由功能,通过识别数据包的 IP 地址,查找路由表进行选路转发。三层交换机利用直连路由可以实现不同 VLAN 之间的互相访问。实现的方法是在三层交换机上为各个 VLAN 创建虚拟 VLAN 接口(SVI),并给接口配置 IP 地址,作为各 VLAN 中主机的网关,如图 5-4 所示,主机的网关分别为三层交换机上相应的 VLAN 的 SVI 的 IP 地址,当 PCA 向 PCB 发送数据的时候,在数据帧中写入的目的 MAC 地址是主机上配置的网关对应的 MAC 地址,即三层交换机上 VLAN 10 的 MAC 地址。数据封装好后,经过二层转发到达三层交换机,三层交换机将数据交给路由进程处理,通过查看数据包中的目的地址并查找路由表发现数据需要从 VLAN 20 的 SVI 接口发出,继而将数据交给交换进程处理,在 VLAN 20 的区域中对目的 IP 地址进行 ARP 请求,获取目的 IP 对应的 MAC 地址,最后查找 MAC 地址表将数据从相应端口转发出去到达目标主机。

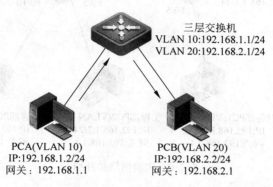

三层交换机
VLAN 10:192.168.1.1/24
VLAN 20:192.168.2.1/24

PCA(VLAN 10)
IP:192.168.1.2/24
网关:192.168.1.1

PCB(VLAN 20)
IP:192.168.2.2/24
网关:192.168.2.1

图 5-4 三层交换机通过 SVI 实现 VLAN 间路由

三层交换机在转发数据包时,效率上要比路由器来得高,因为它采用了一次路由多次交换的转发技术,即同一数据流(VLAN 通信),只需要分析首个数据包的 IP 地址信息,进行路由查找等,完成第一个数据包的转发后,三层交换机会在二层上建立快速转发映射,当同一数据流的下一个数据包到达时,直接按照快速转发映射进行转发,从而省略了绝大部分数据包三层包头信息的分析处理,提高了转发效率,其数据包转发示意图如图 5-5 所示(图中虚线表示第一个数据包的转发,实线表示后继数据包的转发)。

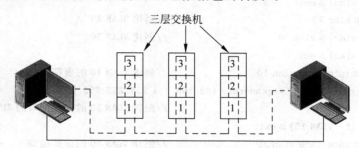

三层交换机

图 5-5 三层交换机数据包转发示意图

5.2 项目实施

5.2.1 任务一:利用三层交换机实现 VLAN 间互访

1. 任务描述

某公司网络为了减少广播包对网络的影响,网络管理员对网络进行了 VLAN 划分,完成 VLAN 划分后,为了不影响 VLAN 之间的正常访问,网络管理员采用了三层交换机来实现 VLAN 之间的路由。

实现企业各部门 VLAN 之间的互联

2. 实验网络拓扑图

实验网络拓扑图如图 5-6 所示。

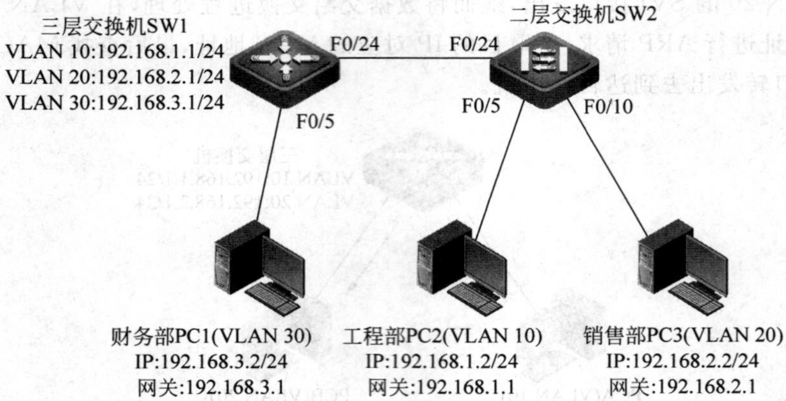

图 5-6　实验网络拓扑图

3. 设备配置

1) 三层交换机 SW1 配置

```
Ruijie>en
Ruijie#conf
Enter configuration commands, one per line.    End with CNTL/Z.
Ruijie(config)#hostname SW1
SW1(config)#vlan 10                         //创建 VLAN 10
SW1(config-vlan)#exit
SW1(config)#vlan 20                         //创建 VLAN 20
SW1(config-vlan)#vlan 30                     //创建 VLAN 30
SW1(config-vlan)#exit
SW1(config)#interface vlan 10                //创建 VLAN 10 的虚拟接口
SW1(config-if-VLAN 10)#ip address 192.168.1.1 255.255.255.0
                                            //配置 VLAN 10 的虚拟接口的 IP 地址
SW1(config-if-VLAN 10)#exit
SW1(config)#interface vlan 20                //创建 VLAN 20 的虚拟接口
SW1(config-if-VLAN 20)#ip address 192.168.2.1 255.255.255.0

SW1(config-if-VLAN 20)#exit
SW1(config)#interface vlan 30                //创建 VLAN 30 的虚拟接口
SW1(config-if-VLAN 30)#ip address 192.168.3.1 255.255.255.0
                                            //配置 VLAN 30 的虚拟接口的 IP 地址
SW1(config-if-VLAN 30)#exit
SW1(config)#interface f0/5
SW1(config-if-FastEthernet 0/5)#switchport access vlan 30
                                            //将 F0/5 端口加入 VLAN 30 中
SW1(config-if-FastEthernet 0/5)#exit
SW1(config)#interface f0/24
```

```
SW1(config - if - FastEthernet 0/24)♯ switchport mode trunk
                                            //设置 F0/24 端口为 Trunk 模式
SW1(config - if - FastEthernet 0/24)♯ exit
SW1(config)♯
```

2）二层交换机 SW2 配置

```
Ruijie > en
Ruijie♯ conf
Enter configuration commands, one per line.    End with CNTL/Z.
Ruijie(config)♯ hostname SW2
SW2(config)♯ vlan 10                          //创建 VLAN 10
SW2(config - vlan)♯ exit
SW2(config)♯ vlan 20                          //创建 VLAN 20
SW2(config - vlan)♯ vlan 30                   //创建 VLAN 30
SW2(config - vlan)♯ exit
SW2(config)♯ interface f0/5
SW2(config - if - FastEthernet 0/5)♯ switchport access vlan 10
                                            //将 F0/5 端口加入 VLAN 10 中
SW2(config - if - FastEthernet 0/5)♯ exit
SW2(config)♯ interface f0/10
SW2(config - if - FastEthernet 0/10)♯ switchport access vlan 20
                                            //将 F0/10 端口加入 VLAN 20 中
SW2(config - if - FastEthernet 0/10)♯ exit
SW2(config)♯ interface f0/24
SW2(config - if - FastEthernet 0/24)♯ switchport mode trunk
                                            //设置 F0/24 端口为 Trunk 模式
SW2(config - if - FastEthernet 0/24)♯ exit
SW2(config)♯
```

4. 注意事项

（1）VLAN 中 PC 的 IP 地址需要和三层交换机上对应的 VLAN 的 IP 地址在同一个网段，并且主机网关配置为三层交换机上对应 VLAN 的 IP 地址。

（2）交换机之间的链路需要设置成 Trunk 模式，并允许所有的 VLAN 都通过。

（3）二层交换机 SW2 上虽然没有 VLAN 30 中的 PC，但需要跟 VLAN 30 中的 PC 进行通信，所有也要创建 VLAN 30。

5.2.2 任务二：利用路由器实现 VLAN 间互访

1. 任务描述

某公司网络为了减少广播包对网络的影响，网络管理员对网络进行了 VLAN 划分，完成 VLAN 划分后，为了不影响 VLAN 之间的正常访问，网络管理员采用了路由器来实现 VLAN 之间的路由。

2. 实验网络拓扑图

实验网络拓扑图如图 5-7 所示。

实现企业各部门 VLAN 之间的互联

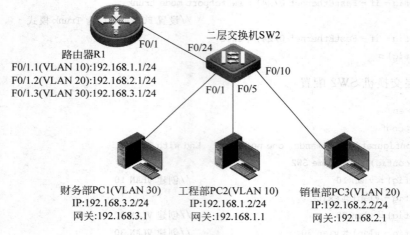

二层交换机SW2

路由器R1
F0/1.1(VLAN 10):192.168.1.1/24
F0/1.2(VLAN 20):192.168.2.1/24
F0/1.3(VLAN 30):192.168.3.1/24

财务部PC1(VLAN 30)
IP:192.168.3.2/24
网关:192.168.3.1

工程部PC2(VLAN 10)
IP:192.168.1.2/24
网关:192.168.1.1

销售部PC3(VLAN 20)
IP:192.168.2.2/24
网关:192.168.2.1

图 5-7   实验网络拓扑图

3. 设备配置

1）二层交换机 SW2 配置

```
Ruijie>en
Ruijie#conf
Enter configuration commands, one per line.    End with CNTL/Z.
Ruijie(config)#hostname SW2
SW2(config)#vlan 10                              //创建 VLAN 10
SW2(config-vlan)#exit
SW2(config)#vlan 20                              //创建 VLAN 20
SW2(config-vlan)#vlan 30                         //创建 VLAN 30
SW2(config-vlan)#exit
SW2(config)#interface f0/1
SW2(config-if-FastEthernet 0/1)#switchport access vlan 30
                                                 //将 F0/1 端口加入 VLAN 30 中
SW2(config-if-FastEthernet 0/1)#exit
SW2(config)#interface f0/5
SW2(config-if-FastEthernet 0/5)#switchport access vlan 10
                                                 //将 F0/5 端口加入 VLAN 10 中
SW2(config-if-FastEthernet 0/5)#exit
SW2(config)#interface f0/10
SW2(config-if-FastEthernet 0/10)#switchport access vlan 20
                                                 //将 F0/10 端口加入 VLAN 20 中
SW2(config-if-FastEthernet 0/10)#exit
SW2(config)#interface f0/24
SW2(config-if-FastEthernet 0/24)#switchport mode trunk
                                                 //设置 F0/24 端口为 Trunk 模式
SW2(config-if-FastEthernet 0/24)#exit
SW2(config)#
```

注意：要将与路由器连接的端口设置为 Trunk 模式，并允许所有的 VLAN 通过。

2）路由器 R1 配置

```
Ruijie>en
```

```
Ruijie#conf
Enter configuration commands, one per line.    End with CNTL/Z.
Ruijie(config)#hostnameR1
R1(config)#interface fastEthernet 0/1.1          //创建子接口 F0/1.1
R1(config-subif)#encapsulation dot1q 10          //指定子接口 F0/1.1 对应 VLAN 10
R1(config-subif)#ip address 192.168.1.1 255.255.255.0
                                                 //配置子接口 F0/1.1 的 IP 地址
R1(config-subif)#exit
R1(config)#interface fastEthernet 0/1.2          //创建子接口 F0/1.2
R1(config-subif)#encapsulation dot1q 20          //指定子接口 F0/1.2 对应 VLAN 20
R1(config-subif)#ip address 192.168.2.1 255.255.255.0
                                                 //配置子接口 F0/1.2 的 IP 地址
R1(config-subif)#exit
R1(config)#interface fastEthernet 0/1.3          //创建子接口 F0/1.3
R1(config-subif)#encapsulation dot1q 30          //指定子接口 F0/1.3 对应 VLAN 30
R1(config-subif)#ip address 192.168.3.1 255.255.255.0
                                                 //配置子接口 F0/1.3 的 IP 地址
R1(config-subif)#exit
```

注意：在对子接口配置 IP 地址之前要先封装 802.1q。

4. 相关命令介绍

1）创建以太网口子接口

视图：全局配置视图。

命令：

interface FastEthernet *Slot-number/Interface-number.Subinterface-number*
no interface FastEthernet *Slot-number/Interface-number.Subinterface-number*

参数：

Slot-number/Interface-number.Subinterface-number：其 中 Slot-number/Interface-number 为槽号/物理接口序号，Subinterface-number 为子接口在该物理接口上的序号，注意二者之间由标号"."连接。

说明：该命令在第一次执行时，创建一个以太网子接口并进入以太网子接口配置模式，可以使用命令 no interface fastethernet 来删除已创建的以太网子接口。

例如：在路由器的以太网口 F0/1 上创建序号为 1 的子接口。

```
Ruijie(config)#interface fastEthernet 0/1.1
```

2）以太网口子接口封装 802.1q

视图：以太网子接口配置视图。

命令：

encapsulation dot1q *VLANID*
no encapsulation dot1q [*VLANID*]

参数：

VLANID：以太网子接口所对应的 VLAN 编号。

说明：802.1q 是一个 IEEE 标准协议，用于在已经进行 VLAN 划分的二层设备和三层

实现企业各部门 VLAN 之间的互联

设备之间互通。802.1q 只能在以太网口的子接口上封装。路由器上的以太网子接口只有封装了 802.1q 才能识别带有 VLAN 标签的以太网帧,才能和有 VLAN 划分的二层设备通信。用 no 选项可以恢复接口的默认封装。

例如:在路由器子接口 F0/0.20 上封装 802.1q,VLAN ID 为 20。

```
Ruijie(config)# interface fastEthernet 0/0.20
Ruijie(config-subif)# encapsulation dot1q 20
```

5.3 拓 展 知 识

5.3.1 接口类型

交换机上的接口类型主要可以分为两大类:
- 二层接口;
- 三层接口。

1. 二层接口

二层接口主要有单个的物理接口(Switch Port,交换机所有的业务口默认情况下都属于二层接口)和二层的聚合端口(L2 Aggregate Port)。

2. 三层接口

三层接口主要有:交换虚拟接口(Switch Virtual Interface,SVI)、Routed Port 和三层聚合端口(L3 Aggregate Port)。

SVI 是交换虚拟接口,用来实现三层交换的逻辑接口。SVI 可以作为本机的管理接口,通过该管理接口,管理员可管理设备。用户也可以创建 SVI 为一个网关接口,就相当于对应各个 VLAN 的虚拟子接口,可用于三层设备中跨 VLAN 之间的路由。创建一个 SVI 很简单,可通过 interface vlan 接口配置命令来创建 SVI,然后给 SVI 分配 IP 地址来建立 VLAN 之间的路由。

一个 Routed Port 是一个物理端口,就如同三层设备上的一个端口,能用一个三层路由协议配置。在三层设备上,可以把单个物理端口设置为 Routed Port,作为三层交换的网关接口。一个 Routed Port 与一个特定的 VLAN 没有关系,而是作为一个访问端口。Routed Port 不具备二层交换的功能。用户可通过 no switchport 命令将一个二层接口 Switch Port 转变为 Routed Port,然后给 Routed Port 分配 IP 地址来建立路由。需要注意的是,当使用 no switchport 接口配置命令时,该端口关闭并重启,将删除该端口的所有二层特性。

L3 Aggregate Port 同 L2 Aggregate Port 一样,也是由多个物理成员端口汇聚构成的一个逻辑上的聚合端口组。汇聚的端口必须为同类型的三层接口。对于三层交换来说,AP 作为三层交换的网关接口,相当于把同一聚合组内的多条物理链路视为一条逻辑链路,是链路带宽扩展的一个重要途径。此外,通过 L3 Aggregate Port 发送的帧同样能在 L3 Aggregate Port 的成员端口上进行流量平衡,当 AP 中的一条成员链路失效后,L3 Aggregate Port 会自动将这个链路上的流量转移到其他有效的成员链路上,提高了连接的可靠性。L3 Aggregate Port 不具备二层交换的功能。用户可通过 no switchport 将一个无成员二层接口 L2 Aggregate Port 转变为 L3 Aggregate Port,接着将多个 Routed Port 加入此 L3 Aggregate Port,然后给 L3 Aggregate Port 分配 IP 地址来建立路由。

例如:将三层交换机的 F0/6 端口转换成三层口,并配置 IP 地址 192.168.1.1/24。

```
Ruijie(config)# interface fastethernet 0/6
Ruijie(config-if)# no switchport
Ruijie(config-if)# ip address 192.168.1.1 255.255.255.0
Ruijie(config-if)# no shutdown
Ruijie(config-if)#
```

5.3.2　子接口

子接口是从单个物理接口上衍生出来并依附于该物理接口的一个逻辑接口。允许在单个物理接口上配置多个子接口,并为应用提供了高度灵活性。子接口是在一个物理接口上衍生出来的多个逻辑接口,即将多个逻辑接口与一个物理接口建立关联关系,同属于一个物理接口的若干个逻辑接口在工作时共用物理接口的物理配置参数,但又有各自的链路层与网络层配置参数。

5.3.3　华为的相关命令

华为的三层交换机和路由器实现不同 VLAN 之间通信的原理和过程跟锐捷和思科的没多大区别,只是个别的命令有些差异。

华为的三层交换机没有 no switchport 命令,所以不能通过这个命令将物理的二层端口转换为三层接口,华为三层交换机只能使用 SVI 接口的方式来使用三层接口,当需要将一个端口转换为三层接口时,先要创建一个 VLAN,然后将端口加入该 VLAN,最后给 VLAN 配置相应的 IP 地址。

例如将交换机的端口 F0/1 转换为三层接口,并配置 IP 地址 192.168.1.1/24。

```
[Quidway]vlan 10
[Quidway-vlan10]port eth0/1
[Quidway]interface vlan 10
[Quidway-Vlan-interface10]ip address 192.168.1.1 255.255.255.0
[Quidway-Vlan-interface10]quit
```

华为路由器上创建以太网子接口的命令也相似。配置单臂路由时,同样需要在以太网子接口上封装 802.1q,但是封装命令不一样。

1) 创建以太网子接口命令

视图:系统视图。

命令:

interface ethernet *interface - number.subinterface - number*
undo interface ethernet *interface - number.subinterface - number*

参数:

interface-number:接口编号。

subinterface-number:子接口编号,取值范围为 1~4096(AR 28/46)。

说明:interface ethernet 命令用来创建以太网子接口,undo interface ethernet 命令用

实现企业各部门 VLAN 之间的互联

来删除指定的以太网子接口。

例如：在以太网 eth0/0 上创建一个子接口(子接口编号为 1)。

```
[AR28 - 11]interface eth0/0.1
```

2) 以太网子接口封装 dot1q 协议

视图：以太网子接口视图。

命令：

vlan - type dot1q vid *vid*

参数：

vid：VLAN ID,用来标识一个 VLAN,支持的配置范围因产品不同而不同。

说明：vlan-type dot1q 命令用来设置子接口上的封装类型。默认情况下,系统子接口上无封装,也没有与子接口关联的 VLAN ID。

例如：在以太网子接口 eth0/0.1 上封装 dot1q 协议,并与 VLAN 10 关联。

```
[AR28 - 11 - Ethernet0/0.1]vlan - type dot1q vid10
```

前面 5.2.2 节任务二华为设备的配置命令如下。

交换机配置如下：

```
[SW2]vlan 30
[SW2 - vlan30]port eth0/1
[SW2 - vlan30]quit
[SW2]vlan 10
[SW2 - vlan10]port eth0/5
[SW2 - vlan10]quit
[SW2]vlan 20
[SW2 - vlan20]port eth0/10
[SW2 - vlan20]quit
[SW2]interface eth0/24
[SW2 - Ethernet0/24]port link - type trunk
[SW2 - Ethernet0/24]port trunk permit vlan all
```

路由器配置如下：

```
[R1]interface eth0/1.1                          //创建以太网子接口
[R1 - Ethernet0/1.1]vlan - type dot1q vid 10
                                                //子接口封装 dot1q 协议,并与 VLAN 10 关联
[R1 - Ethernet0/1.1]ip address 192.168.1.1 255.255.255.0   //配置子接口 IP 地址
[R1 - Ethernet0/1.1]quit
[R1]interface eth0/1.2
[R1 - Ethernet0/1.2]vlan - type dot1q vid 20
[R1 - Ethernet0/1.2]ip address 192.168.2.1 255.255.255.0
[R1 - Ethernet0/1.2]quit
[R1]interface eth0/1.3
[R1 - Ethernet0/1.3]vlan - type dot1q vid 30
[R1 - Ethernet0/1.3]ip address 192.168.3.1 255.255.255.0
[R1 - Ethernet0/1.3]quit
```

注意：在给路由器的子接口配置 IP 地址之前,一定要先封装 dot1q 协议。

5.4 项目实训

企业的销售部和人事部在一楼,通过一楼交换机 SW1 接入,财务部和工程部在二楼,通过二楼交换机 SW2 接入,为了防止广播风暴对整个网络的影响,网管给各个部门划分了不同的 VLAN,现在通过三楼的核心交换机 SW3 实现各部门之间的正常通信,完成设置后进行相关的网络测试(见图 5-8)。

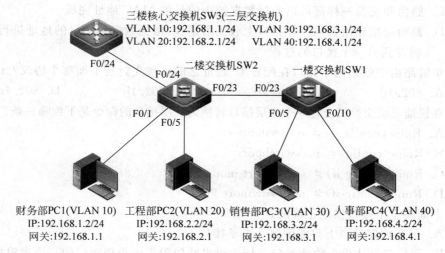

图 5-8 企业网络拓扑图

基本要求:

(1) 正确选择设备并使用线缆连接。

(2) 正确给各个 PC 配置相关 IP 地址及子网掩码等参数。

(3) 在一楼交换机 SW1 和二楼交换机 SW2 上正确划分 VLAN,并分配相关端口。

(4) 正确配置三楼核心交换机,使得各部门之间能相互访问。

(5) 在各个部门的 PC 之间用 ping 命令测试链路,并记录测试结果。

拓展要求:

将上面网络拓扑图中的三层交换机换成路由器,并对路由器进行相关设置后使得各个部门之间能相互访问。

项目 5 考核表如表 5-2 所示。

表 5-2 项目 5 考核表

序　　号	项目考核知识点	参 考 分 值	评　　价
1	设备连接	2	
2	PC 的 IP 地址配置	4	
3	三层交换机 SW3 的配置	4	
4	二层交换机 SW1 和 SW2 的配置	6	
5	拓展要求	2	
	合　　计	18	

实现企业各部门 *VLAN 之间的互联*

5.5 习　题

1. 选择题

(1) 下面对路由描述错误的是(　　)。

    A. 路由就是指导 IP 数据包发送的路径信息

    B. 路由一般由路由器或者带有路由功能的三层交换机来完成

    C. 路由和交换一样都可以通过数据帧中的目的 MAC 地址完成

    D. 路由是指路由器从一个接口上收到数据包,根据数据包的目的地址进行定向并转发到另一个接口的过程

(2) 单臂路由中创建的子接口在配置 IP 地址之前应该先封装下面哪个协议?(　　)

    A. 802.1d   B. 802.1c   C. 802.1b   D. 802.1q

(3) 在锐捷三层交换机上将一个二层接口转换为三层接口的命令是下面哪一条?(　　)

    A. Ruijie(config-if)♯ no switchport

    B. Ruijie(config)♯ no switchport

    C. Ruijie(config-if)♯ switchport mode SVI

    D. Ruijie(config-if)♯ no switchport F0/1

(4) 下面关于子接口描述正确的是(　　)。

    A. 每个物理接口上只能配置一个子接口

    B. 子接口是从单个物理接口上衍生出来并依附于该物理接口的一个逻辑接口

    C. 每个子接口都有自己独立的物理参数

    D. 同一物理接口上的多个子接口共用链路层和网络层的配置参数

(5) 关于 SVI 接口的描述下面哪个是错误的?(　　)

    A. SVI 接口是虚拟的逻辑接口

    B. SVI 接口可以作为设备的管理接口

    C. SVI 接口可以配置 IP 地址作为 VLAN 的网关

    D. 只有三层交换机具有 SVI 接口

(6) 在单臂路由中交换机上与路由器相连的接口应该设置为什么类型?(　　)

    A. Access   B. Trunk   C. Hybrid   D. SVI

(7) 锐捷路由器上的子接口封装 802.1q 并关联 VLAN 5,下面哪条命令是正确的?(　　)

    A. Switch(config-subif)♯ encapsulation 802.1q 5

    B. Switch(config-subif)♯ encapsulation 802.1q vlan 5

    C. Switch(config-subif)♯ encapsulation dot1q 5

    D. Switch(config-subif)♯ encapsulation dot1q vlan 5

2. 简答题

(1) 如何实现不同 VLAN 之间的通信?

(2) 为什么 VLAN 之间不能直接通信?

(3) 简述配置单臂路由的基本步骤。

项目 6 对企业路由器进行远程管理

1. 项目描述

公司新招聘了一名网络管理人员,要求熟悉公司网络中所使用的路由器,并为了方便管理和维护,对路由器配置远程 telnet 登录管理。

2. 项目目标

- 了解路由器的基本工作原理;
- 了解路由器的基本配置方式;
- 熟悉路由器常用参数的配置;
- 掌握路由器的 Console 口配置方式;
- 熟悉路由器的常用配置视图;
- 掌握路由器的远程 telnet 登录配置。

6.1 预 备 知 识

6.1.1 路 由 器

路由器是网络互联的主要设备,路由器是工作在网络层的网络设备,其主要功能是检查数据包中与网络层相关的信息,然后根据某些规则转发数据包。路由器常用于连接不同的网段(网络 ID 不同)和网络(运行协议不同),从而实现不同网络之间的互联。它会根据信道的情况自动选择和设定路由,并进行数据转发。

所谓路由就是指通过相互连接的网络把信息从源地点移动到目标地点的活动。路由也是指导报文发送的路径信息。就像实际上生活中交叉路口的路标一样,路由信息在网络路径的交叉点(路由器)上标明去往目标网络的正确途径,网络层协议可以根据报文的目的地查找到对应的路由信息,把报文按正确的途径发送出去。路由信息在路由器里面以路由表的形式存在。

路由表中的主要信息有:目的网络号及子网掩码长度、下一跳的地址、发送端口。

6.1.2 路 由 器 的 工 作 流 程

路由器的某一个接口接收到一个数据包时,会查看包中的目标网络地址以判断该包的目的地址在当前的路由表中是否存在(即路由器是否知道到达目标网络的路径)。如果发现包的目标地址与本路由器的某个接口所连接的网络地址相同,那么数据马上转发到相应接口;如果发现包的目标地址不是自己的直连网段,路由器会查看自己的路由表,查找包的目的网络所对应的接口，并从相应的接口转发出去；如果路由表中记录的网络地址与包的目标地址不匹配，则根据路由器配置转发到默认接口，在没有配置默认接口的情况下会给用户返回目标地址不可达的 ICMP 信息。

下面以一个简单的例子来说明路由器的工作流程。假设 PC1 和 PC2 处在两个不同的网络里，中间经过两个路由器连接，如图 6-1 所示。现在 PC1 要发送一个数据包到 PC2，当 PC1 上的 IP 层接收到要发送的一个数据包到 10.2.2.1 的请求后，就用该数据构造 IP 报文。并计算 10.2.2.1 是否跟自己的以太网接口 10.1.1.1/24 处于同一个网段，计算后发现不是，它就将这个报文发给它的默认网关 10.1.1.2 去处理，由于 10.1.1.2 和 10.1.1.1/24 在同一个网段，于是将构造好的 IP 报文封装为目的 MAC 地址为 Router1 的以太网口 F0/1 的以太网帧，向 10.1.1.2 转发。当然，如果 PC1 的 ARP 表中没有 10.1.1.2 相对应的 MAC 地址时，会先发送 ARP 请求来获得该 MAC 地址。

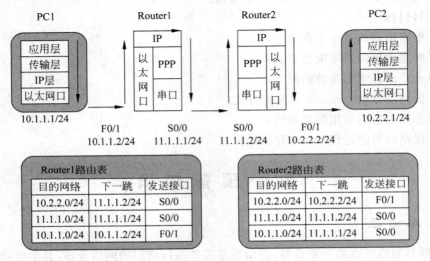

图 6-1　路由器的工作流程

Router1 从以太网口 F0/1 接收到 PC1 发给它的数据后，去数据链路层的封装后将报文交给 IP 层。在 IP 层，Router1 将对数据包进行校验和检查，如果校验和检查失败，这个 IP 包将会被丢弃，同时会向源 10.1.1.1 发送一个参数错误的 ICMP 报文。否则，Router1 检查这个包的目的 IP 地址是否为自己某个接口的 IP 地址，如果是，则路由器会将这个包去掉 IP 封装后，交给协议字段指示的协议模块去处理。如果不是，则会进入转发流程。由于 10.2.2.1 不是 Router1 的某个接口的 IP 地址，所以继续进入转发流程，也就是在 IP 模块检查目的 IP 地址，并根据目的 IP 地址查找自己的路由表（目的地址属于路由表中目的网络地址和掩码表示的网络，这称为匹配）。根据路由匹配规则，路由器决定将报文转发给下一跳地址 11.1.1.2，发送端口为 S0/0。如果路由表中找不到匹配的，路由器将丢弃该数据包，并向源 10.1.1.1 发送 ICMP 目的不可达报文。Router1 将这个报文进行链路层封装并将其从 S0/0 端口发送出去。

然后 Router2 接收到报文后基本重复 Router1 同样的过程，最终将报文传送给 PC2。

6.1.3 路由器结构

路由器的种类很多,但它们的核心部件都是一样的,路由器同样由硬件和软件两部分构成,硬件包括 CPU、存储器(RAM、NVRAM、Flash Memory、ROM)和各种网络接口。软件部分主要包括自引导程序、IOS 操作系统、启动配置文件和路由器管理程序等。

ROM(只读内存):用于存储自检程序和引导程序。引导程序用于启动路由器并加载 IOS 操作系统。华为的引导程序为 BootRom,锐捷和思科的引导程序是 BootStrap。

Flash Memory(闪存):用于存储 IOS 操作系统,相当于计算机的硬盘。锐捷的是 RGOS,华为的是 VRP,Cisco 使用的是 IOS。

NVRAM(非易失性随机存储器):用于存储启动配置文件。升级 IOS 不会丢失以前的配置内容。路由器中配置文件有两种,一种是启动配置文件(startup-config),该文件保存在 NVRAM 中,另一种是运行配置文件(running-config),该文件是由启动配置文件在系统启动的时候加载到 RAM 中产生的。保存配置的过程,其实就是将内存中的 running-config 写入 NVRAM 中去。

RAM(随机存取存储器):在运行期间,用于暂时存放一些中间数据等内容,相当于计算机的内存,关机掉电后,里面的内容将丢失。

网络接口:路由器的网络接口有管理接口和业务接口两部分,管理接口就是用于连接交换机进行配置管理的 Console 口和 AUX 接口。业务接口主要是连接不同网络的接口,主要有两种类型:连接局域网的以太网口和连接广域网的同/异步串口等。

6.1.4 路由器的基本配置方式

路由器可以通过下面 5 种方式来进行配置:

- Console 口配置方式;
- AUX 口(备份口)远程方式;
- 远程 telnet 方式;
- 哑终端方式;
- FTP 下载配置文件方式。

在这 5 种方式中,远程 telnet 方式和 FTP 下载配置文件方式都需要预先在路由器上做相应的配置才能使用,AUX 口远程方式需要连接 Modem,所以,当第一次对路由器进行配置时,Console 口配置方式是唯一的方式,其他的配置方式都需要先通过 Console 口配置方式预先进行相应的配置才能使用。

路由器的 Console 口配置方式,跟交换机的 Console 口配置方式基本相同,同样需要用专用的配置线缆连接,并且使用 Windows 提供的超级终端软件进行配置。超级终端连接过程中计算机串口连接的参数也是相同的,每秒位数为 9600b/s;数据位 8 位;奇偶校验"无";停止位 1 位;数据流控制"无"。

6.1.5 路由器的 CLI 配置界面

1. 路由器的常用命令视图

路由器和交换机一样,同样采用 CLI(命令行接口)配置界面,而且很多基本的设置命令也都相同。路由器中不同的命令同样是在不同的命令视图下才能执行的,跟交换机不同的是,路由器中命令视图要比交换机多一些。常用的路由器命令视图如表 6-1 所示。

表 6-1   路由器常用命令视图

命令视图	进入方法	提 示 符	退出方法	说 明
用户视图(User EXEC)	开机启动后直接进入时的视图	Ruijie>	输入 exit 命令离开该视图	在该视图下只能进行基本的测试、显示系统信息
特权视图/系统视图(Privileged EXEC)	在用户视图下输入 enable 命令(如果设置了密码则还要根据提示输入密码)进入该视图	Ruijie #	输入 disable 或者 exit 返回用户视图	使用该视图来验证设置命令的结果。该视图是具有口令保护的
全局配置视图(Global Configuration)	在特权视图下输入 config 命令进入该视图	Ruijie(config)#	输入 exit,或者 end 命令,或者按下 Ctrl+Z 组合键退回特权视图	在该视图下可以配置应用到整个交换机上的全局参数
以太网接口配置视图(Ethernet Interface Configuration)	在全局配置视图下输入 interface fastethernet *number* 命令进入该视图	Ruijie(config-if-fastethernet *number*)#		在该视图下可以完成对路由器上以太网口的参数配置
同步串口配置视图(Serial Interface Configuration)	在全局配置视图下输入 interface Serial*number* 命令	Ruijie(config-if-serial*number*)#	输入 exit 命令退回全局配置视图,输入 end 命令或者按下 Ctrl+Z 组合键退回特权视图	在该视图下可以完成对路由器上同步串行接口的参数配置
RIP 配置视图(RIP Configuration)	在全局配置视图下输入 router rip 命令	Ruijie(config-router)#		在该视图下可以对 RIP 动态路由进行配置
OSPF 视图(OSPF Configuration)	在全局配置视图下输入 router ospf*n* 命令	Ruijie(config-router)#		在该视图下可以对 OSPF 动态路由进行配置

当用户和网络设备管理界面建立一个新会话连接时,用户首选进入设备的用户视图(User EXEC),可以使用用户视图下的命令,在用户视图下只有很少的命令可以使用,而且命令的功能也会受到一些限制,同时用户视图下的操作结果是不会被保存的。如果要对设备进行具体的配置或者要使用所有的命令,首先必须进入特权视图(Privileged EXEC,也称为系统视图),在特权视图下,用户可以使用所有的命令,并且能够由此进入全局配置视图(Global Configuration)。

在各种配置视图(如接口配置视图、路由配置视图等)下,可以使用相应的配置命令,而且会对当前运行的配置产生影响,如果用户保存了配置信息,这些命令将会被保存下来,并在系统重新启动时再次执行。要进入各种配置视图,首先必须进入全局配置视图。从全局配置视图出发,可以进入接口配置视图等各种配置子视图。

2. 帮助命令的使用

路由器上的配置命令也有很多,要全部记住和掌握是很不现实的。所有路由器和交换

机一样提供有帮助命令（?），该帮助命令的使用和交换机完全相同。具体使用方法参照项目
2 中交换机帮助命令（?）的使用。

3. 命令书写规则

路由器中命令的书写规则与交换机中命令的书写规则相同，具体参照交换机的命令书
写规则。

4. 常见的错误提示

路由器中命令的常见错误提示信息与交换机中命令的常见错误提示信息基本一致，具
体参照前交换机部分的常见错误提示。

5. 命令中的 no 和 default 选项

路由器中大部分命令也都有 no 和 default 选项，这两个选项的作用也跟交换机中的一
样，具体说明可以参照交换机中的 no 和 default 选项。

6.1.6 路由器远程 telnet 登录配置

要对路由器进行 telnet 远程登录管理，需要像交换机一样，先通过 Console 口对路由器
做相应的配置后才能使用，相应的配置要求如下。

（1）配置路由器的管理 IP 地址：要保证路由器和配置用计算机具有网络连通性，必须
保证路由器具有可以管理的 IP 地址。对于路由器来讲，任何一个接口上的 IP 地址都可以
用远程 telnet 登录。

（2）配置用户远程登录密码：在默认情况下，路由器允许 5 个 VTY 用户登录，但都没
有设置口令，为了网络安全，路由器要求远程登录用户必须配置登录口令，否则不能登录。
当不设置登录密码时尝试登录会得到 Password required，but none set 的信息提示，同时会
跟主机失去连接。

（3）配置特权密码：当不配置特权密码时，通过 telnet 远程登录时，是无法进入特权模
式的，所以必须要配置进入特权模式的密码。

6.2 项目实施

6.2.1 任务一：熟悉路由器的基本操作

1. 任务描述

熟悉路由器的命令行配置界面，熟悉各种配置视图，了解路由器的配置文件操作，掌握
路由器的基本配置操作。

2. 实验网络拓扑图

实验网络拓扑图如图 6-2 所示。

图 6-2　路由器的 Console 口配置连接

对企业路由器进行远程管理

3. 设备配置

Ruijie>enable	//进入特权视图
Ruijie#configure	//进入全局配置视图
Enter configuration commands, one per line. End with CNTL/Z.	
Ruijie(config)#hostname R1	//修改路由器的设备名为 R1
R1(config)#show version	//显示路由器的版本信息
R1(config)#interface f0/0	//进入路由器的以太网接口配置视图
R1(config-if-FastEthernet 0/0)#exit	//退出当前接口配置视图
R1(config)#interface s3/0	//进入路由器的同步串行口配置视图
R1(config-if-Serial 3/0)#exit	
R1(config)#exit	
R1#dir	//查看 flash 中的文件信息
R1#write	//保存当前的配置信息,即将当前的配置信息写入 flash
R1#del config.text	//删除 flash 中的配置文件
R1#reload	//重启路由器

4. 相关命令介绍

1) 配置路由器名字

视图:全局配置视图。

命令:

hostname *name*
no hostname

参数:

name:路由器名字,必须由可打印字符组成,有效字符是 22 个字节,长度不超过 255 个字节。

说明:当一个网络中的设备比较多的时候,尤其是同一品牌的设备默认的名称往往都是相同的,为了便于识别、维护和管理网络设备,通常要给设备设置不同的名字来标识。路由器的名字也可以用命令 no hostname 恢复默认值。

例如:设置路由器的名字为 RA。

Ruijie#configure	
Ruijie(config)#hostname RA	
RA(config)#	//名字已经修改为 RA

2) 查看路由器的系统信息

视图:特权视图。

命令:

show version

说明:有时候需要了解网络设备的一些系统信息,例如当要对较老的设备进行升级的时候,就需要了解设备的相关系统信息。设备的系统信息主要包括系统描述、系统上电时间、系统的硬件版本、系统的软件版本、系统的 Ctrl 层软件版本、系统的 Boot 层软件版本等。

例如：显示当前路由器的系统信息。

```
Ruijie# show version
System description      : Ruijie Router (RSR20 - 04) by Ruijie Networks Co.,Ltd.
//系统描述：锐捷路由器(RSR20 - 04)
System start time       : 2011 - 06 - 20 14:51:43       //系统上电时间
System uptime           : 0:0:24:0                       //系统运行时间
System hardware version : 1.60                           //系统硬件版本
System software version : RGOS 10.3(5), Release(73492)   //系统软件版本
System BOOT version     : 10.3.73492                     //系统 Boot 版本
Ruijie#
```

3）显示文件目录情况

视图：特权视图。

命令：

dir[*path*]

参数：

path：所要显示的指定目录。

说明：该命令用来查看设备上的文件目录情况，路由器和交换机中都有专门用于存储文件系统的存储器(NVRAM)，使用该命令可以了解 NVRAM 中存储的文件目录情况。

例如：查看当前路由器上的文件目录情况。

```
Ruijie# dir
    Mode  Link    Size            MTime Name
  ------- ----  ------  ----------------  --------------------
   <DIR>    1        0 1970 - 01 - 01 00:00:00 dev/
   <DIR>    2        0 2008 - 08 - 08 18:41:02 mnt/
   <DIR>    1        0 2011 - 06 - 20 14:51:46 ram/
   <DIR>    2        0 2011 - 06 - 20 14:52:02 tmp/
   <DIR>    3        0 2008 - 08 - 08 18:38:18 info/
   <DIR>    0        0 1970 - 01 - 01 00:00:00 proc/
            1 14295552 2008 - 08 - 08 18:39:52 rgos.bin
  ------------------------------------------------------------
1 Files (Total size 14295552 Bytes), 6 Directories.
Total 33030144 bytes (31MB) in this device, 17330176 bytes (16MB) available.
Ruijie#
```

4）保存系统配置信息

视图：特权视图。

命令：

write [**memory** |**network** |**terminal**]

参数：

memory：将系统配置信息写入 NVRAM，等同于 copy running-config startup-config。

network：将系统配置信息保存到 TFTP 服务器上，等同于 copy running-config tftp。

terminal：显示系统配置，等同于 show running-config。

对企业路由器进行远程管理

说明：当对路由器或交换机进行了某些配置以后，虽然这些配置会即时生效，但这些配置信息只是存在于 RAM 中，当设备因为停电或某些原因重启了，这些配置信息就会丢失掉。为了把设备的配置信息保存下来，需要使用该命令把设备的配置信息写入 NVRAM 中。该命令不加后面的参数时等同于 write memory。

例如：保存当前配置信息。

```
Ruijie#write
Building configuration...
[OK]
Ruijie#
```

执行该命令后会在文件系统中自动生成一个配置文件 config.text，可以用 dir 命令查看到该文件。

```
Ruijie#dir
    Mode Link     Size            MTime Name
  ------- ----   ------   ---------------- ------------------
   <DIR>   1          0 1970-01-01 00:00:00 dev/
   <DIR>   2          0 2008-08-08 18:41:02 mnt/
   <DIR>   1          0 2011-06-20 14:51:46 ram/
   <DIR>   2          0 2011-06-20 14:52:02 tmp/
   <DIR>   3          0 2008-08-08 18:38:18 info/
   <DIR>   0          0 1970-01-01 00:00:00 proc/
           1   14295552 2008-08-08 18:39:52 rgos.bin
           1        523 2011-06-20 15:20:29 config.text
  -------------------------------------------------------------
2 Files (Total size 14296075 Bytes), 6 Directories.
Total 33030144 bytes (31MB) in this device, 17342464 bytes (16MB) available.
Ruijie#
```

5）清除系统配置文件

视图：特权视图。

命令：

del config.text

参数：

config.text：设备配置信息的保存文件的文件名，该文件名是在执行 write 命令时系统自动生成的。

说明：del 命令是用来删除设备 NVRAM 中的文件的。当要清除设备的配置信息时，只要删除用于保存配置信息的配置文件 config.text。注意，该命令只是用来清除保存的配置文件，并不能清除运行在 RAM 中的配置信息。RAM 中的配置信息只要重启设备就可清除（丢失）。特别注意不要使用 del 命令删除系统文件（如 rgos.bin），删除系统文件会导致设备无法正常运行的。

例如：删除当前设备的配置文件。

```
Ruijie#del config.text
Ruijie#
```

6) 重启设备

视图：特权视图。

命令：

reload [*text* | **in** *mmm* | *hhh:mm* [*text*] | **at** *hh:mm* [*year* | *day month*]

参数：

text：重启的原因,1～255 个字节。

in *mmm* | *hhh:mm*：在指定时间间隔后重启系统,最长时间为 24 天。

at*hh:mm*：在指定的时刻重启系统。

day year：在指定时刻重启系统,最长不能超过 200 天。

month：月份,从 1 到 12。

year：年份,从 1993 到 2035。

说明：虽然在实际的使用过程中不会频繁地重启设备,但在一些特定情况下还是会经常用到这个命令,例如在实验环境中,就会经常要用该命令来重启设备。还经常和 del config. text 命令结合使用,使得设备恢复初始化状态。

例如：恢复设备的初始化状态。

```
Ruijie#del config.text
Ruijie#reload
Processed with reload?[no]y

*Jun 20 15:
System bootstrap ...
Boot Version: RGOS 10.3(5), Release(73492)
Nor Flash ID: 0x00010049, SIZE: 2097152Bytes
MTD_DRIVER-5-MTD_NAND_FOUND: 1 NAND chips(chip size : 33554432) detected
MTD_DRIVER-5-MTD_NAND_FOUND: 1 nand chip(s) found on the target.
Press Ctrl+C to enter Boot Menu ......
```

6.2.2 任务二：配置路由器的 telnet 远程登录

1. 任务描述

由于路由器放置的位置较远,网络管理员为了方便维护和管理,需要对路由器进行 telnet 远程登录管理配置。

2. 实验网络拓扑图

实验网络拓扑图如图 6-3 所示。

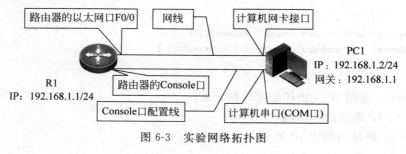

图 6-3　实验网络拓扑图

对企业路由器进行远程管理

3. 设备配置

```
Ruijie♯configure                                      //进入全局配置视图
Enter configuration commands, one per line.   End with CNTL/Z.
Ruijie(config)♯hostname R1                            //修改路由器的设备名为 R1
R1(config)♯interface f0/0                             //进入路由器的以太网接口配置视图
R1(config-if-FastEthernet 0/0)♯ip address 192.168.1.1 255.255.255.0
                                                      //配置接口 IP 地址
R1(config-if-FastEthernet 0/0)♯exit
R1(config)♯enable password 123456                     //设置特权视图密码为 123456
R1(config)♯line vty 0 4                               //进入 VTY 用户配置视图
R1(config-line)♯password  567890                      //设置 telnet 远程登录密码为 567890
R1(config-line)♯login                                 //设置 telnet 登录时进行身份验证
```

4. 相关命令介绍

1) 进入指定的接口配置视图

视图：全局配置视图。

命令：

interface *interface-type interface-number*
no interface *interface-type interface-number*

参数：

interface-type：接口类型，目前支持的有 Ehternet、FastEthernet、Serial、Async、Loopback、Null、Group-Async、Dialer、Bri 等。

interface-number：接口号，形式为 Slot-number/port-number，由槽号/端口号组成，槽号表示该接口在设备的哪个槽上(主板上接口的槽号为 0)，端口号表示该接口在某个槽上的顺序号。

说明：该命令一般情况下用来进入指定的接口配置视图，如果所进入的接口(一般是逻辑接口)不存在，一般会先创建该接口，然后再进入该接口配置视图。用 no 选项可以删除创建的逻辑接口。

例如：进入以太网端口 F0/0 的接口配置视图。

```
Ruijie(config)♯interface f0/0
Ruijie(config-if-FastEthernet 0/0)♯
```

2) 给接口配置 IP 地址

视图：接口配置视图。

命令：

ip address *ip-address sub-mask* [secondary]
no ip address[*ip-address sub-mask*] [secondary]

参数：

ip-address：遵循 IPv4 协议的互联网地址。

sub-mask：IP 地址的子网掩码。

secondary：该接口的次 IP 地址。

说明：路由器的接口默认都是没有 IP 地址的，但在实际的使用过程，不管是物理接口还是逻辑接口，都需要有 IP 地址的支持。同一个接口可以同时配置多个 IP 地址，而其不仅仅只有两个，这点可以用 secondary 参数来配置。使用 no 参数可以删除接口上的 IP 地址。

例如：在以太网接口上配置 IP 地址。

```
Ruijie(config)# interface f0/0
Ruijie(config-if-FastEthernet 0/0)# ip address 192.168.1.1 255.255.255.0
```

3）进入 VTY 用户线路视图

视图：全局配置视图。

命令：

line vty *first-line* [*last-line*]
line vty *line-number*
no line vty *line-number*

参数：

first-line：要进入的线路起始编号。

last-line：要进入的线路结束编号。

line-number：线路编号。

说明：VTY(Virtual Type Terminal)即虚拟终端，一种网络设备的连接方式。路由器和交换机的 telnet 远程登录就是使用的 VTY 用户线路。默认情况下 VTY 线路启用 5 个（0～4），可以通过命令来增加或减少数目。VTY 线路的启用只能按顺序进行，不可能启用 line vty 10，而不启用 line vty 9。no line vty m 命令就可以关闭第 m 号后的线路，因为系统只允许开启连续的线路号，取消第 m 号线路会自动取消其后的所有线路。

例如：启用 VTY 线路 0 到线路 4。

```
Ruijie(config)# line vty 0 4
```

将可用的 VTY 连接数目增加到 20，可用 VTY 编号范围为 0～19。

```
Ruijie(config)# line vty 19
```

将可用的 VTY 连接数目减少到 10，可用 VTY 编号范围为 0～9。

```
Ruijie(config)# line vty9
```

4）配置 telnet 登录口令

视图：VTY 用户线路视图。

命令：

password{ *password* | [0|7] *encrypted-password* }
no password

参数：

password：远程用户 line 线路的口令。

0|7：口令的加密类型，0 无加密，7 简单加密。

encrypted-password:口令文本。

说明:该命令用来设置远程用户通过 telnet 登录时进行认证的口令。可以 no 选项删除设置的口令。默认情况下,设备没有 telnet 登录的口令。当不设置该口令时尝试登录会得到 Password required,but none set 的信息提示。

例如:设置 VTY 用户线路 0~4 的登录口令为 123456。

```
Ruijie(config)# line vty 0 4
Ruijie(config-line)# password123456
```

5)开启登录验证

视图:VTY 用户线路视图

命令:

login [**local**]
no login

参数:

local:采用本地用户名和口令验证。

说明:该命令用来设置 VTY 用户远程登录的验证方式,默认情况是 line 线路为简单口令验证,此时只需要在 VTY 用户视图下配置远程登录密码,当命令后面使用 local 关键字时,表示 VTY 用户远程登录时使用本地用户名和口令验证,本地用户名和密码在全局配置视图下用 username 命令创建。no 选项的作用是取消 VTY 用户的远程登录验证,此时VTY 用户远程登录时直接进入用户视图。

例如:设置 VTY 用户验证方式为本地用户名和密码验证。

```
Ruijie(config-line)# login local
Ruijie(config-line)#
```

6)设置本地用户名

视图:全局配置视图。

命令:

username *name* **password** *password*
no username *name*

参数:

name:本地用户名。

password:本地用户名对应的密码。

说明:该命令用在路由器上创建一个本地用户名和相应的密码,该用户名和密码可以用于 line 线路远程登录的验证。用 no 选项可以删除对应的本地用户信息。

例如:创建一个本地用户,用户名为 usera,密码为 456789。

```
Ruijie(config)# username usera password 456789
Ruijie(config)#
```

7)设置特权密码

视图:全局配置视图。

命令：

enable password *password*
no enable password

参数：

password：密码字符串。

说明：该命令用来设置进入特权视图的验证密码。如果不设置特权密码，远程登录用户是无法进入特权视图的，当设置了特权密码后，从本地 Console 口进行配置时，进入特权视图也要输入密码。也就是说，特权密码对 Console 的连接也是有效的。

例如：设置交换机的特权密码为 456789。

```
Ruijie(config)# enable password 456789
Ruijie(config)#
```

6.3　拓展知识

6.3.1　路由器的接口类型

Ruijie 系列路由器设备支持两种类型接口：物理接口和逻辑接口。物理接口意味着该接口在设备上有对应的、实际存在的硬件接口，如以太网接口、同步串行接口、异步串行接口、ISDN 接口。

逻辑接口意味着该接口在设备上没有对应的、实际存在的硬件接口，逻辑接口可以与物理接口关联，也可以独立于物理接口存在，如 Dialer 接口、NULL 接口、Loopback 接口、子接口等。实际上对于网络协议而言，无论是物理接口还是逻辑接口，都是一样对待的。常见的接口类型如下表 6-2 所示。

表 6-2　Ruijie 系列设备支持的具体接口类型

接 口 类 型	接口配置名称
异步串口	Async
同步串口	Serial
快速以太网口	FastEthernet
	GigabitEthernet
	Aggregateport
E1/CE1 口	E1
ISDN S/T 口	BRI
ISDN U 口	BRI
Dialer 接口	Dialer
Loopback 接口	Loopback
NULL 接口	NULL
子接口	Serial0/0.1(例如)
异步串口组	Group-Aync

接口标识一般由两个部分组成：接口配置名称和接口号。接口号一般由槽号和端口号组成。例如：快速以太网口第 0 槽的第 0 个端口的接口标识为 FastEthernet0/0(可简写为 F0/0)。同步串口第 1 槽的第 0 个端口的接口标识为 Serial1/0(可简写为 S1/0)。在快速以太网口第 0 槽的第 1 个端口上编号为 10 的子接口的接口标识为 FastEthernet0/1.10(可简写为 F0/1.10)。

6.3.2 华为路由器的相关设置

华为路由器要进行远程 telnet 登录所要满足的基本条件类似,只是相应的命令会有一些区别,锐捷和思科一般是通过设置特权口令来控制用户进入特权模式的。而华为一般是单独设置用户权限来控制登录用户的操作的。华为的具体命令如下：

```
< Quidway > sys                          //进入系统视图,相当于锐捷和思科中的特权视图
System View: return to User View with Ctrl + Z.
[Quidway]interface eth0/0                //进入以太网 eth0/0 接口配置视图
[Quidway - Ethernet0/0]ip address192.168.1.1 255.255.255.0
                                         //给接口配置管理用的 IP 地址


//第一种验证方式：简单密码验证
[Quidway]user - interface vty 0 4        //进入 VTY 线路 0~4 的配置视图
[Quidway - ui - vty0 - 4]authentication - mode   password
                                         //设置验证方式为简单密码验证
[Quidway - ui - vty0 - 4]set authentication password simple 123456
                                         //设置登录验证密码为 123456
[Quidway - ui - vty0 - 4]user   privilege level 3
                                         //设置登录用户权限为 3 级(管理员级)

//第二种验证方式：本地用户密码验证
[Quidway]user - interface vty 0 4
[Quidway - ui - vty0 - 4]authentication - mode scheme
                                         //设置验证方式为本地用户密码验证
[Quidway - ui - vty0 - 4]quit
[Quidway]local - user tuser              //创建一个名为 tuser 的本地用户
New local user added.
[Quidway - luser - tuser]service - type telnet level 3
                    //在本地用户视图下设置用户允许使用 telnet 方式登录,用户权限为 3 级
[Quidway - luser - tuser]password simple 123456
                                         //本地用户的登录密码
```

6.3.3 路由器或交换机系统的升级

路由器或交换机系统的升级指的是在命令行界面下进行主程序或者 Ctrl 程序的升级。通常使用的升级方式有两种：一是本地串口(Xmodem 协议)升级方式,另一种是远程 FTP/TFTP 升级方式。

本地串口升级方式,由于串口传输速度有限,所以很耗时间,而且升级时要么必须到路由器的工作位置去升级,要么必须将路由器集中收回,一台一台地升级,很耗人力。FTP/TFTP 方式相对来说速度要快得多(华为设备升级中如果 Flash Memory 空间不够,可以首

先完成 BOOTROM 的升级,然后再将主机程序通过 FTP 上载到交换机来完成主机程序的升级)。

1. FTP/TFTP 升级方式

升级的准备工作:

- 准备升级所需要的设备系统文件(一般可以从设备厂商的网站下载)
- 配置 FTP 服务器(可以利用 IIS 里面的),在采用 FTP 方式升级时需要配置 FTP 服务器。

下面主要讲解使用 TFTP 方式进行升级的过程。

第一步:准备所需要的升级文件,锐捷系统文件的文件名为 rgos. bin,该文件一般可以从设备供应商处获得。

第二步:架设 TFTP 服务器,这个可以使用的软件较多,一般使用 StartTFTP 或者 Cisco TFTP Server。前者是锐捷公司的一个 TFTP Server 软件,后者是 Cisco 公司出品的 TFTP 服务器软件,常用于 CISCO 路由器的 IOS 升级与备份工作。这两个软件使用都很简单,运行后只要简单地设置好服务器的根路径,并把升级所需要的系统文件放置在根路径下就可以了。StartTFTP 运行的界面如图 6-4 所示。

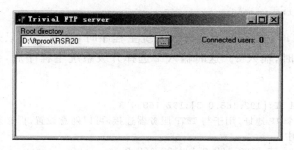

图 6-4　StartTFTP 运行的界面

第三步:将升级文件从 TFTP 服务器上下载到路由器或者交换机上,具体操作如下:

启动路由器或交换机,在超级终端窗口显示至以下信息处按下 Ctrl+C 键,进入 Boot Menu。

```
* Jun 27 10
System bootstrap ...
Boot Version: RGOS 10.3(5), Release(73492)
Nor Flash ID: 0x00010049, SIZE: 2097152Bytes
MTD_DRIVER - 5 - MTD_NAND_FOUND: 1 NAND chips(chip size : 33554432) detected
MTD_DRIVER - 5 - MTD_NAND_FOUND: 1 nand chip(s) found on the target.
Press Ctrl + C to enter Boot Menu ...
```

此时 Boot Menu 显示如下:

```
====== BootLoader Menu(Ctrl + Z to upper level) ======
**********************************************
    TOP menu items.
**********************************************
    0. Tftp utilities.
    1. XModem utilities.
```

对企业路由器进行远程管理

```
   2. RunMain.
   3. Run an Executable file.
   4. File management utilities.
   5. SetMac utilities.
   6. Scattered utilities.
******************************************************
Press a key to run the command:0
```

当使用 TFTP 方式升级时，选择输入 0，当使用 Xmodem 方式升级时，选择输入 1。当输入 0 后，显示如下：

```
====== BootLoader Menu(Ctrl + Z to upper level) ======
******************************************************
   Tftp utilities.
******************************************************
   0. Upgrade BOOT.
   1. Upgrade Main program.
   2. Download a file to filesystem.
   3. Down to memory and jump to run.
******************************************************
Press a key to run the command:1
```

当要升级 BOOT 时，输入 0，当要升级系统主程序时，输入 1，当只是从 TFTP 服务器上下载文件到路由器上时，输入 2。这时输入 1 选择升级系统主程序后，会逐步显示以下内容（加粗为输入内容）：

```
Plz enter the Local IP:[192.168.0.3]:192.168.0.3
//为路由器配置一个 IP 地址，用于与 TFTP 服务器连接.可以随意设置，但必须要跟 TFTP 服务器的 IP
地址在同一个网段中
Plz enter the Remote IP:[192.168.0.1]:192.168.0.1
//输入 TFTP 服务器的 IP 地址，这个 IP 地址要根据 TFTP 服务器的地址来输入
Plz enter the Filename:[test.txt]:rgos.bin
//输入要从服务器上下载的升级系统文件的文件名
```

输入要升级系统文件的文件名按 Enter 键，下载工具就开始跟 TFTP 服务器建立连接。如果上面设置都正确，而且 TFTP 服务器的根目录也存在所需要的升级文件的话，就显示以下连接正确信息，并开始下载文件。

```
Now, begin download program through Tftp...
Host IP[192.168.0.1]   Target IP[192.168.0.3]   File name[rgos.bin]   Read Mac Addr from
norflash = 00 - 1A - A9 - 39 - E1 - 72

    % Now Begin Download File rgos.bin From 192.168.0.1 to 192.168.0.3

send download request.!!!!!!!!!!!!!!!!!!!!!!!!!!!!!!!!!!!!!!!!!!!!!!!!!!!!!!!!!!!
!!!!!!!!!!!!!!!!!!!!!!!!!!!!!!!!!!!!!!!!!!!!!!!!!!!!!!!!!!!!!!!!!!!!!!!!!!!!!!!!!!!
    % Mission Completion. FILELEN = 14295552
Tftp download OK, 14295552 bytes received!
Checking file, please wait for a few minutes ....
Check file success.
```

```
CURRENT PRODUCT INFORMATION :
  PRODUCT ID: 0x100D0020
  PRODUCT DESCRIPTION: Ruijie Router (RSR20 - 04) by Ruijie Network

SUCCESS: UPGRADING OK.
```

下载完成后,会显示文件下载任务完成、下载的文件大小,然后会自动检测文件,并给出文件相对应的设备信息,最后显示 SUCCESS:UPGRADING OK.,说明升级成功。

如果在上面配置错误的 IP 地址或者错误的文件名的话,在跟 TFTP 服务器连接过程中都会提示相关错误信息。例如当 TFTP 服务的根目录下不存在 rgos.bin 文件时的出错提示如下:

Now,begin download program through Tftp...

StartTFTP 设置根路径对话框如图 6-5 所示。

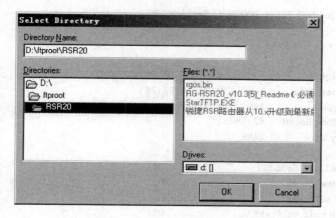

图 6-5　StartTFTP 设置根路径对话框

```
Host IP[192.168.0.1]    Target IP[192.168.0.3]    File name[rgos.bin]    Read Mac Addr from
norflash = 00 - 1A - A9 - 39 - E1 - 72


   % Now Begin Download File rgos.bin From 192.168.0.1 to 192.168.0.3

send download request.              % Can not find this file!
```

2. 本地串口升级

下面是华为(S2016 交换机为例)本地串口(Xmodem 协议)的整个升级过程(锐捷的升级过程类似)。采用本地串口(Xmodem 协议)升级操作过程如下。

第一步:查看交换机升级前的软硬件版本信息,命令如下。

```
< Quidway > disp ver
Huawei Versatile Routing Platform Software
VRP (R) Software, Version 3.10, RELEASE 0014
Copyright (c) 2000 - 2004 HUAWEI TECH CO. , LTD.
Quidway S2016 uptime is 0 week, 0 day, 4 hours, 34 minutes
```

Quidway S2016 with50M Arm7 Processor
32M bytes SDRAM
4096K bytes Flash Memory
Config Register points to FLASH

Hardware Version is REV.0
CPLD Version is CPLD 003
Bootrom Version is 180
[Subslot 0] 18 FE   Hardware Version is REV.0

第二步：重启交换机，这时终端屏幕上会显示以下信息。

```
*********************************************
*                                           *
*     Quidway S2016 BOOTROM, Version 180     *
*                                           *
*********************************************


Copyright(C) 2000 - 2004 by HUAWEI TECHNOLOGIES CO.,LTD.
Creation Date   : Aug  4 2004, 15:52:26
CPU Type        : ARM
CPU Clock Speed : 62.5MHz
Memory Size     : 24MB


Initialize LS45LTSU ......................OK!
SDRAM selftest...........................OK!
FLASH selftest...........................OK!
Switch chip selftest.....................OK!
CPLD selftest............................OK!
Port 19 has no module
PHY selftest.............................OK!
Please check port leds.............finished!


The switch Mac is: 00E0 - FC2E - 923C


Press Ctrl - B to enter Boot Menu...5
Password :
```

此时，按下 Ctrl＋B 键，系统将进入 BOOT 菜单。在按下 Ctrl＋B 键后，系统会提示输入密码，要求输入 BOOTROM 密码，输入正确的密码后（交换机缺省设置为没有密码），系统进入 BOOT 菜单。

```
             BOOT   MENU

1. Download application file to flash      //下载应用程序到 flash 中
2. Select application file to boot         //选择启动时的应用文件
3. Display all files in flash              //显示 flash 中的所有文件
4. Delete file from Flash                  //删除 flash 中的文件
5. Modify bootrom password                 //设置进入 BOOT 菜单的密码
6. Set switch HGMP mode                    //设置 HGMP 启动模式
```

```
0. Reboot                                    //重启交换机
```

Enter your choice(0 - 6):1

第三步:这时按 1 键,选择下载应用程序到 flash 中。按 Enter 键进入下载程序菜单,显示如下。

```
Please set application file download protocol parameter:

1. Set TFTP protocol parameter          //设置 TFTP 参数
2. Set FTP protocol parameter           //设置 FTP 参数
3. Set Xmodem protocol parameter        //设置 Xmodem 协议参数
0. Return to boot menu                  //返回 BOOT 菜单
```

Enter your choice(0 - 3):3

第四步:这时按 3 键,选择使用 Xmodem 协议下载,按 Enter 键进入 Xmodem 协议参数设置,显示如下。

```
Please select your download baudrate:
//选择下载使用的波特率
1. 9600
2. 19200
3. 38400
4. 57600
5. * 115200
0. Return
```

Enter your choice(0 - 5):5

这时按 5 键,设置 Xmodem 下载的波特率为 115 200,然后按 Enter 键确认。此时会显示下面的信息让用户确认是否下载文件到 flash 中,这时按 y 键,按 Enter 键确认。

```
Are you sure to download file to flash? Yes or No(Y/N) y
Download baudrate is 115200 bps. Please change the terminal's baudrate to 115200
bps, and select XMODEM protocol.
Press enter key when ready.                   //修改终端波特率后按 Enter 键
```

这时根据上面的提示,改变配置终端设置的波特率,使其与所选的软件下载波特率一致(即 115 200),配置终端的波特率设置完成后,做一次终端的断开和连接操作,然后按 Enter 键即可开始程序的下载,终端显示以下信息:

```
Now please start transfer file use Xmodem protocol.
If you want to exit, Press < Ctrl + X >.
Waiting CC□                                   //若想退出程序下载,请按< Ctrl + X >键
```

注意:终端的波特率更改后,要做一次终端仿真程序的断开和连接操作,新的设置才能起作用。

第五步:从终端窗口选择"传送/发送文件",在弹出的对话框(如图 6-6 所示)中单击"浏览"按扭,选择需要下载的软件,并将下载使用的协议改为 Xmodem。

131

项目

6

对企业路由器进行远程管理

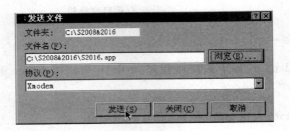

图 6-6　选择发送文件对话框

单击"发送"按钮,系统弹出如图 6-7 所示的界面。

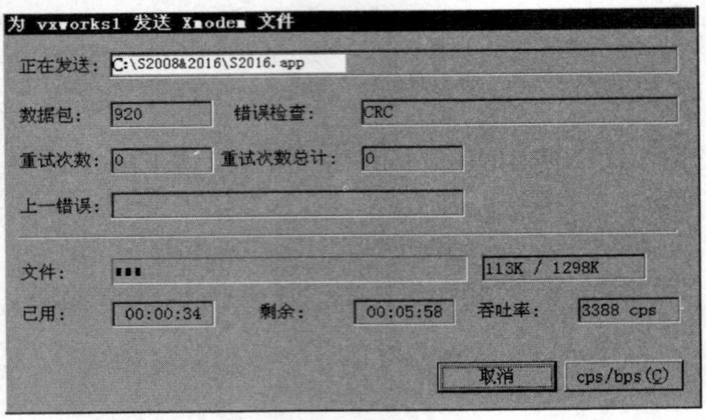

图 6-7　发送文件对话框

程序下载完成后,系统界面显示如下信息:

Now please start transfer file use XMODEM protocol.
If you want to exit, Press < Ctrl + X >.
Loading.............done!　　　　　　　　　　　　//下载完成

Please change the terminal's baudrate back to 9600 bps.
Press enter key when ready.　　　　　　　　//将终端波特率改回 9600,然后按 Enter 键

Writing to flash.....................................done!　//下载文件写入 flash
Free Flash Space : 2806784 bytes
Next time, S2016. app will become default boot file!
//下次启动,默认的启动文件是 S2016.app

3. 通过 FTP 方式升级

FTP 升级是我们常用的一种远程升级方式。通过 FTP 升级(以华为的 S2016 交换机为例)先要架设一台 FTP 服务器(可以在本机上架设),然后 telnet 远程登录到交换机上,利用 FTP 将升级文件传送到交换机上。所以通过 FTP 升级的方式需要做以下操作:

- 架设 FTP 服务器,并把相关升级文件放在服务器上。
- 配置交换机的 telnet 远程登录,并有最高权限。

远程 FTP 升级操作步骤如下。

第一步:架设 FTP 服务器(具体可以参照相关 FTP 服务器架设的内容)。

第二步:设置交换机远程 telnet 登录。

第三步：telnet 远程登录交换机，终端显示如下。

Login authentication

Password:

此时输入远程登录密码，按 Enter 键确定登录。登录后在用户视图下执行 FTP 命令登录 FTP 服务器（FTP 服务器的地址是 192.168.1.100），显示如下：

```
<Quidway> ftp192.168.1.100
Trying ...
Press CTRL + K to abort
Connected.
220 - Microsoft FTP Service
220 个人 FTP 服务器
User(192.168.1.100:(none)):xuser    //输入用户名,该用户是 FTP 服务器上设置的用户
331 Password required forxuser.
Password:                          //输入用户密码
230 - 欢迎光临! 这是一台个人 FTP 服务器
230 Userxuser logged in.


[ftp]                    //此时可以执行 FTP 服务相关的命令进行操作.同样可以用"?"来获取帮助


[ftp]ls                          //ls 是常用命令之一,用来查看 FTP 服务器上有哪些资源
200 PORT command successful.
150 Opening ASCII mode data connection for file list.
ftp.txt
S2000EI - V160.btm
S2000EI - VRP310 - R0023P11.app
S2008_16 - vrp310 - r0020 - 180.app
wnm2.2.2 - 0004.zip
wnm2.2.2 - 0008.zip
226 Transfer complete.
FTP: 125 byte(s) received in 0.150 second(s) 833.00byte(s)/sec.


[ftp]getS2008_16 - vrp310 - r0020 - 180.app    //get 命令用来下载升级文件
200 PORT command successful.
150 Opening ASCII mode data connection forS2008_16 - vrp310 - r0020 - 180.app (442799 bytes).
226 Transfer complete.
FTP: 442799 byte(s) received in 13.483 second(s) 32.84Kbyte(s)/sec.


[ftp] bye                        //下载完成后用 bye 命令与 FTP 服务器断开
<Quidway> reboot                 //重启交换机
```

133

项目
6

对企业路由器进行远程管理

6.3.4 利用 IIS 架设 FTP 服务器

1. 安装 IIS

Windows XP 默认安装是不安装 IIS 组件的,所以需要手工添加安装。进入控制面板,找到"添加/删除程序",打开后选择"添加/删除 Windows 组件",在弹出的"Windows 组件向导"对话框(如图 6-8 所示)中,将"Internet 信息服务(IIS)"项选中。在该选项前的"√"背景色是灰色的,这是因为 Windows XP 默认并不安装 FTP 服务组件。再单击右下角的"详细信息",在弹出的"Internet 信息服务(IIS)"对话框(如图 6-9 所示)中,找到"文件传输协议(FTP)服务",选中后确定即可。安装完后需要重启。

图 6-8 "Windows 组件向导"对话框

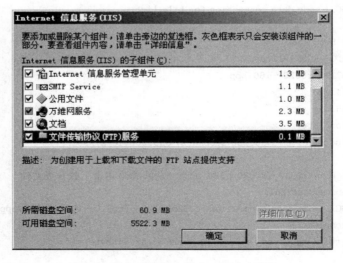

图 6-9 "Internet 信息服务(IIS)"对话框

2. 设置

电脑重启后,FTP 服务器就开始运行了,但还要进行一些设置。单击"开始"→"所有程序"→"管理工具"→"Internet 信息服务",进入"Internet 信息服务"窗口后,找到"默认 FTP 站点",右击鼠标,在弹出的快捷菜单中选择"属性",如图 6-10 所示。在"属性"中,可以设置 FTP 服务器的名称、IP、端口、访问账户、FTP 目录位置、用户进入 FTP 时接收到的消息等,如图 6-11 所示。

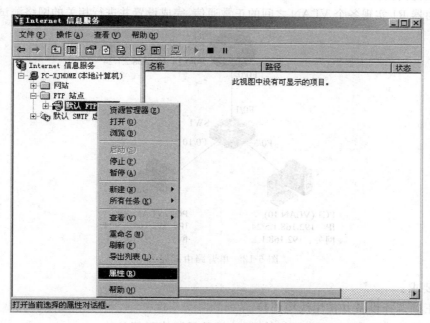

图 6-10 "Internet 信息服务"窗口

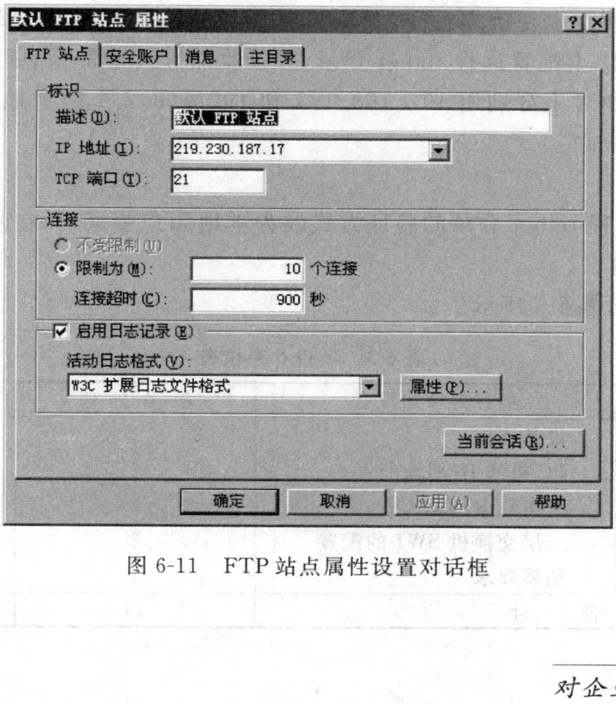

图 6-11 FTP 站点属性设置对话框

对企业路由器进行远程管理

经过上面的这些基本信息的简单设置,FTP 服务器就可以提供服务了。也可以使用第三方的 FTP 服务器软件来架设,如 Serv-U 软件。

6.4 项目实训

企业在部门交换机 SW1 上利用 VLAN 实现了各部门之间广播的隔离,如图 6-12 所示。现通过路由器 R1 实现各个 VLAN 之间的正常通信,完成设置并进行相关的网络测试。

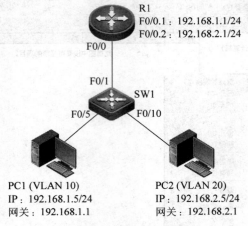

图 6-12 单臂路由配置

基本要求:

(1) 正确选择设备并使用线缆连接。

(2) 正确给 PC1 和 PC2 配置相关 IP 地址及子网掩码等参数。

(3) 在路由器 R1 上配置单臂路由。

(4) 在交换机 SW1 上正确划分 VLAN,并把相应的端口加入 VLAN 中。

(5) 在路由器 R1 上配置远程 telnet 登录,登录验证方式为简单密码验证。

(6) 从 PC1 和 PC2 上分别用 192.168.1.1 和 192.168.2.1 两个地址作为管理地址进行远程 telnet 登录测试。

拓展要求:

将路由器 R1 远程 telnet 登录的验证方式改为本地用户验证后,在从 PC1 和 PC2 上分别进行 telnet 登录测试。

项目 6 考核表如表 6-3 所示。

表 6-3 项目 6 考核表

序 号	项目考核知识点	参 考 分 值	评 价
1	设备连接	2	
2	PC 机的 IP 地址配置	2	
3	路由器 R1 的配置	4	
4	二层交换机 SW1 的配置	2	
5	拓展要求	4	
	合 计	14	

6.5 习　　题

1. 选择题

（1）路由器是工作在 OSI 参考模型哪一层的网络设备？（　　）

    A. 物理层　　　　　　B. 数据链路层　　　C. 网络层　　　　　　D. 应用层

（2）路由器的自检程序存放在下面哪一类存储器中？（　　）

    A. ROM　　　　　　　B. RAM　　　　　　　C. Flash Memory　　D. VRAM

（3）路由器中的启动配置文件存放在下面哪一类存储器中？（　　）

    A. ROM　　　　　　　B. RAM　　　　　　　C. Flash Memory　　D. VRAM

（4）下面哪种视图具有口令保护？（　　）

    A. 用户视图　　　　　B. 特权视图　　　　　C. 路由视图　　　　　D. 接口视图

（5）下面哪种视图是路由器中没有的？（　　）

    A. 用户视图　　　　　B. 特权视图　　　　　C. VLAN 视图　　　　D. 接口视图

（6）路由器转发数据包时检测数据包中的哪部分？（　　）

    A. 源 IP 地址　　　　B. 目的 IP 地址　　　C. 源端口　　　　　　D. 目的端口

（7）在什么视图下可以配置应用到整个设备的全局参数？（　　）

    A. Ruijie＞　　　　　　　　　　　　　　B. Ruijie＃

    C. Ruijie(config)＃　　　　　　　　　　D. Ruijie(config-router)＃

（8）在缺省情况下，路由器允许几个 VTY 用户远程登录？（　　）

    A. 2 个　　　　　　　B. 3 个　　　　　　　C. 4 个　　　　　　　D. 5 个

（9）下面哪条命令可以让我们了解 NVRAM 中存储的文件目录情况？（　　）

    A. dir　　　　　　　　B. dir running　　　　C. show　　　　　　　D. show running

（10）通过本地串口 Xmodem 下载方式升级设备时的下载波特率为多少？（　　）

    A. 9600　　　　　　　B. 11 200　　　　　　C. 19 200　　　　　　D. 115 200

2. 简答题

（1）路由器的作用是什么？

（2）简述路由器转发数据包的工作流程。

（3）路由器的升级方式有哪些？

（4）简述设置路由器 telnet 远程登录的步骤。

对企业路由器进行远程管理

项目 7　通过路由协议实现企业总公司与分公司的联网

1. 项目描述

随着公司规模的扩大,公司成立了分公司,为了实现总公司和分公司网络的联网,公司购置了路由器,总公司和分公司各自用路由器连接各自的子网,并实现了各自子网的互访,现在要求将总公司的路由器和分公司的路由器连接,并实现总公司各子网和分公司各子网之间都能互访。

2. 项目目标

- 理解路由表;
- 理解路由的匹配原则;
- 理解静态路由的工作原理;
- 掌握如何配置静态路由;
- 理解 RIP 路由协议两个版本之间的区别;
- 掌握 RIP 路由协议的配置;
- 掌握 OSPF 路由协议的单区域配置;
- 掌握 OSPF 路由协议的多区域配置;
- 理解路由重分发。

7.1　预　备　知　识

7.1.1　路由的概念

在基于 TCP/IP 的网络中,所有数据的流向都是由 IP 地址来指定的,网络协议根据报文的目的地址将报文从适当的接口发送出去。而路由就是指导报文发送的路径信息。就像实际生活中交叉路口的路标一样,路由信息在网络路径的交叉点(路由器)上标明去往目标网络的正确途径,网络层协议可以根据报文的目的地查找到对应的路由信息,把报文按正确的途径发送出去。一般一条路由信息至少包含以下几方面内容:目标网络,用于匹配报文的目的地址,进行路由选择;下一跳,指明路由的发送路径;Metric、路由权,标识路径的好坏,是进行路由选择的标准。

路由器就是能实现将一个数据包从一个网络发送到另外一个网络的网络设备。路由器根据收到的数据报头的目的地址选择一个合适的路径,将数据包传送到下一个路由器。路径上最后的路由器负责将数据包送给目的主机,如图 7-1 所示。

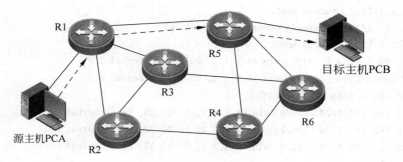

图 7-1 路由 IP 数据包路径

7.1.2 路由的类型

根据路由的来源不同,可以把路由分为三类:直连路由,静态路由,动态路由。

(1)直连路由:路由器接口直接连接子网的路由,直连路由是由链路层协议发现的,该路由信息不需要网络管理员维护,也不需要路由器通过某种算法进行计算获得,只要该接口处于活动状态(Active),路由器就会把通向该网段的路由信息填写到路由表中去。

(2)静态路由:是由系统管理员手动配置的路由,当网络结构发生变化时也必须由系统管理员手动修改配置。静态路由只适合网络拓扑结构简单,规模较小的网络。

缺省路由:是由系统管理员手动配置的一种特殊的静态路由,也称为默认路由,可以将所有找不到匹配路由的报文转发到指定的目的地(缺省网关)。

(3)动态路由:是由动态路由协议从其他路由器学到的到达目标网络的路由,可以根据网络结构的变化动态地更新路由信息。

7.1.3 路由表

路由表是路由器转发数据的关键,路由表存储着指向特定网络地址的路径相关数据。路由表并不直接参与数据包的转发,但是路由器在转发数据包时需要路由表中的相关路径数据来决定数据包的转发路径。每个路由器中都保持着一张路由表,路由表由不同的路由信息构成。

下面是路由器上使用 show ip router 命令所显示的路由表的结构。

```
Ruijie(config) # show ip route

Codes:  C - connected, S - static, R - RIP, B - BGP
        O - OSPF, IA - OSPF inter area
        N1 - OSPF NSSA external type 1, N2 - OSPF NSSA external type 2
        E1 - OSPF external type 1, E2 - OSPF external type 2
        i - IS-IS, su - IS-IS summary, L1 - IS-IS level-1, L2 - IS-IS level-2
        ia - IS-IS inter area, * - candidate default

Gateway of last resort is10.1.1.2 to network 0.0.0.0
S*    0.0.0.0/0 [1/0] via 10.1.1.2
C     10.3.3.0/24 is directly connected, FastEthernet 0/1
```

通过路由协议实现企业总公司与分公司的联网

```
C    10.3.3.1/32 is local host.
C    20.1.1.0/24 is directly connected, Serial 3/0
C    20.1.1.1/32 is local host.
O E2 192.168.1.0/24 [110/20] via 20.1.1.2, 00:08:28, Serial 3/0
O E2 192.168.2.0/24 [110/20] via 20.1.1.2, 00:08:28, Serial 3/0
S    192.168.5.0/24 [1/0] via 20.1.1.2
O    192.168.100.0/24 [110/2] via 10.3.3.2, 00:03:38, FastEthernet 0/1
R    192.168.101.0/24 [120/2] via 10.3.3.2, 00:03:32, FastEthernet 0/1
O    192.168.102.0/24 [110/2] via 10.3.3.2, 00:03:32, FastEthernet 0/1
Ruijie(config)#
```

路由表中的每条路由信息一般都包含以下几个内容。

(1)路由类型标识:每条路由信息最前面的两项字符用来标识该路由的类型,常见的有:C 表示该条路由是直连路由;O 表示该条路由是 OSPF 动态路由协议生成的;R 表示该条路由是 RIP 动态路由协议生成的;S 表示该条路由是手工设置的静态路由;S * 表示该条路由是缺省路由。例如下面该条路由信息:

```
C    10.3.3.0/24 is directly connected, FastEthernet 0/1
```

路由信息前面的字符为 C,说明该条路由为直连路由。

(2)目的网络号和子网掩码:这两项内容是用来表明目的网络的,路由器把接收到的数据包中的目的 IP 地址和路由信息中的子网掩码进行相与操作,所获得的结果即为数据包的目的网络号,然后跟路由信息中的目的网络号进行比对,如果匹配,则说明该路由信息可以使用,如果不匹配,则放弃该路由信息,继续比对其他的,直至路由表中所有的路由信息比对结束。下面的路由信息中的加粗部分即为目的网络号和子网掩码(用位数表示)。

```
O    192.168.100.0/24 [110/2] via 10.3.3.2, 00:03:38, FastEthernet 0/1
```

(3)路由量度值:量度值代表距离。它们用来在寻找路由时确定最优路由。每一种路由算法在产生路由表时,会为每一条通过网络的路径产生一个数值(量度值),最小的值表示最优路径。量度值的计算可以只考虑路径的一个特性,但更复杂的量度值是综合了路径的多个特性产生的。一些常用的量度值有:跳数(报文要通过的路由器输出端口的个数),数据链路的延时,链路的带宽,链路的可靠性,最大传输数据单元等。注意,不同的路由协议产生的路由之间的量度值没有可比性。下面的路由信息中加粗部分即为路由量度值。

```
O    192.168.100.0/24 [110/2] via 10.3.3.2, 00:03:38, FastEthernet 0/1
```

(4)路由的优先级:也称为路由的管理距离。在某一时刻,到某一目的地的当前路由仅能由唯一的路由协议来决定。当存在多条到达同一目的地的路由时,该由哪一条来决定呢?这就由路由协议的优先等级来决定。下面的路由信息中加粗部分即为路由的优先级。

```
O    192.168.100.0/24 [110/2] via 10.3.3.2, 00:03:38, FastEthernet 0/1
```

不同品牌的设备对路由的优先等级规定会有一些差异,表 7-1 是相关路由的优先等级关系(优先级数字越小,表示路由的等级越高)。

表 7-1　不同路由协议的路由优先级

华　为		锐捷/Cisco	
路由协议	优先级	路由协议	优先级
DIRECT（直连）	0	DIRECT（直连）	0
OSPF（动态）	10	STATIC（静态）	1
STATIC（静态）	60	OSPF（动态）	110
RIP（动态）	110	RIP（动态）	120

（5）下一跳 IP 地址：说明匹配该路由的 IP 包所经过的下一个路由器的接口地址。下面的路由信息中加粗部分即为下一跳 IP 地址。

```
O   192.168.100.0/24 [110/2] via 10.3.3.2, 00:03:38, FastEthernet 0/1
```

（6）转发接口：说明匹配该路由的 IP 数据包将从该路由器哪个接口转发。下面的路由信息中加粗部分即为该路由的转发接口。

```
O   192.168.100.0/24 [110/2] via 10.3.3.2, 00:03:38, FastEthernet 0/1
```

7.1.4　路由的匹配原则

一般情况下，路由器的匹配原则是进行最长最精确（掩码）匹配或使用默认路由进行匹配。也就是说当有多条匹配路由存在时，选用子网掩码最长的路由匹配；或者当没有具体路由匹配时，采用默认路由（缺省路由）。

例如：路由器上有以下三条路由信息。

```
Ruijie(config)# show ip route

Codes:  C - connected, S - static, R - RIP, B - BGP
        O - OSPF, IA - OSPF inter area
        N1 - OSPF NSSA external type 1, N2 - OSPF NSSA external type 2
        E1 - OSPF external type 1, E2 - OSPF external type 2
        i - IS - IS, su - IS - IS summary, L1 - IS - IS level - 1, L2 - IS - IS level - 2
        ia - IS - IS inter area, * - candidate default

Gateway of last resort is10.1.1.2 to network 0.0.0.0
S*    0.0.0.0/0 [1/0] via 10.1.1.2
S     11.1.1.0/24 [1/0] via 20.1.1.2
S     11.0.0.0/8 [1/0] via 30.1.1.2
```

现在假设有一个报文的目的 IP 是 11.1.1.10，这时可以发现，这上面三条路由信息都可以匹配这个数据包，那具体匹配哪一条呢？从路由表中可以看出第一条默认路由的子网掩码长度为 0，第二条路由的子网掩码长度为 24，第三条路由的子网掩码长度为 8，根据最长最精确掩码匹配原则，最后匹配的路由是第二条 S　　11.1.1.0/24 [1/0] via 20.1.1.2，该数据将被发往 20.1.1.2。

7.1.5　静态路由

静态路由是指由网络管理员手工配置的路由信息。静态路由信息在缺省情况下是私有的,不会传递给其他路由器。当然,网管员也可以通过对路由器进行设置使之成为共享的。静态路由一般适用于比较简单的网络环境。对于大型和复杂的网络环境,网络管理员难以全面了解整个网络的拓扑结构,而且当网络的拓扑结构和链路状态发生变化时,路由器中的静态路由信息需要大范围地调整,这一工作的难度和复杂度都很高。大型和复杂的网络环境一般不采用静态路由。

静态路由有一个好处就是网络安全保密性高。这是因为动态路由需要路由器之间频繁地交换路由表,而对路由表的分析可以了解网络的拓扑结构和网络地址等信息。而静态路由是私有的,不会传递给其他路由器。因此,网络出于安全考虑可以采用静态路由。

默认路由是一条特殊的静态路由,路由器如果配置了默认路由,则所有未明确指明目的网络的数据包都按默认路由进行转发,也就是说,路由器使用默认路由来发送那些目的网络没有包含在路由表中的数据包。

注意:在配置静态路由时,一定要保证路由的双向可达,即要配置到远端路由器路由,远端路由器也要配置到近端路由器回程路由。

7.1.6 RIP 路由协议

1. RIP 路由协议

RIP(Routing Information Protocol)是一种较为简单的内部网关协议,适用于规模较小(路由跳数(也就是量度)小于 15)的网络中,是典型的距离矢量(Distance Vector)协议。

RIP 是当今应用最为广泛的内部网关协议,是一种动态路由协议,用于一个自治系统(AS:一种由一个管理实体管理,采用统一的内部选路协议的一组网络所组成的大范围的IP 网络。在一个自治系统中的所有路由器必须相互连接,运行相同的路由协议,同时分配同一个自治系统编号)内的路由信息的传递。

RIP 协议是基于距离矢量算法的,它使用"跳数",即 metric 来衡量到达目的地址的路由距离。在 RIP 中,路由器到与它直接相连的网络的跳数为 0,通过一个路由器可达的网络的跳数为 1,其余以此类推。这种协议的路由器只关心自己周围的世界,只与自己相邻的路由器交换信息,为了限制收敛时间,RIP 规定跳数范围在 0~15 跳,大于或等于 16 的跳数被定义为无穷大,即目的网络或主机不可达。由于这个限制,使得 RIP 不适合应用于大型网络中。

RIP 进程使用 UDP 的 520 端口来发送和接收 RIP 分组。RIP 分组每隔 30s 以广播的形式发送一次,为了防止出现"广播风暴",其后续的分组将做随机延时后发送。在 RIP 中,如果一个路由在 180s 内未被刷,则相应的距离就被设定成无穷大,并从路由表中删除该表项。

2. RIPv1 和 RIPv2

RIP 有 RIPv1 和 RIPv2 两个版本,RIPv1 有很多缺陷,RIPv1 使用广播的方式发送路由更新,而且不支持 VLSM,因为它的路由更新信息中不携带子网掩码,所以 RIPv1 没办法传达不同网络中变长子网掩码的详细信息。RIPv2 进行了改进,RIPv2 支持子网路由选择,支持 CIDR,支持组播,并提供了验证机制。RIPv1 采用广播形式发送报文;RIPv2 有两种传送方式:广播方式和多播方式,缺省时将采用多播方式发送报文。RIPv2 中多播地址为224.0.0.9。多播发送报文的好处是在同一网络中那些未运行 RIP 的主机可以避免接收

RIP 的广播报文。另外,多播发送报文还可以使运行 RIPv1 的主机避免错误地接收和处理 RIPv2 中带有子网掩码的路由。当接口运行 RIPv1 时,只接收和发送 RIPv1 和 RIPv2 广播 报文,不接收 RIPv2 多播报文。当接口运行在 RIPv2 广播方式时,只接收与发送 RIPv1 与 RIPv2 广播报文。不接收 RIPv2 多播报文,当接口运行在 RIPv2 多播方式时,只接收和发 送 RIPv2 多播报文,不接收 RIPv1 与 RIPv2 广播报文。缺省情况下,接口运行 RIPv1 报文, 即只能接收和发送 RIPv1 报文。

3. RIP 的工作过程及计数器

RIP 中有三个主要的计时器:更新计时器(Update Timer)、无效计时器(Invalid Timer)和刷新计时器(Flush Timer)。

(1) 更新计时器(Update Timer)。

在一个稳定工作的 RIP 网络中,所有启用了 RIP 路由协议的路由器接口将周期性地发 生全部路由更新。这个周期性发生路由更新的时间由更新计时器(Update Timer)来控制。 更新计时器为 30s,即平均每 30s 路由器向外广播自己的路由表。但为了防止表的同步(即 在共享广播网络中由于路由信息的同步更新导致冲突的现象),RIP 加入了一个随机变量用 来防止表的同步,即每一次更新计时器复位时,随机加上一个小的变量(一般为 5s 以内),使 得不同 RIP 路由器的更新周期在 25~35s 变化。

(2) 无效计时器(Invalid Timer)。

当路由器成功建立一条新的 RIP 路由后,将为它加上一个 180s 的无效计时器。当路由 器再次收到同一条路由信息的更新后,无效计时器会被重置为初始值 180s,如果在 180s 到 期后还未收到该条路由信息的更新,则该条路由的量度将被标记为 16 跳,表示不可达。但 此时并不会马上将该路由信息从路由表中删除。

(3) 刷新计时器(Flush Timer)。

刷新计时器也称为清除计时器(清除是指清除无效路由),当一条路由被标记为不可到 达时,RIP 路由器会立即启动刷新计时器,不同的设备这个计时器的时间长短并不相同,锐 捷路由器将这个时间设置为 120s。一条路由进入无效状态时,刷新计时器就开始计时,超 时后仍处于无效状态的路由将从路由表中删除,如果在刷新计时器超时前收到了这条路由 的更新信息,则路由会重新标记成有效,计时器将清零。

以如图 7-2 所示的 RIP 网络为例来了解 RIP 的工作过程。

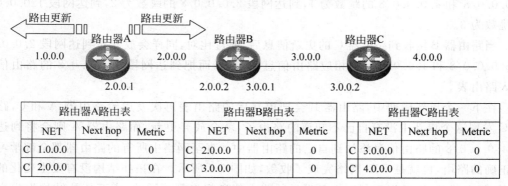

图 7-2　RIP 路由器 A 发送路由更新

通过路由协议实现企业总公司与分公司的联网

首先，每台路由器初始的路由表只有自己的直连路由，当路由器 A 的更新计时器超时之后（即更新周期到达时），路由器 A 向外广播自己的路由表。这时路由器 A 发出的路由更新信息中只有直连网段的路由，其跳数在路由表中记录的基础上增加 1，也就是到达网段 1.0.0.0/8 和 2.0.0.0/8 的跳数为 1。

路由器 B 接收到这个路由更新后，它会把到达路由 1.0.0.0/8 添加到自己的路由表中，跳数为 1，而接收到的路由 2.0.0.0/8 的跳数 1 大于路由器 B 自身原有的跳数 0 而放弃更新。随后，当路由器 B 的更新计时器到达了更新时间，它同样会把自己的路由表向路由表 A 和 C 广播，如图 7-3 所示。

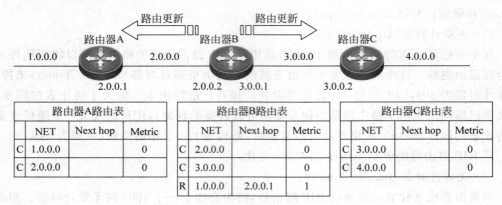

图 7-3　RIP 路由器 B 发送路由更新

此时，路由器 B 的路由更新信息中不只有直连路由，还有从路由器 A 处学习到的到达网段 1.0.0.0/8 的路由，同样发送时，跳数会在路由表中原有的基础上加 1。当路由器 A 收到路由器 B 发送过来的路由更新后，跟自己的路由表比较发现，到达网段 2.0.0.0/8 的路由条目的跳数 1 大于自身原有的路由条目的跳数 0，则放弃更新该路由条目，而到达网段 3.0.0.0/8 的路由条目是自身原先没有的，所有会把它写入自己的路由表。同样对于路由器 C，会放弃 3.0.0.0/8 网段的路由更新，而写入 1.0.0.0/8 和 2.0.0.0/8 网段的路由信息。

等到路由器 C 发送路由更新时，如图 7-4 所示，在路由器 C 的更新信息中，到达网段 3.0.0.0/8 和 4.0.0.0/8 的跳数为 1，到达网段 2.0.0.0/8 的跳数为 2，到达网段 1.0.0.0/8 的跳数为 3。

当路由器 B 接收到路由器 C 的更新信息后，通过比对，同样会放弃对到达网段 2.0.0.0/8、3.0.0.0/8 和 1.0.0.0/8 的相应路由信息的更新，而把到达网段 4.0.0.0/8 的路由信息加入路由表。

在下一个更新周期中，路由器 B 会把更新后的路由表再次发送给路由器 A 和 C，路由器 C 发现这个更新中没有自己不知道的路由了，就会放弃更新，而路由器 A 则会将到达网段 4.0.0.0/8 的路由信息添加到自己的路由器中。直至网络中所有的路由器都全部学习到了正确的路由，也就是 RIP 网络完成了收敛，如图 7-5 所示。在拓扑结构没有发生变化的情况下，路由器 A、B、C 以后每次更新发送的路由信息都将是相同的，直至拓扑结构发生变化为止。

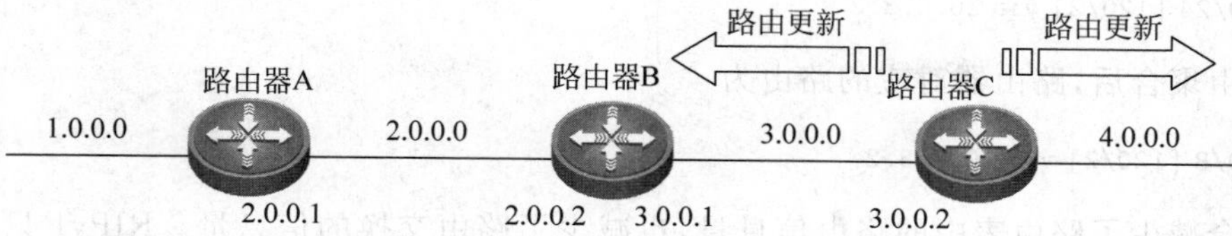

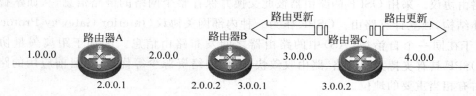

图 7-4　RIP 路由器 C 发送路由更新

路由器A路由表

	NET	Next hop	Metric
C	1.0.0.0		0
C	2.0.0.0		0
R	3.0.0.0	2.0.0.2	1

路由器B路由表

	NET	Next hop	Metric
C	2.0.0.0		0
C	3.0.0.0		0
R	1.0.0.0	2.0.0.1	1

路由器C路由表

	NET	Next hop	Metric
C	3.0.0.0		0
C	4.0.0.0		0
R	2.0.0.0	3.0.0.1	1
R	1.0.0.0	3.0.0.1	2

路由器A路由表

	NET	Next hop	Metric
C	1.0.0.0		0
C	2.0.0.0		0
R	3.0.0.	2.0.0.2	1
R	4.0.0.0	2.0.0.2	2

路由器B路由表

	NET	Next hop	Metric
C	2.0.0.0		0
C	3.0.0.0		0
R	1.0.0.0	2.0.0.1	1
R	4.0.0.0	3.0.0.2	1

路由器C路由表

	NET	Next hop	Metric
C	3.0.0.0		0
C	4.0.0.0		0
R	2.0.0.0	3.0.0.1	1
R	1.0.0.0	3.0.0.1	2

图 7-5　最终的路由表

4. RIP 配置

路由器上进行 RIP 路由协议配置可以分为以下三个步骤。

步骤一：创建 RIP 路由进程。进行 RIP 相关配置时,必须先启动 RIP(即创建 RIP 路由进程,在全局配置视图下用 router rip 命令启动 RIP 并进入 RIP 配置视图),才能配置其他的功能特性。而配置与接口相关的功能特性不受 RIP 是否启动的限制。需要注意的是,在关闭 RIP 后,原来的接口参数也同时失效。

步骤二：添加关联网络。RIP 任务启动后还必须指定其工作网段,RIP 只在指定网段上的接口工作,对于不在指定网段上的接口,RIP 既不在它上面接收和发送路由,也不将它的接口路由转发出去,就好像这个接口不存在一样。

步骤三：其他相关参数的配置,如 RIP 的版本号、是否路由汇聚等。

5. 路由聚合

路由聚合是指同一自然网段内的不同子网的路由在向外(其他网段)发送时聚合成一条自然掩码的路由发送。例如,路由器中有以下两条路由。

10.1.1.0/24 [120/2] via 10.3.3.2

通过路由协议实现企业总公司与分公司的联网

```
10.2.2.0/24 [120/2] via 10.3.3.2
```

经过路由聚合后,路由器对应的路由为

```
10.0.0.0/8 [120/2] via 10.3.3.2
```

路由聚合减少了路由表中的路由信息量,也减少了路由交换的信息量。RIPv1 只发送自然掩码的路由,即总是以路由聚合形式向外发送路由,关闭路由聚合对 RIPv1 将不起作用。RIPv2 支持无类别路由(即传送路由更新时带有子网掩码),当需要将子网的路由广播出去时,可关闭 RIPv2 的路由聚合功能。缺省情况下,允许 RIPv2 进行路由聚合。

7.1.7　OSPF 路由协议

1. OSPF 路由协议

OSPF(Open Shortest Path First)全称为开放最短路径优先。OSPF 是一种典型的链路状态路由协议。采用 OSPF 的路由器彼此交换并保存整个网络的链路信息,从而掌握全网的拓扑结构,独立计算路由。OSPF 作为一种内部网关协议(Interior Gateway Protocol,IGP),用于在同一个自治域(AS)中的路由器之间发布路由信息。区别于距离矢量协议(RIP),OSPF 具有支持大型网络、路由收敛快、占用网络资源少等优点,在目前应用的路由协议中占有相当重要的地位。

与 RIP 相比,OSPF 是链路状态路由协议,而 RIP 是距离向量路由协议。

OSPF 路由协议一般用于同一个路由域内。在这里,路由域是指一个自治系统(Autonomous System,AS),它是指一组通过统一的路由政策或路由协议互相交换路由信息的网络。在这个 AS 中,所有的 OSPF 路由器都维护一个相同的描述这个 AS 结构的数据库(LSDB),该数据库中存放的是路由域中相应链路的状态信息,OSPF 路由器正是通过这个数据库计算出其 OSPF 路由表的。作为一种链路状态的路由协议,OSPF 将链路状态广播数据包(Link State Advertisement,LSA)传送给某一区域内的所有路由器,这一点与距离矢量路由协议不同(运行距离矢量路由协议的路由器是将部分或全部路由表传递给与其相邻的路由器)。当所有的路由器拥有相同的 LSDB 后,把自己放进 SPF(算法)树中的 Root 里,然后根据每条链路的耗费(Cost:OSPF 路由器至每一个目的地路由器的距离,称为 OSPF 的 Cost。OSPF 的 Cost 与链路的带宽成反比,带宽越高则 Cost 越小,表示 OSPF 到目的地的距离越近。例如快速以太网的 Cost 为 1,2Mb/s 串行链路的 Cost 为 48,10Mb/s 以太网的 Cost 为 10 等),选出耗费最低的作为最佳路径,最后把最佳路径放进路由表里。

2. 链路状态算法

作为一种典型的链路状态的路由协议,OSPF 还得遵循链路状态路由协议的统一算法。链路状态的算法非常简单,在这里将链路状态算法概括为以下 4 个步骤:

(1) 当路由器初始化或网络结构发生变化(例如增减路由器,链路状态发生变化等)时,路由器会产生链路状态广播数据包(Link State Advertisement,LSA),该数据包里包含路由器上的所有相连链路,也即所有端口的状态信息。

(2) 所有路由器会通过一种被称为刷新(Flooding)的方法来交换链路状态数据。Flooding 是指路由器将其 LSA 数据包传送给所有与其相邻的 OSPF 路由器,相邻路由器根据其接收到的链路状态信息更新自己的数据库,并将该链路状态信息转送给与其相邻的路由器,直至稳定的一个过程。

（3）当网络重新稳定下来,也可以说 OSPF 路由协议收敛下来时,所有的路由器会根据其各自的链路状态信息数据库计算出各自的路由表。该路由表中包含路由器到每一个可到达目的地的 Cost 以及到达该目的地所要转发的下一个路由器。

（4）该步骤实际上是指 OSPF 路由协议的一个特性。当网络状态比较稳定时,网络中传递的链路状态信息是比较少的,或者可以说,当网络稳定时,网络中是比较安静的。这也正是链路状态路由协议区别与距离矢量路由协议的一大特点。

3. OSFP 协议的特点

（1）适应范围广,OSPF 支持各种规模的网络。RIP 路由协议中用于表示目的网络远近的参数为跳(hop),也即到达目的网络所要经过的路由器个数。在 RIP 路由协议中,该参数被限制为最大 15,对于 OSPF 路由协议,路由表中表示目的网络的参数为 Cost,该参数为一虚拟值,与网络中链路的带宽等相关,也就是说 OSPF 路由信息不受物理跳数的限制。因此,OSPF 适合应用于大型网络中,支持几百台的路由器,甚至如果规划合理支持到 1000 台以上的路由器也是没有问题的。

（2）快速收敛,如果网络的拓扑结构发生变化,OSPF 立即发送更新报文,使这一变化在自治系统中同步。RIP 路由协议周期性地将整个路由表作为路由信息广播至网络中,该广播周期为 30s。在一个较为大型的网络中,RIP 协议会产生很大的广播信息,占用较多的网络带宽资源;并且由于 RIP 协议 30s 的广播周期,影响了 RIP 路由协议的收敛,甚至出现了不收敛的现象。而 OSPF 是一种链路状态的路由协议,当网络比较稳定时,网络中的路由信息是比较少的,并且其广播也不是周期性的,因此 OSPF 路由协议在大型网络中也能够较快地收敛。

（3）无自环,由于 OSPF 通过收集到的链路状态用最短路径树算法计算路由,故从算法本身保证了不会生成自环路由。

（4）子网掩码,由于 OSPF 在描述路由时携带网段的掩码信息,所以 OSPF 协议不受自然掩码的限制,对 VLSM(变长子网掩码)提供良好的支持。RIPv1 路由协议不支持 VLSM。

（5）区域划分,OSPF 协议允许自治系统的网络被划分成区域来管理。在 OSPF 路由协议中,一个网络,或者说是一个路由域可以划分为很多个区域(area),每一个区域通过 OSPF 边界路由器相连,区域间可以通过路由汇聚(summary)来减少路由信息,减小路由表,提高路由器的运算速度。

（6）等值路由,OSPF 支持到同一目的地址的多条等值路由。OSPF 路由协议支持多条 Cost 相同的链路上的负载分担,如果到同一个目的地址有多条路径,而且花费都相等,那么可以将这多条路由显示在路由表中。

（7）路由分级,OSPF 使用 4 类不同的路由,按优先顺序来说分别是:区域内路由、区域间路由、第一类外部路由、第二类外部路由。

（8）支持验证,它支持基于接口的报文验证以保证路由计算的安全性。

（9）组播发送,OSPF 在有组播发送能力的链路层上以组播地址发送协议报文。动态路由协议为了能够自动找到网络中的邻居,通常都是以广播的地址来发送的。RIP 使用广播报文来发送给网络上所有的设备,所以在网络上的所有设备收到此报文后都需要做相应的处理，但是在实际应用中，并不是所有设备都需要接收这种报文的。因此，这种周期性以广播形式发送报文的形式对它就产生了一定的干扰。同时，由于这种报文会定期地发送，在一定程度上也占用了宝贵的带宽资源。所以，OSPF 采用组播地址来发送，只有运行 OSPF 协议的设备才会接收发送来的报文，其他设备不参与接收。

4. OSPF 协议中的基本概念

1）Router ID

所谓的 Router ID 可以看作一个 IP 地址，用来识别每台运行 OSPF 协议的路由器。它的作用就是标识一台设备在同一个自治系统内部是唯一的。在 OSPF 中，这个 Router ID 通常可以手工指定也可以让系统自己选择。如果没有手工指定 Router ID，那么系统会从当前配置的有效 IP 地址中选择一个地址最小的来作为 Router ID。通常在配置 Router ID 时会选择 Loopback 接口。

2）OSPF 协议号

OSPF 协议使用的协议号是 89。OSPF 协议使用 IP 报文来封装，在 IP Header 中的 Protocol 字段为 89。当 IP 协议收到一个 IP 报文时，如果发现 IP Header 的 Protocol 字段为 89 就会知道这个报文是 OSPF 报文，然后转发给处理 OSPF 报文的模块。OSPF 使用 IP 来发送报文，并将 IP 报文中的 TTL 值设为 1。因此，OSPF 报文只能传递到一条的范围，即使 IP 中的目的地址是可达的，但由于 TTL 值经过一条后已经为 0 所以不再向任何设备转发此报文。

3）OSPF 区域

OSPF 协议虽然理论上可以支持大规模的网络。但实际中要支持大规模网络是很复杂的。有些问题会导致在实际组网中协议不能用的状态。例如，当大规模网络中的路由器数量太多的时候，会生成很多 LSA，使整个 LSDB 变得非常大，这会占用大量的存储空间。同时，LSDB 的庞大会增加运行 SPF 算法的复杂度。造成 CPU 负担增大。网络规模增大后，网络拓扑结构发生变化的概率也增大，为了同步这种变化，网络中会有大量的 OSPF 协议报文在传递，降低了网络的带宽利用率，同时每一次变化都会导致网络中所有的路由器重新进行路由计算。解决上述问题的关键就是减少 LSA 的数量，屏蔽网络变化波及的范围（这个有点类似于用 VLAN 来解决广播风暴）。OSPF 将一个自治系统分成若干个区域（area）来解决上述问题。区域是在逻辑上将路由器划分为不同的组。区域的边界是路由器，这样会有一些路由器属于不同的区域（这样的路由器称做区域边界路由器（ABR））。每一个网段必须属于一个区域，或者说每个运行 OSPF 协议的接口必须指明属于某一个特定的区域，区域用区域号（Area ID）来标识。区域号是一个从 0 开始的 32 位整数。不同的区域之间通过 ABR 来传递路由信息，如图 7-6 所示。

OSPF 划分区域后，并非所有的区域都是平等的关系，其中有一个区域是与众不同的，它的区域号是 0，通常被称为骨干区域。所有的区域必须和骨干区域相连，也就是说，每一个 ABR 连接的区域中至少有一个是骨干区域。由于划分区域之后，区域之间是通过 ABR 将一个区域内已计算出的路由封装成 type3 类的 LSA 发送到另一个区域之中来传递路由信息的。此时的 LSA 中包含的已不再是链路状态信息，而是纯粹的路由信息了。

注意：如果自治系统被划分成一个以上的区域，则必须有一个区域是骨干区域，并且保证其他区域与骨干区域直接相连或逻辑相连（虚连接），且骨干区域自身必须是连通的。

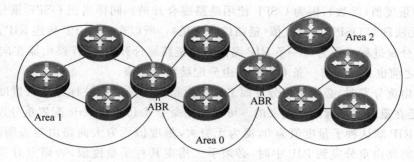

图 7-6　OSPF 多区域示意图

5. OSPF 配置

在路由器上配置 OSPF 路由协议主要有三个步骤。

步骤一：创建 OSPF 路由进程。在路由器上要配置 OSPF 路由协议，首先要创建 OSPF 路由进程。

步骤二：添加关联网络并指定该网络所属的 OSPF 区域。

步骤三：配置 OSPF 路由协议相关参数。

7.1.8　路由重分发

1. 路由重分发

路由重分发，也叫路由重分布，是路由器将学习到的一种路由协议的路由通过另一种路由协议广播出去。通俗地讲就是让不能互通的路由协议能相互学习对方的路由，例如让 OSPF 进程能学习到 RIP 进程中的路由。在整个 IP 网络中，如果从配置管理和故障管理的角度看，通常更愿意运行一种路由选择协议，而不是多种路由选择协议。然而，在实际网络中又常常需要在一个网络中运行多种路由协议，例如公司网络的合并，多个厂商不同设备之间的协调工作等。

为了实现重分发，路由器必须同时运行多种路由协议。路由重分发，分发的是当前路由器"路由表"中的内容，注意，一定是路由表！

路由重分布只能在针对同一种第三层协议的路由选择进程之间进行，也就是说，OSPF，RIP，IGRP 等之间可以重分布，因为它们都属于 TCP/IP 协议栈的协议，而 AppleTalk 或者 IPX 协议栈的协议与 TCP/IP 协议栈的路由选择协议就不能相互重分布路由了。

2. 影响路由重分发的协议特性

IP 路由选择协议之间的特性相差非常大，对路由重分发影响最大的协议特性是量度和路由优先级的差异性，以及每种协议的有类和无类能力。在重分时如果忽略了对这些差异的考虑，将导致出现某些或全部路由交换失败，最坏情况将造成路由环路和黑洞。

如果向 OSPF 重分发 RIP 路由，RIP 的量度是跳数，而 OSPF 使用的链路综合开销。在这种情况下，接收重分发路由的协议必须能够将自己的量度与这些路由联系起来，即执行路由重分发的路由器必须为接收到的路由指派量度值。

例如路由器上同时存在 OSPF 路由进程和 RIP 路由进程，在没有进行重分发之前，路由器在 OSPF 和 RIP 之间是不交换路由信息的。当把 RIP 重分发到 OSPF 时，OSPF 不能

通过路由协议实现企业总公司与分公司的联网

理解 RIP 的量度值(跳数),因为 OSPF 使用链路综合开销。同样当把 OSPF 重分发到 RIP 时,RIP 也无法理解 OSPF 的量度值(链路综合开销)。所以在向 OSPF 传递 RIP 路由之前,路由器的重分发进程必须为每一条 RIP 路由分配链路综合开销,同样路由器在向 RIP 传递 OSPF 路由之前也必须为每一条 OSPF 路由分配跳数量度值。

这种路由重分发时,必须给重分发而来的路由指定的量度值被称为默认量度值或种子量度值,它是在重分发配置期间定义的。可以使用命令 default-metric 配置重分发路由的种子量度值。RIP 默认种子量度值为 0,视为无穷大,量度值无穷大向路由器表明,该路由不可达。所以将路由重分发到 RIP 中时,必须手工指定其种子量度值,否则重分发而来的路由可能不会被通告。在 OSPF 中,重分发而来的路由默认为外部路由 2 类(E2),量度值为 20。

7.2 项 目 实 施

7.2.1 任务一:利用静态路由实现总公司与分公司的网络互访

1. 任务描述

某公司有总公司和分公司两个不同区域的网络,每个区域的网络都有多个不同的子网,为了实现两个区域不同子网间的互访,总公司和分公司分别采用一台路由器连接各自的子网,并实现子网之间的访问,总公司的路由器和分公司的路由器之间采用专线连接。要求对路由器配置静态路由实现两区域网络各个子网之间的相互访问。两路由器接口 IP 地址分配情况如表 7-2 所示。

表 7-2　总公司和分公司两路由器接口 IP 地址分配表

路 由 器	接　　口	IP 地 址
总公司路由器 R1	S3/0	20.1.1.1/24
	F0/0	10.1.1.1/24
	F0/1	10.2.2.1/24
分公司路由器 R2	S3/0	20.1.1.2/24
	F0/0	192.168.1.1/24
	F0/1	192.168.2.1/24

2. 实验网络拓扑图

实验网络拓扑图如图 7-7 所示。

3. 设备配置

总公司路由器 R1 配置如下:

```
//配置路由器名称、接口 IP 地址
Ruijie(config)#hostname R1
R1(config)#interface s3/0
R1(config-if-Serial 3/0)#ip address 20.1.1.1 255.255.255.0
R1(config-if-Serial 3/0)#exit
R1(config)#interface f0/0
R1(config-if-FastEthernet 0/0)#ip address 10.1.1.1 255.255.255.0
```

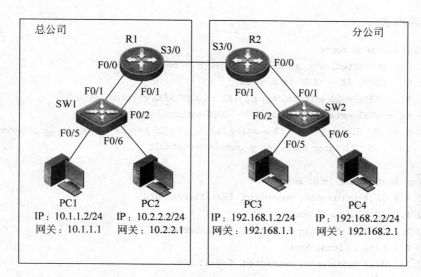

图 7-7 实验网络拓扑图

```
R1(config-if-FastEthernet 0/0)# exit
R1(config)# interface f0/1
R1(config-if-FastEthernet 0/1)# ip address 10.2.2.1 255.255.255.0
R1(config-if-FastEthernet 0/1)# exit
//配置静态路由
R1(config)# ip route 192.168.1.0 255.255.255.0 20.1.1.2
//配置到分公司子网192.168.1.0的静态路由,采用下一跳方式
R1(config)# ip route 192.168.2.0 255.255.255.0 S3/0
//配置到分公司子网192.168.2.0的静态路由,采用发送端口方式
R1(config)#
```

分公司路由器 R2 配置如下：

```
//配置路由器名称、接口 IP 地址
Ruijie(config)# hostname R2
R2(config)# interface s3/0
R2(config-if-Serial 3/0)# ip address 20.1.1.2 255.255.255.0
R2(config-if-Serial 3/0)# exit
R2(config)# interface f0/0
R2(config-if-FastEthernet 0/0)# ip address 192.168.1.1 255.255.255.0
R2(config-if-FastEthernet 0/0)# exit
R2(config)# interface f0/1
R2(config-if-FastEthernet 0/1)# ip address 192.168.2.1 255.255.255.0
R2(config-if-FastEthernet 0/1)# exit
//配置静态路由
R2(config)# ip route 10.1.1.0 255.255.255.0 20.1.1.1
//配置到分公司子网10.1.1.0的静态路由,采用下一跳方式
R2(config)# ip route 10.2.2.0 255.255.255.0 S3/0
//配置到分公司子网10.2.2.0的静态路由,采用发送端口方式
R2(config)#
```

查看路由表：

通过路由协议实现企业总公司与分公司的联网

1)R1 路由表

```
R1(config)#show ip route
Codes:  C - connected, S - static, R - RIP, B - BGP
        O - OSPF, IA - OSPF inter area
        N1 - OSPF NSSA external type 1, N2 - OSPF NSSA external type 2
        E1 - OSPF external type 1, E2 - OSPF external type 2
        i - IS-IS, su - IS-IS summary, L1 - IS-IS level-1, L2 - IS-IS level-2
        ia - IS-IS inter area, * - candidate default


Gateway of last resort is no set
C    10.1.1.0/24 is directly connected, FastEthernet 0/0
C    10.1.1.1/32 is local host.
C    10.2.2.0/24 is directly connected, FastEthernet 0/1
C    10.2.2.1/32 is local host.
C    20.1.1.0/24 is directly connected, Serial 3/0
C    20.1.1.1/32 is local host.
S    192.168.1.0/24 [1/0] via 20.1.1.2
S    192.168.2.0/24 is directly connected, Serial 3/0
R1(config)#
```

从上面的路由表可以看出采用下一跳方式和发送端口方式定义的静态路由的区别,当使用发送端口方式定义时,会显示成直连路由。

2)R2 路由表

```
R2(config)#show ip route
Codes:  C - connected, S - static, R - RIP, B - BGP
        O - OSPF, IA - OSPF inter area
        N1 - OSPF NSSA external type 1, N2 - OSPF NSSA external type 2
        E1 - OSPF external type 1, E2 - OSPF external type 2
        i - IS-IS, su - IS-IS summary, L1 - IS-IS level-1, L2 - IS-IS level-2
        ia - IS-IS inter area, * - candidate default


Gateway of last resort is no set
S    10.1.1.0/24 [1/0] via 20.1.1.1
S    10.2.2.0/24 is directly connected, Serial 3/0
C    20.1.1.0/24 is directly connected, Serial 3/0
C    20.1.1.2/32 is local host.
C    192.168.1.0/24 is directly connected, FastEthernet 0/0
C    192.168.1.1/32 is local host.
C    192.168.2.0/24 is directly connected, FastEthernet 0/1
C    192.168.2.1/32 is local host.
R2(config)#
```

4. 相关命令介绍

1)配置静态路由

视图:全局配置视图。

命令：

ip route *network net − mask* { *ip − address* | *interface* } [*distance*] [**tag** *tag*] [**permanent**]
[**weight** *number*] [**disable** | **enable**]
no ip route *network net − mask* { *ip − address* | *interface* } [*distance*]

参数：

network：目的网络的网络号。

net-mask：目的网络的掩码。

ip-address：静态路由的下一跳地址。

interface：静态路由的发送接口。

distance：静态路由的管理距离（即路由的优先级）。

tag：静态路由的 Tag 值。

permanent：永久路由标识，一般路由在相应的接口 down 掉以后，就会被删除。加上
该参数后，就算相应的接口关掉路由也不会被删除。

number：静态路由的权重值。

disable/enable：静态路由的使能标识。

说明：该命令中最主要的参数是三个：network（目的网络的网络号）、net-mask（目的网
络的掩码）和 ip-address（下一跳地址）。一般在配置静态路由的时候主要是使用这三个参
数，当在不知道对端 IP 地址（即下一跳地址）的时候，这是可以使用 interface（静态路由的发
送接口）来替代下一跳地址。注意：下一跳地址是远端路由器上接口的 IP 地址，而
interface 是该路由器本身（近端路由器）的接口。其他一些参数都是可选参数，在没有特殊
要求时，一般都可以不用。用 no 选项可以删除设置的静态路由。

distance 参数是用来设置静态路由的管理距离（路由的优先级）的，在缺省情况下，静态
路由的管理距离为 1，正常情况下，在锐捷的设备上，动态路由学习到的路由的管理距离要
大于静态路由，也就是动态路由的优先级要低于静态路由。路由器对应相同的路由只好选
用优先等级高的，所有当需要把动态路由作为首先路由，而静态路由作为备用路由的时候，
就可以通过设置静态路由的管理距离来实现。此时的静态路由，也称为浮动路由。例如：
OSPF 路由协议的管理距离为 110，可以将静态路由的管理距离设置为 125，这样当跑 OSPF
的线路故障时，数据流量自然就可以切换到静态路由的线路上。所以浮动路由也是保证链
路稳定的一种手段。

静态路由的使能标志用来控制静态路由是否有效，如果无效则不会用于转发。永久路
由标志配置后，除非通过网管来删除，否则将一直存在。

要通过以太网接口配置静态路由时，尽量避免下一跳直接为接口（如 ip route0.0.0.0
0.0.0.0 f0/0）。这样会让设备觉得所有未知目标网络都是直连在 F0/0 接口上的，因此对
每个目标主机都发生一个 ARP 请求，会占用许多 CPU 和内存资源。因为如果静态路由下
一跳指定是下一个路由的 IP 地址，则路由器认为是一条管理距离为 1 开销为 0 的静态路
由。如果下一跳指定是本路由器发送接口，则路由器认为是一条直连的路由。这个可以通
过查看路由表发现。

通过路由协议实现企业总公司与分公司的联网

例如：配置一条到 192.168.10.0/24 目的网络的静态路由,下一跳为 10.1.1.1。

```
Ruijie(config)# ip route 192.168.1.0 255.255.255.0 10.1.1.1
```

例如：配置一条到 172.10.10.0/24 目的网络的静态路由,下一跳为串口 S0/0。

```
Ruijie(config)# ip route 172.10.10.0 255.255.255.0 S0/0
```

例如：配置一条到 192.168.10.0/24 目的网络的静态路由,下一跳为 10.1.1.1,管理距离为 125。

```
Ruijie(config)# ip route 192.168.1.0 255.255.255.0 10.1.1.1 125
```

2) 设置缺省路由

视图：全局配置视图。

命令：

ip route 0.0.0.0 0.0.0.0 { *ip* − *address* | *interface* } [*distance*] [**tag** *tag*] [**permanent**] [**weight**
number] [**disable** | **enable**]
no ip route 0.0.0.0 0.0.0.0 { *ip* − *address* | *interface* } [*distance*]

参数：

跟配置静态路由中的参数相同。

说明：缺省路由又称为默认路由,此处的"缺省/默认"并非一般指设备出厂时就已经设置好的意思。这里所谓的缺省是指数据包在路由表中没有找到匹配的路由的情况下才使用该路由。缺省路由是一种特殊的静态路由,缺省路由的目的网络号和子网掩码全为 0(即网络号为 0.0.0.0,子网掩码也为 0.0.0.0),同样需要手工进行设置。

缺省路由一般在 stub 网络中(称为末端网络)使用,stub 网络是只有一条出口路径的网络。如图 7-8 所示,路由器 RA 连接一个末端网络,末端网络中的流量都是通过路由器 RA 到达 Internet 的,路由器 RA 就是一个边缘路由器。缺省路由一般就设置在路由器 RA 上。

例如：在路由器 RA 上设置缺省路由

```
Ruijie(config)# ip route 0.0.0.0 0.0.0.0 192.168.1.1
```

或者

```
Ruijie(config)# ip route 0.0.0.0 0.0.0.0 S0/0
```

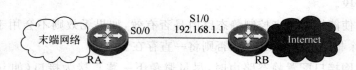

图 7-8　配置默认路由

3) 显示路由表

视图：所有视图。

命令：

show ip route [*network* [*mask*] | count | protocol[*process − id*] | weight]]

参数：

network：只显示到该目的网络的路由信息。

mask：只显示该掩码的目的网络的路由。

count：显示当前路由条数。

protocol：显示特定协议的路由。

process-id：路由协议进程号。

weight：只显示非默认权重的路由。

说明：该命令用来查看路由器上的路由表信息。后面的参数都是可选的，通过选择不同的参数来显示特定的路由信息。

例如：显示路由器的路由表信息。

```
Ruijie(config)#show ip route

Codes:  C − connected, S − static, R − RIP, B − BGP
        O − OSPF, IA − OSPF inter area
        N1 − OSPF NSSA external type 1, N2 − OSPF NSSA external type 2
        E1 − OSPF external type 1, E2 − OSPF external type 2
        i − IS−IS, su − IS−IS summary, L1 − IS−IS level−1, L2 − IS−IS level−2
        ia − IS−IS inter area, * − candidate default

Gateway of last resort is10.1.1.2 to network 0.0.0.0
S*    0.0.0.0/0 [1/0] via 10.1.1.2
C     10.1.1.0/24 is directly connected, FastEthernet 0/0
C     10.1.1.1/32 is local host.
C     20.1.1.0/24 is directly connected, Serial 3/0
C     20.1.1.1/32 is local host.
O E2 192.168.1.0/24 [110/20] via 20.1.1.2, 00:08:28, Serial 3/0
S     192.168.5.0/24 [1/0] via 20.1.1.2
O     192.168.100.0/24 [110/2] via 10.3.3.2, 00:03:38, FastEthernet 0/1
R     192.168.101.0/24 [120/2] via 10.3.3.2, 00:03:32, FastEthernet 0/1
Ruijie(config)#
```

7.2.2 任务二：利用 RIP 动态路由实现总公司与分公司的网络互访

1. 任务描述

某公司有总公司和分公司两个不同区域的网络，每个区域的网络都有多个不同的子网，为了实现两个区域不同子网间的互访，总公司和分公司分别采用一台路由器连接各自的子网，并实现子网之间的访问，总公司的路由器和分公司的路由器之间采用专线连接。为了便于管理员在以后扩充子网数量时，不需要同时更改路由器的配置。要求对路由器配置 RIPv2 动态路由实现两区域网络各个子网之间的相互访问。两路由器接口 IP 地址分配情况如表 7-3 所示。

通过路由协议实现企业总公司与分公司的联网

表 7-3   总公司和分公司两路由器接口 IP 地址分配表

路 由 器	接　口	IP 地址
总公司路由器 R1	S3/0	20.1.1.1/24
	F0/0	10.1.1.1/24
	F0/1	10.2.2.1/24
分公司路由器 R2	S3/0	20.1.1.2/24
	F0/0	192.168.1.1/24
	F0/1	192.168.2.1/24

2. 实验网络拓扑图

实验网络拓扑图如图 7-9 所示。

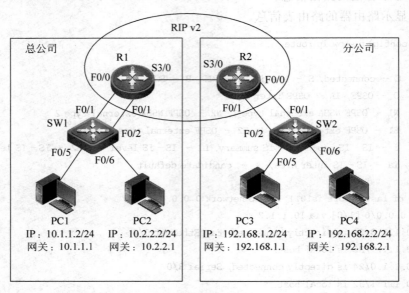

图 7-9　实验网络拓扑图

3. 设备配置

总公司路由器 R1 配置如下：

```
//配置路由器名称、接口 IP 地址
Ruijie(config)＃hostname R1
R1(config)＃ interface s3/0
R1(config - if - Serial 3/0)＃ip address 20.1.1.1 255.255.255.0
R1(config - if - Serial 3/0)＃exit
R1(config)＃ interface f0/0
R1(config - if - FastEthernet 0/0)＃ip address 10.1.1.1 255.255.255.0
R1(config - if - FastEthernet 0/0)＃exit
R1(config)＃ interface f0/1
R1(config - if - FastEthernet 0/1)＃ip address 10.2.2.1 255.255.255.0
R1(config - if - FastEthernet 0/1)＃exit
//配置 RIP 动态路由
R1(config)＃router rip
R1(config - router)＃version 2
```

```
R1(config – router)#no auto – summary
R1(config – router)#network20.1.1.0 0.0.0.255
R1(config – router)#network10.1.1.0 0.0.0.255
R1(config – router)#network10.2.2.0 0.0.0.255
R1(config – router)#exit
R1(config)#
```

分公司路由器 R2 配置如下：

```
//配置路由器名称、接口 IP 地址
Ruijie(config)#hostname R2
R2(config)# interface s3/0
R2(config – if – Serial 3/0)#ip address 20.1.1.2 255.255.255.0
R2(config – if – Serial 3/0)#exit
R2(config)# interface f0/0
R2(config – if – FastEthernet 0/0)#ip address 192.168.1.1 255.255.255.0
R2(config – if – FastEthernet 0/0)#exit
R2(config)# interface f0/1
R2(config – if – FastEthernet 0/1)#ip address 192.168.2.1 255.255.255.0
R2(config – if – FastEthernet 0/1)#exit
//配置 RIP 动态路由
R2(config)#router rip
R2(config – router)#version 2
R2(config – router)#no auto – summary
R2(config – router)#network 192.168.1.0
R2(config – router)#network 192.168.2.1
R2(config – router)#network20.1.1.0 0.0.0.255
R2(config – router)#exit
R2(config)#
```

查看路由表：
1）R1 路由表

```
R1(config)#show ip route          //查看路由表

Codes:  C – connected, S – static, R – RIP, B – BGP
        O – OSPF, IA – OSPF inter area
        N1 – OSPF NSSA external type 1, N2 – OSPF NSSA external type 2
        E1 – OSPF external type 1, E2 – OSPF external type 2
        i – IS – IS, su – IS – IS summary, L1 – IS – IS level – 1, L2 – IS – IS level – 2
        ia – IS – IS inter area, * – candidate default

Gateway of last resort is no set
C     10.1.1.0/24 is directly connected, FastEthernet 0/0
C     10.1.1.1/32 is local host.
C     10.2.2.0/24 is directly connected, FastEthernet 0/1
C     10.2.2.1/32 is local host.
C     20.1.1.0/24 is directly connected, Serial 3/0
C     20.1.1.1/32 is local host.
R     192.168.1.0/24 [120/1] via 20.1.1.2, 00:48:31, Serial 3/0
R     192.168.2.0/24 [120/1] via 20.1.1.2, 00:48:31, Serial 3/0
```

通过路由协议实现企业总公司与分公司的联网

R1(config)#

2）R2 路由表

R2(config)#show ip route
Codes: C – connected, S – static, R – RIP, B – BGP
         O – OSPF, IA – OSPF inter area
         N1 – OSPF NSSA external type 1, N2 – OSPF NSSA external type 2
         E1 – OSPF external type 1, E2 – OSPF external type 2
         i – IS–IS, su – IS–IS summary, L1 – IS–IS level–1, L2 – IS–IS level–2
         ia – IS–IS inter area, * – candidate default

Gateway of last resort is no set
R   **10.1.1.0/24 [120/1] via 20.1.1.1, 00:02:37, Serial 3/0**
R   **10.2.2.0/24 [120/1] via 20.1.1.1, 00:02:27, Serial 3/0**
C   20.1.1.0/24 is directly connected, Serial 3/0
C   20.1.1.2/32 is local host.
C   192.168.1.0/24 is directly connected, FastEthernet 0/0
C   192.168.1.1/32 is local host.
C   192.168.2.0/24 is directly connected, FastEthernet 0/1
C   192.168.2.1/32 is local host.
R2(config)#

4. 相关命令介绍

1）创建 RIP 路由进程

视图：全局配置视图。

命令：

router rip
no router rip

说明：设备要运行 RIP 路由协议,首先需要创建 RIP 路由进程,并定义与 RIP 路由进程关联的网络。可以通过 no 选项删除 RIP 路由进程。

例如：创建 RIP 路由进程。

Ruijie(config)#router rip

2）配置 RIP 版本

视图：RIP 路由配置视图。

命令：

version{ 1|2 }
no version

参数：

1：定义 RIP 版本号为 1。
2：定义 RIP 版本号为 2。

说明：该命令用来定义整个设备 RIP 版本号,默认情况下,可以接收 RIPv1 和 RIPv2

的数据包,但是只发送 RIPv1 的数据包,可以通过该命令设置设备只接收和发送 RIPv1 的数据包,也可以只接收和发送 RIPv2 的数据包。通过 no 选项可以恢复缺省值。

RIPv1 由于不支持子网掩码,当需要传递带变长子网掩码的信息时,需要定义为 RIPv2 版本。

例如:定义 RIP 版本号为 2。

```
Ruijie(config)♯router rip
Ruijie(config-router)♯version 2
```

3)配置路由自动汇聚

视图:RIP 路由配置视图。

命令:

auto-summary
no auto-summary

说明:RIP 路由自动汇聚,是指当子网路由穿越有类别网络边界时,将自动汇聚成有类别网络路由。RIPv2 缺省情况下将进行路由自动汇聚,RIPv1 不支持该功能。路由汇聚后,在路由表中将看不到包含在汇聚路由内的子路由,这样可以大大缩小路由表的规模。当然有些时候希望学到具体的子网路由,而不愿意只看到汇聚后的网络路由,这时需要用 no 选项关闭路由自动汇总功能。

在如图 7-9 所示的网络中,当整个网络使用 RIPv1 版本路由协议时,R2 路由器上生成的路由表如下:

```
R2(config)♯show ip route

Codes:  C - connected, S - static, R - RIP, B - BGP
        O - OSPF, IA - OSPF inter area
        N1 - OSPF NSSA external type 1, N2 - OSPF NSSA external type 2
        E1 - OSPF external type 1, E2 - OSPF external type 2
        i - IS-IS, su - IS-IS summary, L1 - IS-IS level-1, L2 - IS-IS level-2
        ia - IS-IS inter area, * - candidate default

Gateway of last resort is no set
R    10.0.0.0/8 [120/1] via 20.1.1.1, 00:00:43, Serial 3/0
C    20.1.1.0/24 is directly connected, Serial 3/0
C    20.1.1.2/32 is local host.
C    192.168.1.0/24 is directly connected, FastEthernet 0/0
C    192.168.1.1/32 is local host.
C    192.168.2.0/24 is directly connected, FastEthernet 0/1
C    192.168.2.1/32 is local host.
R2(config)♯
```

而当整个网络使用 RIPv2 版本路由协议并关闭路由自动汇集时,R2 路由器上生成的路由表如下:

```
R2(config-router)♯show ip route
```

通过路由协议实现企业总公司与分公司的联网

```
Codes:  C - connected, S - static, R - RIP, B - BGP
        O - OSPF, IA - OSPF inter area
        N1 - OSPF NSSA external type 1, N2 - OSPF NSSA external type 2
        E1 - OSPF external type 1, E2 - OSPF external type 2
        i - IS-IS, su - IS-IS summary, L1 - IS-IS level-1, L2 - IS-IS level-2
        ia - IS-IS inter area, * - candidate default
```

Gateway of last resort is no set
R   **10.1.1.0/24 [120/1] via 20.1.1.1, 00:02:35, Serial 3/0**
R   **10.2.2.0/24 [120/1] via 20.1.1.1, 00:02:35, Serial 3/0**
C   20.1.1.0/24 is directly connected, Serial 3/0
C   20.1.1.2/32 is local host.
C   192.168.1.0/24 is directly connected, FastEthernet 0/0
C   192.168.1.1/32 is local host.
C   192.168.2.0/24 is directly connected, FastEthernet 0/1
C   192.168.2.1/32 is local host.
R2(config-router)#

4)配置 RIP 路由进程通告的网络

视图:RIP 路由配置视图。

命令:

network *network-number*
no network *network-number*

参数:

network-number:路由器所要通告的直连网络的网络号,可以是某个接口的 IP 地址。

说明:该命令用来配置 RIP 路由进程要通告出去的网络,在使用的时候可以用接口的 IP 地址来代替网络号,因为锐捷路由器只按照自然网络的网络号(即 A,B,C 三类的标准网络号)来处理,所以输入 10.1.1.1 和输入 10.0.0.0 的效果是一样的。

例如:通告网络 192.168.1.0/24。

```
Ruijie(config)# router rip
Ruijie(config-router)# network 192.168.1.0
```

但在进行网络规划时,经常使用划分的子网,如 10.1.1.0/24 和 10.2.2.0/24。这是两个不同的网络,但是在 RIP 通告出去时,只会使用自然网络号 10.0.0.0/8。这时别的路由器只是学到自然网络号 10.0.0.0/8 的网络路由,如果需要按划分的子网通告的话,必须定义 RIP 的版本号为 2,并关闭自动汇聚。

例如:通告网络 10.1.1.0/24。

```
Ruijie(config)# router rip
Ruijie(config-router)# network10.1.1.0 0.0.0.255
```

此时用 show run 命令显示配置文件信息时可以看到显示为以下形式:

```
!
router rip
 version 2
```

```
network10.1.1.0 0.0.0.255
network 192.168.1.0
network 192.168.2.0
no auto - summary
!
```

5）显示 RIP 路由进程基本信息

视图：特权视图。

命令：

show ip rip

说明：使用该命令可以查看 RIP 路由协议进程的三个计时器、路由分发、路由重分发状态、接口 RIP 版本、RIP 接口与网络范围、metric 与 distance 等相关基本信息。

例如：显示 RIP 路由进程基本信息。

```
Ruijie# show ip rip
Routing Protocol is "rip"                              // 路由协议
    Sending updates every 30 seconds, next due in 15 seconds
    Invalid after 180 seconds, flushed after 120 seconds
    Outgoing update filter list for all interface is: not set
    Incoming update filter list for all interface is: not set
    Redistribution default metric is 1                 //重分布时默认量度
    Default version control: send version 2, receive version 2
    Redistributing:
      Interface              Send  Recv
      FastEthernet 0/0         2     2
      FastEthernet 0/1         2     2
      Serial 3/0               2     2
    Routing for Networks:                              //通告的网络列表
      20.1.1.0 255.255.255.0
      192.168.1.0 255.255.255.0
      192.168.2.0 255.255.255.0
    Distance: (default is 120)                         //默认管理距离(优先级)为 120

R2(config - router)#
```

7.2.3 任务三：利用 OSPF 动态路由实现总公司与分公司的网络互访

1. 任务描述

某公司有总公司和分公司两个不同区域的网络，每个区域的网络有多个不同的子网，为了实现两个区域不同子网间的互访，总公司和分公司分别采用一台路由器连接各自的子网，并实现子网之间的访问，总公司的路由器和分公司的路由器之间采用专线连接。要求对路由器配置 OSPF 动态路由实现两区域网络各个子网之间的相互访问。两路由器接口 IP 地址分配情况如表 7-4 所示。

通过路由协议实现企业总公司与分公司的联网

表 7-4　总公司和分公司两路由器接口 IP 地址分配表

路 由 器	接 口	IP 地址
总公司路由器 R1	S3/0	20.1.1.1/24
	F0/0	10.1.1.1/24
	F0/1	10.2.2.1/24
分公司路由器 R2	S3/0	20.1.1.2/24
	F0/0	192.168.1.1/24
	F0/1	192.168.2.1/24

2. 实验网络拓扑图

实验网络拓扑图如图 7-10 所示。

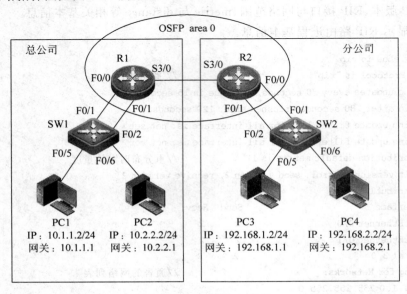

图 7-10　实验网络拓扑图

3. 设备配置

总公司路由器 R1 配置如下：

```
//配置路由器名称、接口 IP 地址
Ruijie(config)＃hostname R1
R1(config)＃interface s3/0
R1(config-if-Serial 3/0)＃ip address 20.1.1.1 255.255.255.0
R1(config-if-Serial 3/0)＃exit
R1(config)＃interface f0/0
R1(config-if-FastEthernet 0/0)＃ip address 10.1.1.1 255.255.255.0
R1(config-if-FastEthernet 0/0)＃exit
R1(config)＃interface f0/1
R1(config-if-FastEthernet 0/1)＃ip address 10.2.2.1 255.255.255.0
R1(config-if-FastEthernet 0/1)＃exit
//配置 OSPF 动态路由
R1(config)＃router ospf 1
R1(config-router)＃network20.1.1.0 0.0.0.255 area 0
```

```
R1(config - router)#network10.1.1.0 0.0.0.255 area 0
R1(config - router)#network10.2.2.0 0.0.0.255 area 0
R1(config - router)#exit
R1(config)#
```

分公司路由器 R2 配置如下：

```
//配置路由器名称、接口 IP 地址
Ruijie(config)#hostname R2
R2(config)# interface s3/0
R2(config - if - Serial 3/0)#ip address 20.1.1.2 255.255.255.0
R2(config - if - Serial 3/0)#exit
R2(config)# interface f0/0
R2(config - if - FastEthernet 0/0)#ip address 192.168.1.1 255.255.255.0
R2(config - if - FastEthernet 0/0)#exit
R2(config)# interface f0/1
R2(config - if - FastEthernet 0/1)#ip address 192.168.2.1 255.255.255.0
R2(config - if - FastEthernet 0/1)#exit
//配置 OSPF 动态路由
R2(config)#route ospf 1
R2(config - router)#network20.1.1.0 0.0.0.255 area 0
R2(config - router)#network 192.168.1.00.0.0.255 area 0
R2(config - router)#network 192.168.2.00.0.0.255 area 0
R2(config - router)#exit
R2(config)#
```

查看路由表：

1) R1 路由表

```
R1(config)#show ip route

Codes:  C - connected, S - static, R - RIP, B - BGP
        O - OSPF, IA - OSPF inter area
        N1 - OSPF NSSA external type 1, N2 - OSPF NSSA external type 2
        E1 - OSPF external type 1, E2 - OSPF external type 2
        i - IS - IS, su - IS - IS summary, L1 - IS - IS level - 1, L2 - IS - IS level - 2
        ia - IS - IS inter area, * - candidate default

Gateway of last resort is no set
C    10.1.1.0/24 is directly connected, FastEthernet 0/0
C    10.1.1.1/32 is local host.
C    10.2.2.0/24 is directly connected, FastEthernet 0/1
C    10.2.2.1/32 is local host.
C    20.1.1.0/24 is directly connected, Serial 3/0
C    20.1.1.1/32 is local host.
O    192.168.1.0/24 [110/51] via 20.1.1.2, 00:02:21, Serial 3/0
O    192.168.2.0/24 [110/51] via 20.1.1.2, 00:02:16, Serial 3/0
R1(config)#
```

通过路由协议实现企业总公司与分公司的联网

2）R2 路由表

R2(config) # show ip route

Codes: C - connected, S - static, R - RIP, B - BGP
        O - OSPF, IA - OSPF inter area
        N1 - OSPF NSSA external type 1, N2 - OSPF NSSA external type 2
        E1 - OSPF external type 1, E2 - OSPF external type 2
        i - IS-IS, su - IS-IS summary, L1 - IS-IS level-1, L2 - IS-IS level-2
        ia - IS-IS inter area, * - candidate default

Gateway of last resort is no set
O   **10.1.1.0/24 [110/51] via 20.1.1.1, 00:02:05, Serial 3/0**
O   **10.2.2.0/24 [110/51] via 20.1.1.1, 00:02:05, Serial 3/0**
C   20.1.1.0/24 is directly connected, Serial 3/0
C   20.1.1.2/32 is local host.
C   192.168.1.0/24 is directly connected, FastEthernet 0/0
C   192.168.1.1/32 is local host.
C   192.168.2.0/24 is directly connected, FastEthernet 0/1
C   192.168.2.1/32 is local host.
R2(config) #

4. 相关命令介绍
1）创建 OSPF 路由进程

视图：全局配置视图。

命令：

router ospf *process - id*
no router ospf *process - id*

参数：

process-id：OSPF 进程号，范围为 1～65 535。该值只在本地有效。

说明：在用该命令创建 OSPF 路由进程时，进程号是必需的。在同一使用 OSPF 路由协议的网络中，不同的路由器可以使用不同的进程号，进程号只在本地有效。一台路由器也可以启用多个 OSPF 进程，不同的进程之间互不影响，彼此独立，不同 OSPF 进程之间的路由交换相当于不同路由协议之间的路由交互。路由器的一个接口只能属于某一个 OSPF 进程。使用 no 选项可以关闭路由进程。

例如：创建 OSPF 路由进程，进程号为 10。

Ruijie(config) # router ospf 10

2）添加关联网络并指定区域

视图：OSPF 路由配置视图。

命令：

network *ip - address wildcard* area *area - id*

no network *ip - address wildcard* area *area - id*

参数：

ip-address：要关联的网络号，可以用路由器上相应的接口 IP 地址代替。

wildcard："反掩码"，即子网掩码的反码形式。例如子网掩码为 255.255.255.0，则对应的反掩码为 0.0.0.255。

area-id：OSPF 区域标识。用来标识指定的网络与哪一个 OSPF 区域关联。它可以是一个十进制数或用 IP 地址的点分十进制格式书写。

说明：当要在一个接口上运行 OSPF 路由协议时，必须将该接口所在的网络号或接口的主 IP 地址添加到关联网络中，并指定 OSPF 区域。如果定义的 OSPF 是一个单一区域，area-id 的值必须为 0，因为 OSPF 将区域 0 作为连接到所有其他 OSPF 区域的主干区域。如果存在不同的区域，则 area-id 值可以不同。使用 no 选项可以删除添加的关联网络。

例如：添加关联网络 192.168.1.0/24 到区域 0。

```
Ruijie(config) # router ospf1
Ruijie(config - router) # network 192.168.1.0 0.0.0.255 area 0
```

例如：添加关联网络 10.1.1.0/24 到区域 1.1.1.1。

```
Ruijie(config) # router ospf1
Ruijie(config - router) # network 10.1.1.0 0.0.0.255 area 1.1.1.1
```

3）配置 router-id

视图：OSPF 路由配置视图。

命令：

router - id *router - id*
no router - id

参数：

router-id：要设置的路由设备的 ID，以 IP 地址形式表示。缺省由 OSPF 路由进程选择接口 IP 地址最大的作为路由设备的 ID。

说明：router-id 在 OSPF 中，起到了一个表明身份的作用，不同的 router-id 表明了在一个 OSPF 进程中不同路由器的身份。一般如果不手工指定的话，会默认用 loopback 口来作为 router-id，因为 loopback 口非常稳定，不会受链路 up/down 的影响，如果 loopback 口没有地址，会用物理接口上最大的 IP 地址作为 router-id。可以配置任何一个 IP 地址作为该路由设备的 ID，但是每台路由设备的路由设备标识必须唯一。no 选项可以删除所设置的router-id，恢复使用缺省的 router-id。

例如：配置路由器的 router-id 为 0.0.0.1。

```
Ruijie(config) # router ospf 1
Ruijie(config - router) # router - id0.0.0.1
```

4）显示 OSPF 信息

视图：特权视图。

通过路由协议实现企业总公司与分公司的联网

命令：

show ip ospf[*process* - *id*]

参数：

process-id：OSPF 进程号，范围为 1~65 535。该值只在本地有效。

说明：应用该命令可以显示 OSPF 路由进程的运行信息概要。

例如：显示 OSPF 路由进程运行信息。

```
Ruijie(config)# show ip ospf 1
  Routing Process "ospf 1" with ID 192.168.2.1
  Process uptime is 9 minutes
  Process bound to VRF default
  Memory Overflow is enabled.
  Router is not in overflow state now.
  Conforms to RFC2328, and RFC1583Compatibility flag is enabled
  Supports only single TOS(TOS0) routes
  Supports opaque LSA
  Initial SPF schedule delay 1000 msecs
  Minimum hold time between two consecutive SPFs 5000 msecs
  Maximum wait time between two consecutive SPFs 10000 msecs
  LsaGroupPacing: 240 secs
  Number of incomming current DD exchange neighbors 0/5
  Number of outgoing current DD exchange neighbors 0/5
  Number of external LSA 0. Checksum 0x000000
  Number of opaque AS LSA 0. Checksum 0x000000
  Number of non - default external LSA 0
  External LSA database is unlimited.
  Number of LSA originated 1
  Number of LSA received 2
  Log Neighbor Adjency Changes : Enabled
  Number of areas attached to this router: 1: 1 normal 0 stub 0 nssa
      Area 0 (BACKBONE)
          Number of interfaces in this area is 3(3)
          Number of fully adjacent neighbors in this area is 1
          Area has no authentication
          SPF algorithm last executed 00:08:21.040 ago
          SPF algorithm executed 6 times
          Number of LSA 2. Checksum 0x013a60
Ruijie(config)#
```

7.2.4 任务四：利用路由重分布实现总公司与分公司的网络互访

1. 任务描述

某公司 A(总公司)合并了另外一个公司 B(分公司)，A 公司原网络采用了 OSPF 路由协议，B 公司原网络采用了 RIP 路由协议，现要求网络管理员通过路由重分布实现两个网络的合并。两路由器接口 IP 地址分配情况如表 7-5 所示。

表 7-5 A 公司和 B 公司两路由器接口 IP 地址分配表

路 由 器	接 口	IP 地 址
A 公司路由器 R1	S3/0	20.1.1.1/24
	F0/0	10.1.1.1/24
	F0/1	10.2.2.1/24
B 公司路由器 R2	S3/0	20.1.1.2/24
	F0/0	192.168.1.1/24
	F0/1	192.168.2.1/24

2. 实验网络拓扑图

实验网络拓扑图如图 7-11 所示。

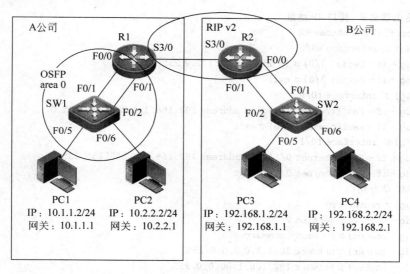

图 7-11 实验网络拓扑图

3. 设备配置

总公司路由器 R1 配置如下：

```
//配置路由器名称、接口 IP 地址
Ruijie(config)#hostname R1
R1(config)# interface s3/0
R1(config-if-Serial 3/0)#ip address 20.1.1.1 255.255.255.0
R1(config-if-Serial 3/0)#exit
R1(config)# interface f0/0
R1(config-if-FastEthernet 0/0)# ip address 10.1.1.1 255.255.255.0
R1(config-if-FastEthernet 0/0)#exit
R1(config)# interface f0/1
R1(config-if-FastEthernet 0/1)# ip address 10.2.2.1 255.255.255.0
R1(config-if-FastEthernet 0/1)#exit
//配置 OSPF 动态路由
R1(config)#router ospf 1
R1(config-router)#network10.1.1.0 0.0.0.255 area 0
R1(config-router)#network10.2.2.0 0.0.0.255 area 0
```

通过路由协议实现企业总公司与分公司的联网

168

```
R1(config - router) # exit
//配置 RIP 动态路由
R1(config) # router rip
R1(config - router) # version 2
R1(config - router) # no auto - summary
R1(config - router) # network20.1.1.0 0.0.0.255
R1(config - router) # exit
R1(config) #
//配置路由重分发
R1(config) # router rip
R1(config - router) # redistribute ospf 1
```

分公司路由器 R2 配置如下：

```
//配置路由器名称、接口 IP 地址
Ruijie(config) # hostname R2
R2(config) # interface s3/0
R2(config - if - Serial 3/0) # ip address 20.1.1.2 255.255.255.0
R2(config - if - Serial 3/0) # exit
R2(config) # interface f0/0
R2(config - if - FastEthernet 0/0) # ip address 192.168.1.1 255.255.255.0
R2(config - if - FastEthernet 0/0) # exit
R2(config) # interface f0/1
R2(config - if - FastEthernet 0/1) # ip address 192.168.2.1 255.255.255.0
R2(config - if - FastEthernet 0/1) # exit
//配置 RIP 动态路由
R2(config) # router rip
R2(config - router) # version 2
R2(config - router) # no auto - summary
R2(config - router) # network 20.1.1.0 0.0.0.255
R2(config - router) # network 192.168.1.00.0.0.255
R2(config - router) # network 192.168.2.00.0.0.255
R2(config - router) # exit
R2(config) #
```

查看路由：
路由重分发之前 R1 路由器的路由表如下：

```
R1(config) # show ip route

Codes:  C - connected, S - static, R - RIP, B - BGP
        O - OSPF, IA - OSPF inter area
        N1 - OSPF NSSA external type 1, N2 - OSPF NSSA external type 2
        E1 - OSPF external type 1, E2 - OSPF external type 2
        i - IS - IS, su - IS - IS summary, L1 - IS - IS level - 1, L2 - IS - IS level - 2
        ia - IS - IS inter area, * - candidate default

Gateway of last resort is no set
C    10.1.1.0/24 is directly connected, FastEthernet 0/0
C    10.1.1.1/32 is local host.
C    10.2.2.0/24 is directly connected, FastEthernet 0/1
```

```
C     10.2.2.1/32 is local host.
C     20.1.1.0/24 is directly connected, Serial 3/0
C     20.1.1.1/32 is local host.
R     192.168.1.0/24 [120/1] via 20.1.1.2, 00:04:59, Serial 3/0
R     192.168.2.0/24 [120/1] via 20.1.1.2, 00:04:54, Serial 3/0
R1(config)#
```

路由重分发之前 R2 路由器的路由表如下：

```
R2(config)#show ip route

Codes:  C - connected, S - static, R - RIP, B - BGP
        O - OSPF, IA - OSPF inter area
        N1 - OSPF NSSA external type 1, N2 - OSPF NSSA external type 2
        E1 - OSPF external type 1, E2 - OSPF external type 2
        i - IS-IS, su - IS-IS summary, L1 - IS-IS level-1, L2 - IS-IS level-2
        ia - IS-IS inter area, * - candidate default

Gateway of last resort is no set
C     20.1.1.0/24 is directly connected, Serial 3/0
C     20.1.1.2/32 is local host.
C     192.168.1.0/24 is directly connected, FastEthernet 0/0
C     192.168.1.1/32 is local host.
C     192.168.2.0/24 is directly connected, FastEthernet 0/1
C     192.168.2.1/32 is local host.
R2(config)#
```

4. 相关命令介绍

1) 路由重分发

视图：RIP 路由配置视图、OSPF 路由配置视图。

命令：

redistribute *protocol* [**metric** *value*] [subnets]
no redistribute *protocol* [**metric** *value*]

参数：

protocol：路由重分发的源路由协议，如 ospf、rip、connected、static、bgp。当为 ospf 时要带上相应的进程号。

value：重分发的路由的量度值。不配置时将使用 default-metric 命令设置的量度值。

subnets：在 OSPF 进程下配置重分发时使用的一个参数，用来支持无类别路由。

说明：该命令在 OSPF 路由配置视图和 RIP 路由配置视图都可以用，只是后面相应的参数会有一些区别。在 RIP 进程下使用，表示将命令中指定路由协议类型的路由重分发到 RIP 中，当重分发到 RIP 时，除了静态路由和直连路由外，其他重分发路由的默认量度值为无穷大，静态路由和直连路由的默认量度值为 1。当重分发到 OSPF 中时，除了静态路由和直连路由外，其他重分发路由的默认量度值为 20，默认量度值类型为 2，且默认不重分发子网，如果要重分发子网，需要加上 subnets 关键字。

例如：如图 7-12 所示的网络，在路由器 RA 上进行路由重分发，使得整个网络中所有的网段都能相互访问。

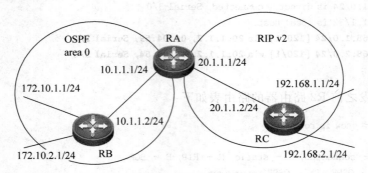

图7-12 路由重分布

在路由重分发之前各路由器的路由表如下：

1) RA 路由器路由表

RA(config)#show ip route

```
Codes:  C - connected, S - static, R - RIP, B - BGP
        O - OSPF, IA - OSPF inter area
        N1 - OSPF NSSA external type 1, N2 - OSPF NSSA external type 2
        E1 - OSPF external type 1, E2 - OSPF external type 2
        i - IS-IS, su - IS-IS summary, L1 - IS-IS level-1, L2 - IS-IS level-2
        ia - IS-IS inter area, * - candidate default


Gateway of last resort is no set
C    10.1.1.0/24 is directly connected, FastEthernet 0/0
C    10.1.1.1/32 is local host.
C    20.1.1.0/24 is directly connected, Serial 3/0
C    20.1.1.1/32 is local host.
O    172.10.1.0/24 [110/2] via 10.1.1.2, 00:04:58, FastEthernet 0/0
O    172.10.2.0/24 [110/2] via 10.1.1.2, 00:04:58, FastEthernet 0/0
R    192.168.1.0/24 [120/1] via 20.1.1.2, 01:49:34, Serial 3/0
R    192.168.2.0/24 [120/1] via 20.1.1.2, 01:49:29, Serial 3/0
RA(config)#
```

2) RB 路由器路由表

RB(config)#show ip route

```
Codes:  C - connected, S - static, R - RIP, B - BGP
        O - OSPF, IA - OSPF inter area
        N1 - OSPF NSSA external type 1, N2 - OSPF NSSA external type 2
        E1 - OSPF external type 1, E2 - OSPF external type 2
        i - IS-IS, su - IS-IS summary, L1 - IS-IS level-1, L2 - IS-IS level-2
        ia - IS-IS inter area, * - candidate default


Gateway of last resort is no set
C    10.1.1.0/24 is directly connected, FastEthernet 0/0
C    10.1.1.2/32 is local host.
```

```
C     172.10.1.0/24 is directly connected, FastEthernet 0/1
C     172.10.1.1/32 is local host.
C     172.10.2.0/24 is directly connected, FastEthernet 0/2
C     172.10.2.1/32 is local host.
RB(config)#
```

3）RC 路由器路由表

```
RC(config)# show ip route

Codes:  C - connected, S - static, R - RIP, B - BGP
        O - OSPF, IA - OSPF inter area
        N1 - OSPF NSSA external type 1, N2 - OSPF NSSA external type 2
        E1 - OSPF external type 1, E2 - OSPF external type 2
        i - IS-IS, su - IS-IS summary, L1 - IS-IS level-1, L2 - IS-IS level-2
        ia - IS-IS inter area, * - candidate default

Gateway of last resort is no set
C     20.1.1.0/24 is directly connected, Serial 3/0
C     20.1.1.2/32 is local host.
C     192.168.1.0/24 is directly connected, FastEthernet 0/0
C     192.168.1.1/32 is local host.
C     192.168.2.0/24 is directly connected, FastEthernet 0/1
C     192.168.2.1/32 is local host.
RC(config)#
```

从上面的路由器 RB 和路由器 RC 的路由表中可以看出，在重分发路由之前，RB 和 RC 都无法学习到对方的相关路由。

首先在路由器 RA 上配置下面的命令，将 OSPF 路由协议重分发到 RIP 进程中去。

```
RA(config)# router rip
RA(config-router)# redistribute ospf 1
RA(config-router)# exit
RA(config)#
```

此时再来查看路由器 RC 的路由表，可以发现多了三条 RIP 路由。

```
RC(config)# show ip route

Codes:  C - connected, S - static, R - RIP, B - BGP
O - OSPF, IA - OSPF inter area
        N1 - OSPF NSSA external type 1, N2 - OSPF NSSA external type 2
        E1 - OSPF external type 1, E2 - OSPF external type 2
        i - IS-IS, su - IS-IS summary, L1 - IS-IS level-1, L2 - IS-IS level-2
        ia - IS-IS inter area, * - candidate default

Gateway of last resort is no set
R     10.1.1.0/24 [120/1] via 20.1.1.1, 00:01:47, Serial 3/0
C     20.1.1.0/24 is directly connected, Serial 3/0
C     20.1.1.2/32 is local host.
R     172.10.1.0/24 [120/1] via 20.1.1.1, 00:01:47, Serial 3/0
R     172.10.2.0/24 [120/1] via 20.1.1.1, 00:01:47, Serial 3/0
```

通过路由协议实现企业总公司与分公司的联网

```
C    192.168.1.0/24 is directly connected, FastEthernet 0/0
C    192.168.1.1/32 is local host.
C    192.168.2.0/24 is directly connected, FastEthernet 0/1
C    192.168.2.1/32 is local host.
RC(config)#
```

而此时路由器 RB 的路由表情况并没有发生变化。

```
RB(config)# show ip route

Codes:  C - connected, S - static, R - RIP, B - BGP
        O - OSPF, IA - OSPF inter area
        N1 - OSPF NSSA external type 1, N2 - OSPF NSSA external type 2
        E1 - OSPF external type 1, E2 - OSPF external type 2
        i - IS-IS, su - IS-IS summary, L1 - IS-IS level-1, L2 - IS-IS level-2
        ia - IS-IS inter area, * - candidate default


Gateway of last resort is no set
C    10.1.1.0/24 is directly connected, FastEthernet 0/0
C    10.1.1.2/32 is local host.
C    172.10.1.0/24 is directly connected, FastEthernet 0/1
C    172.10.1.1/32 is local host.
C    172.10.2.0/24 is directly connected, FastEthernet 0/2
C    172.10.2.1/32 is local host.
RB(config)#
```

接下来在路由器 RA 上配置以下命令,将 RIP 路由重分发到 OSPF 进程中去。

```
RA(config)# router ospf 1
RA(config-router)# redistribute rip subnets
RA(config-router)# exit
RA(config)#
```

此时再来查看 RB 路由器的路由表时,会发现多了三条 OSPF 的 E2 类路由。

```
RB(config)# show ip route

Codes:  C - connected, S - static, R - RIP, B - BGP
        O - OSPF, IA - OSPF inter area
        N1 - OSPF NSSA external type 1, N2 - OSPF NSSA external type 2
        E1 - OSPF external type 1, E2 - OSPF external type 2
        i - IS-IS, su - IS-IS summary, L1 - IS-IS level-1, L2 - IS-IS level-2
        ia - IS-IS inter area, * - candidate default


Gateway of last resort is no set
C    10.1.1.0/24 is directly connected, FastEthernet 0/0
C    10.1.1.2/32 is local host.
O E2 20.1.1.0/24 [110/20] via 10.1.1.1, 00:00:08, FastEthernet 0/0
C    172.10.1.0/24 is directly connected, FastEthernet 0/1
C    172.10.1.1/32 is local host.
C    172.10.2.0/24 is directly connected, FastEthernet 0/2
C    172.10.2.1/32 is local host.
```

```
O E2 192.168.1.0/24 [110/20] via 10.1.1.1, 00:00:08, FastEthernet 0/0
O E2 192.168.2.0/24 [110/20] via 10.1.1.1, 00:00:08, FastEthernet 0/0
RB(config)#
```

上面路由器 RA 和路由器 RB 中路由表的变化就是路由重分发的结果。

7.3 拓 展 知 识

7.3.1 路由环路

RIP 是一种基于距离矢量算法的路由协议,由于它向邻居通告的是自己的路由表,存在发生路由环路的可能性。由于网络故障可能会引起路径与实际网络拓扑结构不一致而导致网络不能迅速收敛,这时,可能会发生路由环路现象。为了提高性能,防止产生路由环路,RIP 支持水平分割与路由中毒,并在路由中毒时采用触发更新。另外,RIP 允许引入其他路由协议所得到的路由。

图 7-13   网络拓扑

以图 7-13 的网络拓扑结构为例,当路由器 A 一侧的 X 网络发生故障时,路由器 A 收到故障信息,并把 X 网络设置为不可达,等待更新周期来通知相邻的路由器 B。但是,如果相邻的路由器 B 的更新周期先来了,则路由器 A 将从路由器 B 那学习到达 X 网络的路由,就是错误路由,因为此时的 X 网络已经损坏,而路由器 A 却在自己的路由表内增加了一条经过路由器 B 到达 X 网络的路由。然后路由器 A 还会继续把该错误路由通告给路由器 B,路由器 B 更新路由表,认为到达 X 网络须经过路由器 A,然后继续通知相邻的路由器,至此路由环路形成,路由器 A 认为到达 X 网络经过路由器 B,而 B 则认为到达 X 网络经过路由器 A。

下面就来分析一下该现象的产生原因与过程。

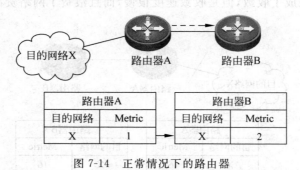

图 7-14   正常情况下的路由器

在正常情况下,如图 7-14 所示,对于目的网络 X,路由器 A 中相应路由的 Metric 值为 1,路由器 B 中相应路由的 Metric 值为 2。当目标网络与路由器 A 之间的链路发生故障而

通过路由协议实现企业总公司与分公司的联网

断掉以后,如图 7-15 所示。

路由器A	
目的网络	Metric
X	16

路由器B	
目的网络	Metric
X	2

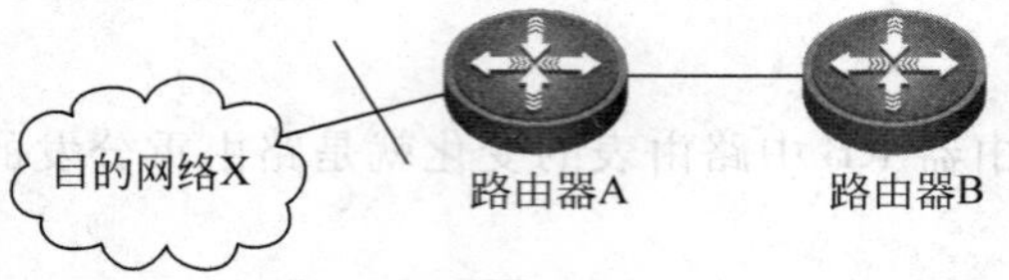

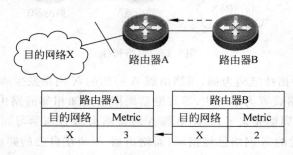

图 7-15　目标网络与路由器 A 之间的链路断掉

路由器 A 会将针对目的网络 X 的路由表项的 Metric 值置为 16,即标记为目标网络不可达,并准备在每 30s 进行一次的路由表更新中发送出去,如果在这条信息还未发出的时候,路由器 A 收到了来自 B 的路由更新报文,而 B 中包含着关于 X 的 Metric 为 2 的路由信息,根据前面提到的路由更新方法,路由器 A 会错误地认为有一条通过路由器 B 的路径可以到达目标网络 X,从而更新其路由表,将对于目的网络 X 的路由表项的 Metric 值由 16 改为 3,如图 7-16 所示,而对应的端口变为与路由器 B 相连的端口。

路由器A	
目的网络	Metric
X	3

路由器B	
目的网络	Metric
X	2

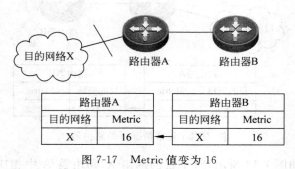

图 7-16　改变对目的网络 X 的路由表项的 Metric 值

很明显,A 会将该条信息发给 B,B 将无条件更新其路由表,将 Metric 改为 4;该条信息又从 B 发向 A,A 将 Metric 改为 5……最后双发的路由表关于目的网络 X 的 Metric 值都变为 16,如图 7-17 所示。此时,才真正得到了正确的路由信息。这种现象称为"计数到无穷大"现象,虽然最终完成了收敛,但是收敛速度很慢,而且浪费了网络资源来发送这些循环的分组。

路由器A	
目的网络	Metric
X	16

路由器B	
目的网络	Metric
X	16

图 7-17　Metric 值变为 16

7.3.2 路由环路的解决方法

1. 定义一个最大值

如上所述,路由环路形成时,路由器 A 和 B 相互不断更新到 X 网络的路由表时,跳数不断增加,网络一直无法收敛。所以给跳数定义一个最大值,当跳数达到这个最大值时,则 X 网络被认为是不可达的。但是定义最大值不能避免环路产生,而且最大跳数不能定义太大,不然会耗费大量时间进行收敛,也不能定义太小,如果太小则只局限于一个小型的网络中。

2. 水平分割

看看路由环路产生的原因,A 从 B 那收到到达 X 网络的路由信息,接着又把该信息发给 B 网络,从而引起相互不断的更新,而水平分割就是不允许路由器将路由更新信息再次传回传出该路由信息的端口,即 A 从 B 收到路由信息后,A 不能把该信息再次回传给 B,这就在一定程度上避免了环路的产生。

水平分割保证路由器记住每一条路由信息的来源,并且不在收到这条信息的接口上再次发送它。这是保证不产生路由环路最基本的措施。锐捷路由器的接口上默认地启用水平分割。

3. 路由中毒和抑制时间

这两者结合起来可以在一定程度上避免路由环路的产生,并且抑制复位接口引起的网络振荡。路由中毒即在网络故障或接口复位时,让相应的路由项中毒,即将路由项的量度值设为无穷大,表示该路由项已经失效,一般在这个时候都会同时启动抑制时间。所谓抑制指的是,当某条路由被认为失效后,路由器会让这条路由保持 down 状态一段时间(180s),以确保每台路由器都学到了这些信息。在抑制期间这条失效路由不接收任何信息,除非信息是从原始通告这条路由的路由器发来的。举个例子,例如上面的 X 网络出现故障,则路由器 A 到 X 网络的路由表的量度值会被设置为最大,表示 X 网络已经不可达,并启动抑制时间。如果在抑制时间结束前,在 X 网络侧接收到到达 X 网络的路由,则更新路由项,因为此时的 X 网络故障已经排除,并且删除抑制时间。如果从路由器 B 或由其他的路由器 C 接收到到达 X 网络的路由,并且新的量度值比旧的好,则更新路由项,删除抑制时间,因为此时可能有另一条不经过 A 但可以到达 X 网络侧的路由器的路径。但是如果量度值没有以前的好,则不进行更新。

4. 触发更新

回顾下路由环路产生的原因,路由器 A 接收到 X 网络故障信息后,等待更新周期的到来后再通知路由器 B,结果 B 的更新周期提早到来,结果掩盖了 X 网络的故障信息,从而形成环路。触发更新的机制正是用来解决这个问题的,在收到故障信息后,不等待更新周期的到来,立即发送路由更新信息。但是还是有个问题,如果在触发更新刚要启动时却收到了来自 B 的更新信息,就会进行错误的更新。可以将抑制时间和触发更新相结合,当收到故障信息后,立即启动抑制时间,在这段时间内,不会轻易接收路由更新信息,这个机制就可以确保触发信息有足够的时间在网络中传播。

7.3.3 路由黑洞

黑洞路由,便是将所有无关路由吸入其中,使它们有来无回的路由,一般是 admin 主动

通过路由协议实现企业总公司与分公司的联网

建立的路由条目。黑洞路由最大的好处是充分利用了路由器的包转发能力,对系统负载影响非常小。在路由器中配置路由黑洞完全是出于安全因素,设有黑洞的路由会默默地抛弃掉数据包而不指明原因。一个黑洞路由器是指一个不支持 PMTU 且被配置为不发送"Destination Unreachable——目的不可达"回应消息的路由器。

7.3.4 有类别路由协议与无类别路由协议

有类路由协议和无类路由协议的本质区别就是在发送路由更新时是否发送子网掩码。有路由类协议在传递路由更新时不带子网掩码,而无类路由协议在传递路由更新时带有子网掩码,即支持 VLSM(可变长子网掩码)。有类路由协议包括:RIPv1、IGRP;无类路由协议包括:RIPv2、OSPF、EIGRP、ISIS 等。

7.3.5 浮动静态路由

浮动静态路由跟其他路由有些不同,它是作为正常链路的备份路由存在的,在正常情况下,浮动静态路由在路由表中是不显示的。只有在正常链路出现故障时,它才会在路由表中出现。

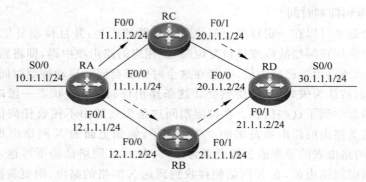

图 7-18 浮动静态路由

例如如图 7-18 所示的网络中,路由器 RA 去往路由器 RD 的 30.1.1.0/24 网络有两条路径,假设其首选的路径为 RA-RC-RD,而另一路径 RA-RB-RD 作为备份链路来使用。当首选链路出现问题时,数据可以通过备份链路到达目的网络。此时就需要在 RA 路由器上配置浮动静态路由。

路由器 RA 上的具体配置如下:

```
RA(config)# ip route 20.1.1.0 255.255.255.0 11.1.1.2
RA(config)# ip route 21.1.1.0 255.255.255.0 12.1.1.2
RA(config)# ip route 30.1.1.0 255.255.255.0 11.1.1.2
RA(config)# ip route 30.1.1.0 255.255.255.0 12.1.1.2  20
```

从上面的配置命令中可以看出,第三条静态路由是正常的首选路径,而最后一条为从备份链路去往目的网络的路由,这条路由跟上面一条相比,最后多了一个数字 20,这个数字为路由的管理距离,也即路由的优先级。路由的管理距离数值越小,则路由的优先级就越高,指向下一跳地址的静态路由的管理距离默认为 1,所以,上面第三条路由的优先级要高于最后一条。所以当首选链路 RA-RC-RD 正常的情况下,在路由表中是看不到最后一条路由的。只有在首选链路出现故障断开时，才会在路由表中看到后面一条路由。这就是浮动静态路由，简单地说就是通过路由的优先级来实现路由的备份。

7.3.6 华为的相关命令

1. 显示路由表摘要信息

视图：任意视图。

命令：

display ip routing - table

说明：display ip routing-table 命令用来查看路由表的摘要信息。该命令以摘要形式显示路由表信息，每一行代表一条路由，内容包括：目的地址/掩码长度、协议、优先级、度量值、下一跳、输出接口。使用 display ip routing-table 命令仅能查看到当前被使用的路由，即最佳路由。

例如：

```
< RT2 > disp ip routing - table
 Routing Table: public net
Destination/Mask    Protocol Pre  Cost        Nexthop        Interface
10.1.1.0/24         DIRECT   0    0           10.1.1.2       Serial0/0
10.1.1.1/32         DIRECT   0    0           10.1.1.1       Serial0/0
10.1.1.2/32         DIRECT   0    0           127.0.0.1      InLoopBack0
20.1.1.0/24         DIRECT   0    0           20.1.1.1       Ethernet0/0.1
20.1.1.1/32         DIRECT   0    0           127.0.0.1      InLoopBack0
20.2.2.0/24         DIRECT   0    0           20.2.2.1       Ethernet0/0.2
20.2.2.1/32         DIRECT   0    0           127.0.0.1      InLoopBack0
127.0.0.0/8         DIRECT   0    0           127.0.0.1      InLoopBack0
127.0.0.1/32        DIRECT   0    0           127.0.0.1      InLoopBack0
192.168.1.0/24      STATIC   60   0           10.1.1.1       Serial0/0
192.168.2.0/24      STATIC   60   0           10.1.1.1       Serial0/0
```

2. 配置静态路由

视图：系统视图。

命令：

ip route - static *ip - address* { *mask* | *mask - length* } [*interface - type interface - number*] [*nexthop - address*] [**preference** *preference - value*]

参数：

ip-address：目的 IP 地址，用点分十进制格式表示。

mask：掩码。

mask-length：掩码长度。由于要求 32 位掩码中的 1 必须是连续的，因此点分十进制格式的掩码也可以用掩码长度 *mask-length* 来代替（掩码长度是掩码中连续 1 的位数）。

interface-type interface-number：指定该静态路由的接口类型及接口号。

nexthop-address：指定该静态路由的下一跳 IP 地址（点分十进制格式）。

preference-value：为该静态路由的优先级别，范围为 1～255。

说明：到同一目的地址、下一跳相同、preference 不同的两条静态路由是两条完全不同的路由，系统会优先选择 preference 值小(即优先级较高)的作为当前路由。undo ip route-static 命令可以删除到同一目的地址、下一跳相同的所有静态路由，而 undo ip route-static preference 命令可以删除指定 preference 的静态路由。缺省情况下，系统可以获取到与路由器直连的子网路由。在配置静态路由时如果不指定优先级，则缺省为 60。

3. 启用 RIP

视图：系统视图。

命令：

```
rip
undo rip
```

说明：rip 命令用来启动 RIP 的运行并进入其视图，undo rip 命令用来停止 RIP 的运行。缺省情况下，系统不运行 RIP。必须先启动 RIP，才能进入 RIP 视图，才能配置 RIP 的各种全局性参数，而配置与接口相关的参数则不受是否已经启动 RIP 的限制。

注意：undo rip 命令在系统视图及接口视图下都可以执行，均会导致与 rip 相关的所有命令被删掉。

4. 将网络添加到 RIP 协议路由中

视图：RIP 协议视图。

命令：

```
network network-address
undo network network-address
```

参数：

network-address：使能或不使能的网络的地址，其取值可以为各个接口的 IP 网络地址。

说明：network 命令用来使能 RIP 接口，undo network 命令用来禁用 RIP 接口。缺省情况下，禁用所有 RIP 接口。启动 RIP 路由进程后，RIP 路由进程缺省在所有的接口禁用。为了在某一接口上使能 RIP 路由则必须使用 newtork 命令。

undo network 命令与接口的 undo rip work 命令功能相近，但它们并不完全相同。相同点在于，使用任一命令都可使相应的接口不再收发 RIP 路由。区别在于：执行了 undo rip work 命令的情况下，其他接口对使用该命令的接口的路由仍然转发；而执行 undo network 命令，相当于在接口执行 undo rip work，而且相应的接口路由不能被 RIP 传播出去，导致到该接口的报文不能被转发。

当对某一地址使用命令 network 时，效果是使能该地址的网段的接口。例如：network 129.102.1.1，用 display current-configuration 和 display rip 命令看到的均是 network 129.102.0.0。

对于 AR 28 系列路由器 *network-address* 可以配置为 0.0.0.0，表示使能所有网段。

5. 设置 RIP 版本

视图：接口视图。

命令：

```
rip version{ 1| { 2 [ broadcast /multicast ] } }
```

```
undo rip version
```

参数：

1：接口版本为 RIPv1。

2：接口版本为 RIPv2。缺省情况下,采用多播方式。

broadcast：RIPv2 报文的发送方式为广播方式。

multicast：RIPv2 报文的发送方式为多播方式。

说明：rip version 命令用来指定接口上 RIP 报文的版本,undo rip version 命令用来恢复接口上 RIP 报文版本的缺省值。缺省情况下,接口 RIP 版本是 RIPv1。

RIPv2 有两种传送方式：广播方式和组播方式,缺省采用组播方式发送报文。RIPv2 中的组播地址为 224.0.0.9。组播发送报文的好处是在同一网络中那些没有运行 RIP 的主机可以避免接收 RIP 的广播报文；另外,还可以使运行 RIPv1 的主机避免错误地接收和处理 RIPv2 中带有子网掩码的路由。

当指定接口版本为 RIPv1 时,只接收 RIPv1 与 RIPv2 广播报文,不接收 RIPv2 多播报文。当指定接口运行在 RIPv2 广播方式时,只接收 RIPv1 与 RIPv2 广播报文,不接收 RIPv2 多播报文；当指定接口运行在 RIPv2 多播方式时,只接收 RIPv2 多播报文,不接收 RIPv1 与 RIPv2 广播报文。

6. 路由汇聚

命令：

```
summary
undo summary
```

说明：summary 命令用来激活 RIPv2 自动路由聚合功能,undo summary 命令用来关闭 RIPv2 的路由聚合功能。缺省情况下,激活 RIPv2 的路由聚合功能。为了减少网络上的路由流量,减小路由表的大小,可以对路由进行聚合操作。如果使用 RIPv2,当需要将子网路由广播出去时,可以通过 undo summary 命令关闭路由聚合功能。RIPv1 不支持子网掩码,如果转发子网路由有可能会引起歧义。所以,RIPv1 始终启用路由聚合功能。undo summary 命令对 RIPv1 不起作用。

7. 设置路由器 ID

视图：系统视图。

命令：

```
router idrouter - id
undo router id
```

参数：

router-id：路由器 ID 号,点分十进制形式。

说明：router id 命令用来设置运行 OSPF 协议的路由器 ID 号,undo router id 命令用来删除已设置的路由器 ID 号。缺省情况下,没有配置路由器 ID 号时。在 OSPF 协议中,路由器 ID 号是一个 32 比特无符号整数,是一台路由器在 OSPF 自治系统中的唯一标识。OSPF 协议能够正常运行的前提条件是该路由器已经存在一个 Router ID。如果用户没有指定路由器 ID 号,若系统当前配置了 Loopback 接口 IP 地址,则选择最后配置的 Loopback 接口的 IP 地址作为 Router ID;若系统当前没有配置 Loopback 接口,则选取第一个配置并 UP 的物理接口的 IP 地址作为 Router ID。

若路由器的所有接口都未配置 IP 地址,则必须在系统视图下配置路由器 ID 号,否则 OSPF 无法运行。在手工设置路由器 ID 号时,必须保证自治系统中任意两台路由器 ID 号 都不相同。为此,通常选择 Loopback 接口的 IP 地址作为本机 ID 号,因为该接口永远 UP (除非手工 shutdown)。

8. 启用 OSPF

视图:系统视图。

命令:

ospf[*process - id*]
undo ospf[*process-id*]

参数:

process-id:OSPF 进程号,取值范围为 1~65 535。如果不指定进程号,将使用缺省进程号 1。

说明:ospf 命令用来启动 OSPF 进程,undo ospf 命令用来关闭 OSPF 进程。缺省情况下,系统不运行 OSPF 协议。通过指定不同的进程号,可以在一台路由器上运行多个 OSPF 进程。一台路由器如果要运行 OSPF 协议,必须首先在全局配置模式下启动该协议。

9. 配置 OSPF 区域

视图:OSPF 视图。

命令:

area *area-id*
undo area *area-id*

参数:

area-id:区域的标识,可以是十进制整数(取值范围为 0~4 294 967 295)或 IP 地址格式。

说明:area 命令用来进入 OSPF 区域视图。undo area 用来删除指定区域。

10. 指定运行 OSPF 的接口

视图:OSPF 区域视图。

命令:

network *ip-address wildcard*
undo network *ip-address wildcard*

参数:

ip-address:接口所在网段地址。

wildcard:为 IP 地址通配符屏蔽字(反掩码),类似于 IP 地址的掩码取反之后的形式。但是配置时,可以按照 IP 地址掩码的形式配置,系统会自动将其取反。

说明:network 命令用来指定运行 OSPF 的接口,undo network 命令用来取消运行 OSPF 的接口。缺省情况下,接口不属于任何区域。为了在一个接口上运行 OSPF 协议,必须使该接口的主 IP 地址落入该命令指定的网段范围。如果只有接口的从 IP 地址落入该命令指定的网段范围,则该接口不会运行 OSPF 协议。

11. 在 RIP 中重分发其他路由协议路由

视图:RIP 视图。

命令:

import - route *protocol* [**allow - ibgp**] [cost *value*] [route - policy *route - policy - name*]
undo import - route *protocol*

参数:

protocol:可引入的源路由协议,目前 RIP 可引入的路由包括:direct、ospf、ospf-ase、ospf-nssa、static、bgp 和 isis。

allow-ibgp:当 *protocol* 为 BGP 时,allow-ibgp 为可选关键字。import-route bgp 表示只引入 EBGP 路由。import-route bgp allow-ibgp 表示将 IBGP 路由也引入,该配置危险,请慎用!

cost *value*:所要引入的路由权值。取值范围为 1~16,缺省为 1。

route-policy*route-policy-name*:只有满足指定 Route-policy 的匹配条件的路由才被引入。

说明:import-route 命令用来在 RIP 中引入其他协议的路由,undo import-route 命令用来取消已经引入的相应协议的路由。缺省情况下,RIP 不引入其他路由。import-route 命令用于以一定的 *value* 值引入其他协议的路由。RIP 将引入的路由视同自己的路由并以指定的 *value* 一同发送。此命令能大大地提高 RIP 获取路由的能力,从而提高 RIP 的性能。如果不指定 cost *value*,则按缺省路由权(default cost)引入,取值范围为 1~16,如果大于或等于 16,表示为不可达路由,在 120s 之后不再发送。

例如:引入 static 路由,cost 值为 4。

[Quidway - rip] import - route static cost 4

例如:设定缺省路由权,并以缺省路由权引入 OSPF 路由。

[Quidway - rip] default cost 3
[Quidway - rip] import - route ospf

12. 在 OSPF 中重分发其他路由协议路由

视图:OSPF 视图。

命令:

import - route *protocol* [**allow - ibgp**] [cost *value*] [**type** *value*] [**tag** *value*] [**route - policy** *route - policy - name*]
undo import - route *protocol*

参数:

protocol:可引入的源路由协议,目前可为 direct、bgp、static、rip、isis、ospf、ospf-ase、ospf-nssa。

ospf *process-id*:只引入 OSPF 进程 *process-id* 发现的内部路由作为外部路由信息。若未指定进程号,则采用 OSPF 的缺省进程号 1。

ospf-ase *process-id*:只引入 OSPF 进程 *process-id* 发现 ASE 外部路由作为外部路由信息。若未指定进程号,则采用 OSPF 的缺省进程号 1。

ospf-nssa *process-id*:只引入 OSPF 进程 *process-id* 发现 NSSA 外部路由作为外部路由信息。若未指定进程号,则采用 OSPF 的缺省进程号 1。

allow-ibgp:当 *protocol* 为 BGP 时,allow-ibgp 为可选关键字。import-route bgp 表示只引入 EBGP 路由,import-route bgp allow-ibgp 表示将 IBGP 路由也引入,该配置危险,请慎用!

cost *value*:引入路由的 cost 值。缺省情况下,cost 为 1。

type *value*:指定 OSPF 在引入其他协议路由时的路由类型,*value* 的取值为 1 或 2。type 1 为一类外部路由,type 2 为二类外部路由,缺省为 type 2。

tag *value*:对引入的外部路由设定标记。缺省情况下,tag 为 1。

route-policy *route-policy-name*:只有满足指定 Route-policy 的匹配条件的路由才被引入。

说明:import-route 命令用来引入外部路由信息,undo import-route 命令用来取消对外部路由信息的引入。如果引入类型为 1 的外部路由,则在路由表中,Metric 值为本路由器到达广播此条外部路由的路由器的 Metric 值加上引入时使用的 cost 值。如果引入类型 2 的外部路由,则路由表中的 Metric 值就是引入时设的 cost 值。此命令不是累加形式,cost、type、tag 等参数应在同一条命令中一次设定,否则后配置的命令会覆盖先配置的命令。缺省情况下,不引入其他协议的路由信息。

例如:指定引入 RIP 路由为第二类路由,路由标记为 33,路由花费值为 50。

[Quidway - ospf - 1] import - route rip type 2 tag 33 cost 50

例如:OSPF 进程 100 引入 OSPF 进程 160 发现的路由。

[Quidway - ospf - 100] import - route ospf 160

7.4 项 目 实 训

公司原有两个独立的网络,一个网络采用了 OSPF 动态路由协议,另一个采用了 RIP 路由协议,现通过新添加的路由器 RA 将两个网络合并起来,如图 7-19 所示,并由路由器 RA 作为 Internet 的出口跟 ISP 连接,完成设置并进行相关的网络测试。

设备接口地址分配表如表 7-6 所示。

表 7-6 设备接口地址分配表

设 备 名 称	接　口	IP 地址	说　明
路由器 RD	S3/0	30.1.1.1/24	模拟 ISP 的接入端
路由器 RA	S3/0	30.1.1.2/24	
	F0/0	10.1.1.1/24	
	F0/1	11.1.1.1/24	

设 备 名 称	接 口	IP 地 址	说 明
路由器 RB	F0/0	10.1.1.2/24	
	S3/0	12.1.1.1/24	
	F0/1	172.16.1.1/24	
	F0/2	172.16.2.1/24	
路由器 RC	F0/0	11.1.1.2/24	
	S3/0	12.1.1.2/24	
	F0/1.1	192.168.1.1/24	
	F0/1.2	192.168.2.1/24	
PC1		172.16.1.2/24	网关: 172.16.1.1
PC2		172.16.2.2/24	网关: 172.16.2.1
PC3		192.168.1.2/24	网关: 192.168.1.1
PC4		192.168.2.2/24	网关: 192.168.2.1

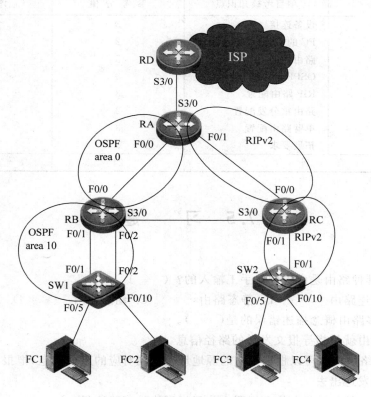

图 7-19 路由器 RA 将两上网络合并

基本要求:

(1) 正确选择设备并使用线缆连接。

(2) 正确给各路由器的相关接口配置 IP 地址。

(3) 正确配置各 PC 的 IP 地址、子网掩码和网关等参数。

(4) 在路由器 RA 的 F0/0 口上创建 OSPF 路由进程,区域号为 0;在 F0/1 口上创建

RIPv2 路由进程；并在 OSPF 和 RIP 之间进行双向的路由重分发；配置缺省路由指向路由器 RD。

(5) 在路由器 RB 的 FO/0 口上创建 OSPF 路由进程，区域号为 0；在 F0/1 和 F0/2 口上创建 OSPF 路由进程，区域号为 10。

(6) 在路由器 RC 的 F0/0 和 F0/1 口上创建 RIPv2 路由进程；在 F0/1 口上配置单臂路由。

(7) 用 ping 命令在各 PC 上相互测试全网是否能相互访问。

拓展要求：

在路由器 RB 和 RC 上配置浮动静态路由，将 RB 的接口 S3/0 和 RC 的接口 S3/0 之间的链路配置成 RC 访问 RD 的备份路由链路。同时要保证在启用备份链路的情况下全网仍能相互访问。

项目 7 考核表如表 7-7 所示。

表 7-7 项目 7 考核表

序　号	项目考核知识点	参 考 分 值	评　价
1	设备连接	3	
2	PC 的 IP 地址配置	2	
3	路由器的 IP 地址配置	5	
4	OSPF 路由配置	3	
5	RIP 路由配置	3	
6	路由重分发配置	2	
7	单臂路由配置	3	
8	拓展要求	3	
合　计		24	

7.5 习　题

1. 选择题

(1) 下面哪种路由是由管理员手工输入的？(　　)

　　A. 直连路由　　　　　B. 静态路由　　　　C. 动态路由　　　　D. RIP 路由

(2) 下面多路由概念描述错误的是(　　)。

　　A. 路由就是指导报文发送的路径信息

　　B. 网络层协议可以根据报文的源地址查找到对应的路由信息，把报文按正确的途径发送出去

　　C. 路由器上的路由信息标明去往目标网络的正确途径

　　D. 路由信息在路由器里面以路由表的形式存在

(3) 路由器性能的主要决定因素是(　　)。

　　A. 路由算法的效率　　　　　　　　　　B. 路由协议的效率

　　C. 路由地址复用的程度　　　　　　　　D. 网络安全技术的提高

(4) 关于路由器，下列说法中错误的是(　　)。

　　A. 路由器可以隔离子网，抑制广播风暴

B. 路由器可以实现网络地址转换

C. 路由器可以提供可靠性不同的多条路由选择

D. 路由器只能实现点对点的传输

(5) 在路由器上设置了以下三条路由：

```
ip route0.0.0.0 0.0.0.0 192.168.10.1
ip route10.10.10.0 255.255.255.0 192.168.11.1
ip route10.10.0.0 255.255.0.0 192.168.12.1
```

请问当这台路由器收到源地址为 10.10.10.1 的数据包时，它应该被转发给哪个下一跳地址？（　　）

  A. 192.168.10.1 B. 192.168.11.1 C. 192.168.12.1 D. 丢弃该数据包

(6) 当要查看路由器上的路由表时可以使用下面哪条命令？（　　）

A. ip route   B. show ip table

C. show ip route   D. show route table

(7) 下面哪一项不会在路由表中出现？（　　）

A. 路由类型标识   B. 网络号和子网掩码长度

C. 下一跳 IP 地址   D. MAC 地址

(8) 在锐捷的路由器中，不同路由协议的路由优先级为（　　）。

A. 直连路由＞静态路由＞OSPF 路由＞ RIP 路由

B. 直连路由＞ OSPF 路由＞ RIP 路由＞静态路由

C. 直连路由＞静态路由＞ RIP 路由＞OSPF 路由

D. 直连路由＞ RIP 路由＞OSPF 路由＞静态路由

(9) 下面对 RIP 路由协议描述错误的是（　　）。

A. RIP 是一种典型的距离矢量路由协议

B. RIP 使用跳数来衡量到达目的网络的距离，当超过 15 时就认为目的网络不可达

C. RIPv2 支持变长子网掩码，而 RIPv1 不支持

D. 当接口运行在 RIPv2 广播方式时，只接收与发送 RIPv2 广播报文

(10) 下面对 OSPF 路由协议描述错误的是（　　）。

A. OSPF 路由信息不受物理跳数的限制

B. OSPF 在描述路由时携带网段的掩码信息，支持变长子网掩码

C. OSPF 只适用于规模较小的网络

D. OSPF 是一种典型的链路状态路由协议

2. 简答题

(1) 路由的类型有哪些？

(2) 静态路由和动态路由的区别有哪些？

(3) 路由表中包含哪些信息？

(4) 什么是路由环路？防止路由环路的技术有哪些？

(5) 什么是路由重分发？

(6) RIP 路由协议和 OSPF 路由协议的主要区别有哪些？

项目 8 | 在企业总公司与分公司之间
进行广域网协议封装

1. 项目描述

企业总公司在上海，分公司在天津，总公司与分公司之间通过申请的一条广域网专线进行连接。作为企业的网络管理员，你需要了解企业现有路由器对广域网协议的支持情况并进行相应的配置。

2. 项目目标

- 了解广域网接入技术；
- 了解广域网中的数据链路层协议；
- 了解 PPP 的工作过程；
- 理解 PAP 和 CHAP 验证；
- 掌握 PPP 的配置；
- 掌握 PAP 和 CHAP 验证配置。

8.1 预 备 知 识

8.1.1 广域网

广域网（WAN）是一种用来实现不同地区的局域网或城域网的互联，可提供不同地区、城市和国家之间的计算机通信的远程计算机网。广域网通常由广域网服务提供商建设，用户租用服务，来实现企业内部网络与其他外部网络的连接及远程用户的连接（如图 8-1 所示）。对于一般的企业用户来讲，主要涉及的是广域网的接入问题。

企业要访问 Internet 或与远程分支机构实现互联，必须借助于广域网的技术手段。企业接入广域网通常采用路由器，常用的接入方式有 PSTN、X.25、帧中继、DDN、ISDN 以及 ATM 等。选择何种广域网接入，首先需要了解广域网连接类型和数据传输方式。图 8-2 描述了广域网的几种数据传输方式。

1. 专线连接

专线连接即租用一条专用线路连接两个设备。这条连接被两个连接设备所独占，是一种比较常见的广域网连接方式，如图 8-3 所示，这种连接形式简单，是点到点的直接连接，所以也称为点到点的连接。这种连接的特点是比较稳定，但线路利用率较低，即使在线路空闲的时候，别的用户也不能使用该线路。常见的点到点连接的主要形式有 DDN 专线、E1 线路等。这种点到点连接的线路上数据链路层的封装协议主要有两种：PPP 和 HDLC。

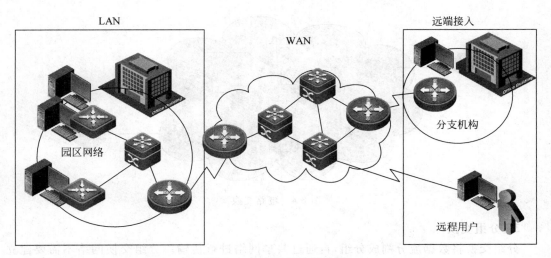

图 8-1 广域网(WAN)位置

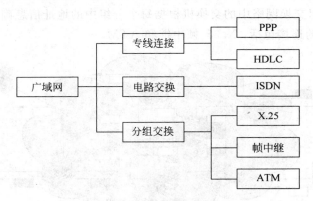

图 8-2 广域网数据传输方式

图 8-3 专线(点到点)连接示意图

2. 电路交换

电路交换是一种广域网的数据交换方式(传输方式),该方式在每次数据传输前先要建立(例如通过拨号等方式)一条从发生端到接收端的物理线路(如图 8-4 所示),供通信双方使用,在通信的全部时间里,一直占用着这条线路,双方通信结束后才会拆除通信线路。电路交换被广泛使用于电话网络中,其操作方式类似于普通的电话呼叫。PSTN(公共电话交换网)和 ISDN(综合业务数字网)就是典型的电路交换。

在企业总公司与分公司之间进行广域网协议封装

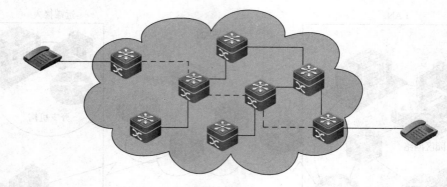

图 8-4　电路交换

3. 分组交换

分组交换将数据流分割成分组,再通过共享网络进行传输。分组交换网络不需要建立电路,允许不同的数据流通过同一个信道传输,也允许同一个数据流经过不同的信道传输,如图 8-5 所示。分组交换网络中的交换机根据每个分组中的地址信息确定通过哪条链路发送分组。分组交换的连接包括: X.25、帧中继和 ATM。

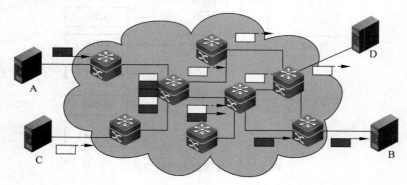

图 8-5　分组交换

数据在广域网中传输时,必须按照传输的类型选择相应的数据链路层协议将数据封装成帧,保障数据在物理链路上的可靠传送。常用的广域网链路层协议有 PPP、HDLC、X.25、帧中继和 ATM 等。对于专线连接方式和电路交换方式一般采用 HDLC 和 PPP 来进行封装,而 X.25、帧中继和 ATM 使用在分组交换中。HDLC(高级数据链路控制协议)也是锐捷和 Cisco 路由器的同步串口上默认的封装协议。华为路由器的同步串口上默认封装的是 PPP 协议。X.25 是一种 ITU-T 标准,定义了如何维护 DTE(数据终端设备)和 DCE(数据通信设备)之间的连接,以便通过公共数据网络实现远程终端访问和计算机通信。X.25 是帧中继的前身。帧中继是一种行业标准的处理多条虚电路的交换数据链路层协议。ATM 是信元中继的国际标准,设备使用固定长度(53 字节)的信元发送多种类型的服务(如语言、视频和数据)。

8.1.2　PPP 简介

PPP,全称为 Point to Point Protocol(点到点协议)。是目前 TCP/IP 网络中最主要的

点到点数据链路层协议,是一种面向比特的数据链路层协议。PPP 定义了一整套的协议,包括链路控制协议(LCP)、网络层控制协议(NCP)和验证协议(PAP 和 CHAP)。PPP 的协议栈结构如图 8-6 所示。由于 PPP 易于扩充、支持同异步且能够提供用户验证,因而获得了较广泛的应用。

链路控制协议(LCP)主要用于建立、拆除和监控 PPP 数据链路;网络层控制协议(NCP)主要用于协商在该数据链路上所传输的数据包的格式与类型,建立、配置不同的网络层协议。NCP 有 IPCP 和 IPXCP 两种,IPCP 用于在 LCP 上运行 IP;IPXCP 用于在 LCP 上运行 IPX 协议。验证协议(PAP 和 CHAP)主要用于网络安全方面的验证。

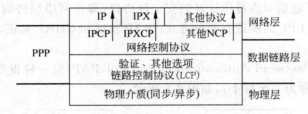

图 8-6　PPP 协议栈结构

8.1.3　PPP 的协商过程

PPP 链路的建立是通过一系列的协商完成的。整个协商过程大致可以分为以下几个阶段:Dead 阶段、Establish 阶段、Authenticate 阶段、Network 阶段、Terminate 阶段,如图 8-7 所示。

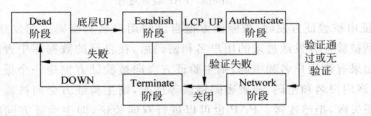

图 8-7　PPP 的协商过程

(1) Dead 阶段是指连接死亡阶段,可以简单地看成 PPP 开始协商之前的一种状态,PPP 协议从这个阶段开始并终止于这个阶段。当物理层链路准备好以后,立即进入 Establish 阶段。

(2) 在 Establish 阶段,两端通过交换 LCP 协议报文配置具体的链路参数(内容包括验证方式、最大传输单元和工作方式等项目),协商结束后,LCP 状态转变为 UP,表明链路已经建立。如果 LCP 协商表明需要进行验证,则进入 Authenticate 阶段开始验证,否则直接进入 Network 阶段。

(3) 在 Authenticate 阶段,根据在 Establish 阶段协商好的验证协议进行验证(远端验证本地或者本地验证远端),目前可选的验证协议包括 PAP 和 CHAP。如果验证通过则进入 Network 阶段,开始网络协议协商(NCP),此时 LCP 状态仍为 opened,而 IPCP 从 closed 状态转到 opened。否则拆除链路,LCP 状态转为 closed,进入 Terminate 阶段。

(4) 在 Network 阶段 NCP 完成网络层参数的一些协商工作以后(对于典型的 NCP 协

在企业总公司与分公司之间进行广域网协议封装

议 IPCP 来说，这里的网络层参数主要是 IP 地址协商和压缩协议的协商），通过 NCP 协商选择和配置一个或多个网络层协议。每个选中的网络层协议配置成功后，该网络层协议就可以通过这条链路进行数据传输了。此链路将一直保持通信。直到有明确的 LCP 或 NCP 帧关闭这条链路，或发生了某些外部事件。

（5）PPP 可能在任何阶段终止连接而进入 Terminate 状态，如物理线路故障、验证失败，或者管理员关闭链路等。当链路进入 Terminate 阶段后会立即进入 Dead 阶段。

8.1.4 PPP 的验证

PPP 协议包含了通信双方身份认证的安全性协议，即在网络层协商 IP 地址之前，首先必须通过身份认证。PPP 的验证有两种方式：PAP 验证和 CHAP 验证。

1. PAP 验证

密码验证协议（Password Authentication Protocol，PAP）是一种很简单的认证协议，验证过程分为两步（也称为二次握手），如图 8-8 所示。

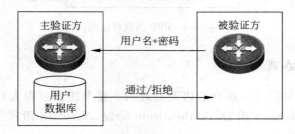

图 8-8 PAP 验证过程

PAP 验证由被验证方发起，被验证方把自己的用户名和密码一起发送给主验证方，当主验证方收到被验证方发送过来的用户名和密码后，在自己的数据库中查找是否有该用户名和密码。如果有该用户名和密码，则主验证方会向被验证方发送一个报文告诉其通过验证，如果没有该用户名和密码，或者密码错误等情况，则主验证方会向被验证方发送一个报文告诉其验证失败，拒绝连接。PAP 也可以进行双向验证，即主验证方同时也作为被验证方，被验证方也作为主验证方。

PAP 的特点是在网络上以明文的方式传递用户名及密码，如果在传输过程中被截获，便有可能对网络安全造成极大的威胁。因此，它适用于对网络安全要求不高的环境。PAP 验证仅在连接建立阶段进行，在数据传输阶段不进行 PAP 验证。

2. CHAP 验证

挑战握手验证协议（Challenge-Handshake Authentication Protocol，CHAP）相对 PAP 安全性更高。它的验证分三步进行（也称为三次握手），如图 8-9 所示。

跟 PAP 验证不同，CHAP 验证过程由主验证方发起，CHAP 验证时只在网络上传输用户名而不传输密码。CHAP 验证开始时由主验证方向被验证方发送一段随机的报文（发送时会保留报文的相关信息），并加上自己的主机名，当被验证方收到主验证方发送过来的报文后，从该报文中取出发送过来的主机名，然后根据该主机名在被验证方设备的数据库中查找该用户的记录。找到该用户后，使用该用户所对应的密码、报文的 ID 和报文的随机数用 MD5 加密算法进行加密，被验证方把加密后的密文和自己的主机名一起发送给主验证方。

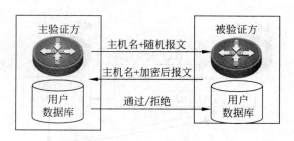

图 8-9　CHAP 验证过程

同样主验证方收到被验证方发送回来的密文和主机名后,把主机名取出,然后查找本地数据库中是否有该用户名,找到后同样取出该用户名对应的密码和事先保留的报文 ID 和随机数用 MD5 加密,用生成的密文和从被验证方处接收到的密文进行比对,相同则发送一个同意连接的报文给被验证方,不相同则发送一个拒绝连接的报文给被验证方。

　　下面来看具体的 CHAP 验证过程,假设路由器 R1 为主验证方,路由器 R2 为被验证方。如图 8-10 所示,路由器 R2 首先使用 LCP 与路由器 R1 协商链路连接,确定使用 CHAP 身份验证。

图 8-10　CHAP 验证 LCP 协商

　　链路建立以后,主验证方 R1 路由器向被验证方 R2 发送一个挑战报文,如图 8-11 所示,该挑战报文中包含报文类型识别符(01),报文的序列号(ID),一个随机数及主验证方的用户名。同时 R1 路由器会保存该挑战报文中的序列号(ID)和随机数。

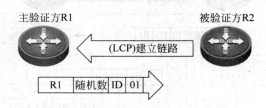

图 8-11　CHAP 验证的主验证方发送挑战报文

　　当被验证方路由器 R2 收到主验证方 R1 发送过来的挑战报文后,从报文中取出用户名 R1,然后在本地数据库中找出 R1 对应的密码,将密码和报文中的随机数、序列号 ID 进行 MD5 算法加密,生成一个密文 HASH,如图 8-12 所示。

　　被验证方路由器 R2 将生成的密文 HASH 放在回应报文中发送给主验证方路由器 R1。回应报文中除了密文 HASH 外还包括报文类型识别符(02)、序列号(ID,直接从接收到的报文中复制过来)和被验证方的用户名,如图 8-13 所示。

　　当主验证方路由器 R1 接收到被验证方路由器 R2 发送过来的回应报文后,会取出回应报文中被验证方的用户名 R2,然后在本地数据库中查找用户名 R2 并取出对应的密码。将密码和先前保存的随机数和报文序列号(ID)也进行 MD5 加密,如图 8-14 所示,将加密后的密文跟回应报文中的密文 HASH 进行比较。

在企业总公司与分公司之间进行广域网协议封装

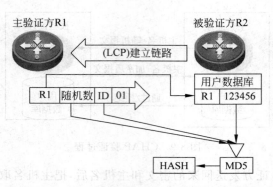

图 8-12　CHAP 验证被验证方接收报文处理

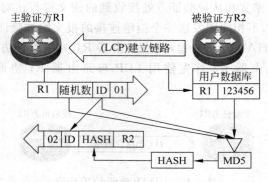

图 8-13　CHAP 验证的被验证方发送回应报文

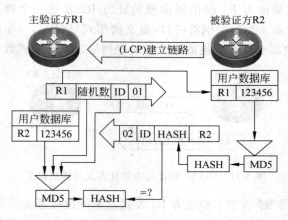

图 8-14　CHAP 验证的主验证方处理回应报文

　　当主验证方计算出来的密文 HASH 与被验证方发送过来的密文 HASH 相同时，CHAP 验证就成功了，此时，主验证方路由器 R1 会发送一个 CHAP 验证成功的报文，报文包含：CHAP 验证成功的类型标识符(03)、报文序列号(ID,直接从回应报文中复制过来的)及某种简单的文本信息(OK),为了让用户读取,如图 8-15 所示。

　　如果验证失败,主验证方会发送一个 CHAP 验证失败的报文,报文包含：CHAP 验证失败类型标识符(04)、报文序列号(ID,直接从回应报文中复制过来的)及某种简单的文本信息(NO),为了让用户读取,如图 8-16 所示。

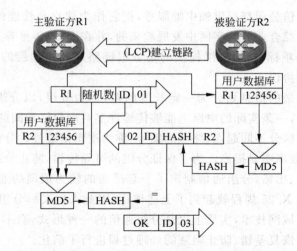

图 8-15　CHAP 验证的主验证方发送验证成功报文

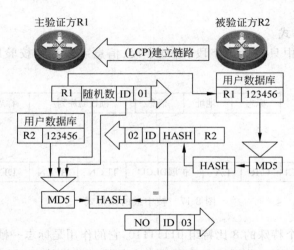

图 8-16　CHAP 验证的主验证方发送验证失败报文

CHAP 验证不仅在连接建立阶段进行,在以后的数据传输阶段也可以按随机间隔继续进行,但每次主验证方发送给被验证方的随机数都应不同,以防被第三方猜出密钥。如果主验证方发现送回来的密文结果不一致,将立即切断线路。由于 CHAP 只在网络上传输用户名,所以安全性要比 PAP 高。

不管是 PAP 验证还是 CHAP 验证,都是有方向性的,即链路两端一方为主验证方,一方为被验证方,在实际配置过程中,可以进行单向的验证(一方只作为主验证方,另一方只作为被验证方),也可以进行双向验证(双方都是主验证方,同时又都是被验证方)。

8.1.5　帧中继

1. 帧中继概述

帧中继(Frame-Relay)是在 X.25 的基础上发展起来的快速交换的链路层协议,它是不可靠连接而且是点到多点的链路层协议。它主要用在公共或专用网上的局域网互联以及广

在企业总公司与分公司之间进行广域网协议封装

域网连接。大多数电信公司都提供帧中继服务,把它作为建立高性能的虚拟广域连接的一种途径。帧中继是从综合业务数字网中发展起来的,并在 1984 年推荐为国际电话电报咨询委员会(CCITT)的一项标准,帧中继提供的是数据链路层和物理层的协议规范,任何高层协议都独立于帧中继协议。

分组方式是将传送的信息划分为一定长度的包,称为分组,以分组为单位进行存储转发。在分组交换网中,一条实际的电路上能够传输许多对用户终端间的数据而不互相混淆,因为每个分组中含有区分不同起点、终点的编号,称为逻辑信道号。分组方式对电路带宽采用了动态复用技术,效率明显提高。为了保证分组的可靠传输,防止分组在传输和交换过程中的丢失、错发、漏发、出错,分组通信制定了一套严密的较为烦琐的通信协议,例如:在分组网与用户设备间的 X.25 规程就起到了上述作用,因此人们又称分组网为"X.25 网"。帧中继是一种先进的广域网技术,实质上也是分组通信的一种形式,只不过它将 X.25 分组网中分组交换机之间的恢复差错、防止阻塞的处理过程进行了简化。

帧中继采用虚电路技术,能充分利用网络资源,具有吞吐量高、时延低、适合突发性业务等特点。

2. 帧中继的帧格式

帧中继的帧结构中只有标识字段、地址字段、信息字段和帧校验序列字段,如图 8-17 所示。

图 8-17　帧中继的帧格式

标志字段:是一个特殊的 8 比特组 01111110,它的作用是标志一帧的开始和结束。

地址字段:主要用来区分同一通路上的多个数据链路连接,以便实现帧的复用/分路。长度一般为 2 个字节,必要时最多可扩展到 4 个字节。地址字段通常包含以下信息。

- 数据链路链接标识符(DLCI):唯一标识一条虚电路的多比特字段,用于区分不同的帧中继链接。
- 命令/响应指示(C/R):一个比特字段,指示该帧为命令帧或响应帧。
- 扩展地址比特(EA):一个比特字段,地址字段中的最优一个字节设为 1,前面字节设为 0。
- 扩展的 DLCI。
- 前向拥塞指示比特(FECN):一个比特字段,通知用户端网络在与发送该帧相同的方向正处于拥塞状态。
- 后向拥塞指示比特(BECN):一个比特字段,通知用户端网络在与发送该帧相反的方向正处于拥塞状态。
- 优先丢弃比特(DE):一个比特字段,用于指示在网络拥塞情况下可丢弃该信息帧。

信息字段:包含的是用户数据,可以是任意的比特序列,长度必须是整数个字节。

帧校验序列：用于检测数据是否被正确地接收。

3. 帧中继相关概念

帧中继连接图如图 8-18 所示。

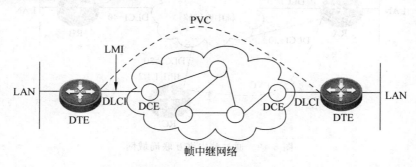

图 8-18　帧中继连接图

1）DTE 和 DCE

帧中继建立连接时是非对等的，在用户端的一般是数据终端设备（DTE），而提供帧中继网络服务的设备是数据电路终接设备（DCE）。一般 DCE 端由帧中继运营商提供。

2）虚电路和 DLCI

虚电路（VC）是两个端用户之间互通信息之前必须建立的一条逻辑连接。帧中继中的虚电路分为交换式虚电路（SVC）和永久性虚电路（PVC）。交换式虚电路是一种临时连接，它只在 DTE（终端）设备之间需要跨过帧中继网络传输突发性数据时使用，简称 SVC。永久性虚拟电路是为了频繁、持续地传输数据，帧中继网络在 DTE 设备之间建立了一个永久的连接，简称 PVC，它总是处于空闲或者数据传输状态。

帧中继协议是一种统计方式的多路复用服务，它允许在同一物理连接共存多个逻辑连接（通常也叫做信道），也就是说，它能够在单一物理传输线路上提供多条虚电路，如图 8-19 所示。每条虚电路是用 DLCI 来标识的，DLCI 只在本地接口有效，具有本地意义，也就是在 DTE-DCE 之间有效，不具有端到端的 DTE-DTE 之间的有效性，例如在路由器串口 1 上配置一条 DLCI 为 100 的 PVC，在串口 2 上也可以配置一条 DLCI 为 100 的 PVC，因为在不同的物理接口上，这两个 PVC 尽管有相同的 DLCI，但并不是同一个虚连接，即在帧中继网络中，不同的物理接口上相同的 DLCI 并不表示是同一个虚连接。帧中继网络用户接口最多可支持 1024 条虚电路，其中用户可用的 DLCI 范围是 16～991。由于帧中继虚电路是面向连接的，本地不同的 DLCI 连接到不同的对端设备，因此可以认为 DLCI 就是 DCE 提供的"帧中继地址"。

3）帧中继地址映射

帧中继的地址映射（MAP）是把对端设备的 IP 地址与本地的 DLCI 关联，以使得网络层协议能够寻址到对端设备。帧中继主要用来承载 IP，在发送 IP 报文时，根据路由表知道报文的下一跳 IP 地址。发送前必须由下一跳 IP 地址确定它对应的 DLCI。这个过程通过查找帧中继地址映射表来完成，因为地址映射表中存放的是下一跳 IP 地址和下一跳 DLCI 的映射关系。地址映射表的每一项可以由手工配置。网络管理者配置一条 MAP，在 RA 上建立了 IP 地址为 1.1.1.3 和 DLCI 值为 10 的 PVC 的映射。

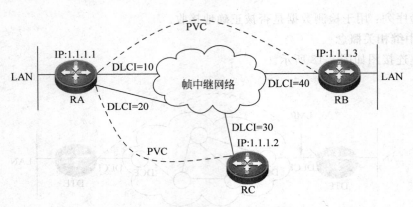

图 8-19　通过帧中继互联局域网

4）本地管理信息

在永久虚电路方式下,需要检测虚电路是否可用。本地管理信息(LMI)协议用来检测虚电路是否可用。

8.2　项目实施

8.2.1　任务一：配置广域网链路 PPP 协议封装

1. 任务描述

公司因为业务发展的需要,申请了专线接入,公司端路由器 RA 与 ISP 端路由器 RB 之间采用 PPP 协议封装,无须身份验证。

2. 实验网络拓扑图

实验网络拓扑图如图 8-20 所示。

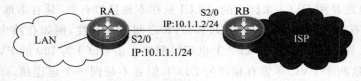

图 8-20　PPP 封装(无验证)

3. 设备配置

公司路由器 RA 配置如下：

```
Ruijie(config)＃hostname RA
RA(config)＃interface s2/0
RA(config-if-Serial 2/0)＃ip address 10.1.1.1 255.255.255.0
RA(config-if-Serial 2/0)＃encapsulation ppp    //接口封装 PPP
RA(config-if-Serial 2/0)＃exit
RA(config)＃
```

ISP 路由器 RB 配置如下：

```
Ruijie(config)＃hostname RB
```

```
RB(config)# interface s2/0
RB(config-if-Serial 2/0)#ip address 10.1.1.2 255.255.255.0
RB(config-if-Serial 2/0)#encapsulation ppp      //接口封装 PPP
RB(config-if-Serial 2/0)#exit
RB(config)#
```

4. 相关命令介绍

视图：接口配置视图。

命令：

encapsulation ppp
no encapsulation ppp

说明：该命令用来在同步串口上封装 PPP，锐捷路由器同步串口缺省封装的是 HDLC 协议（华为的路由器广域网口默认的封装为 PPP）。当要了解一个接口上封装了何种协议时，可以使用 show interfaces 接口号命令来查看。在进行广域网协议封装时，链路的两端必须封装相同的协议，否则将无法建立链路。当要恢复链路的缺省封装或者取消 PPP 的封装时，可以使用该命令的 no 选项。

例如：在同步串口 S3/0 上封装 PPP。

```
Ruijie(config)# interface s3/0
Ruijie(config-if-Serial 3/0)#encapsulation ppp
```

例如：查看同步串口 S2/0 的协议封装情况。

```
Ruijie(config)# show interface s3/0
Index(dec):3 (hex):3
Serial 3/0 is UP  , line protocol is UP
Hardware is SIC-1HS HDLC CONTROLLER Serial
Interface address is:10.1.1.1/24
  MTU 1500 bytes, BW 2000 Kbit
  Encapsulation protocol is PPP, loopback not set
  Keepalive interval is 10 sec , set
  Carrier delay is 2 sec
  RXload is 1 ,Txload is 1
  LCP Open
  Open: ipcp
  Queueing strategy: FIFO
    Output queue 0/40, 0 drops;
    Input queue 0/75, 0 drops
    1 carrier transitions
    V35 DCE cable
    DCD = up  DSR = up  DTR = up  RTS = up  CTS = up
  5 minutes input rate 26 bits/sec, 0 packets/sec
  5 minutes output rate 34 bits/sec, 0 packets/sec
    58 packets input, 1120 bytes, 0 no buffer, 0 dropped
    Received 21 broadcasts, 0 runts, 0 giants
    2 input errors, 0 CRC, 2 frame, 0 overrun, 0 abort
    85 packets output, 1562 bytes, 0 underruns , 0 dropped
    0 output errors, 0 collisions, 8 interface resets
Ruijie(config)#
```

在企业总公司与分公司之间进行广域网协议封装

8.2.2 任务二：配置广域网链路 PAP 验证

1. 任务描述

公司因为业务发展的需要，申请了专线接入，公司端路由器 RA 与 ISP 端路由器 RB 之间采用 PPP 封装，ISP 端路由器 RB 要求对公司端路由器 RA 进行 PAP 验证(即 ISP 端为主验证方，公司端为被验证方)。

2. 实验网络拓扑图

实验网络拓扑图如图 8-21 所示。

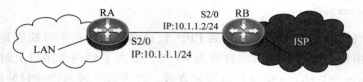

图 8-21　PPP 封装(PAP 验证)

3. 设备配置

PAP 验证时主要配置过程包括：

* 双方接口封装 PPP 并配置 IP 地址。
* 主验证方建立本地用户数据库。
* 主验证方接口配置要求进行 PAP 认证。
* 被验证方接口配置发送的用户名和密码。

公司路由器 RA 配置如下：

```
Ruijie(config)# hostname RA
RA(config)# interface s2/0
RA(config-if-Serial 2/0)# ip address 10.1.1.1 255.255.255.0
RA(config-if-Serial 2/0)# encapsulation ppp    //接口封装 PPP
RA(config-if-Serial 2/0)# ppp pap sent-username abc password 123456
                                //将用户名 abc 和密码 123456 传送给主验证方
RA(config-if-Serial 2/0)# exit
RA(config)#
```

ISP 路由器 RB 配置如下：

```
Ruijie(config)# hostname RB
RB(config)# username abc password 123456          //创建本地用户 abc 和密码 123456
RB(config)# interface s2/0
RB(config-if-Serial 2/0)# ip address 10.1.1.2 255.255.255.0
RB(config-if-Serial 2/0)# encapsulation ppp       //接口封装 PPP
RB(config-if-Serial 2/0)# ppp authentication pap  //设置验证模式为 PAP
RB(config-if-Serial 2/0)# exit
RB(config)#
```

4. 相关命令介绍

1) 配置 PPP 验证模式

视图：接口配置视图。

命令：

ppp authentication{**chap** | **pap** }
no ppp authentication {**chap** | **pap**}

参数：

chap：在接口上使用 CHAP 验证模式。

pap：在接口上使用 PAP 验证模式。

说明：该命令用来配置接口上 PPP 的验证模式为 CHAP 或者 PAP。该命令用于主验证方的接口上，可以简单看成主验证方对被验证方的接入要求验证通告。

例如：在接口 S3/0 上启用 CHAP 验证。

```
Ruijie(config)# interface s3/0
Ruijie(config-if-Serial 3/0)#ppp authentication chap
```

2) 创建本地用户数据库

视图：系统配置视图。

命令：

username *name* { **password** *encryption-type password* }
no username *name*

参数：

name：要创建的用户名，习惯用设备名，只能为一个词，不允许有空格和句号。

encryption-type：密码的加密类型，有 0 和 7 两个数值，0 表示后面的密码不加密，7 表示后面的密码是加密的密文。

password：创建用户的密码。

说明：该命令用来建立本地用户数据库，用于认证。该命令基本的使用是用来指定用户名和密码。该命令还可以通过其他一些选项对用户进行一些基本的设置，如用户级别控制等。用 no 选择可以删除已经创建的本地用户。注意，用户名识别大小写。

例如：创建一个本地用户，用户名为 usera，用户密码为 123456

```
Ruijie(config)#username usera password 123456
```

3) 配置 PAP 被验证方发送的用户名和密码

视图：接口视图。

命令：

ppp pap sent-username *username* [**password** *encryption-type password*]
no ppp pap sent-username

参数：

username：在 PAP 验证模式中被验证方发送的用户名。

在企业总公司与分公司之间进行广域网协议封装

encryption-type：在 PAP 验证模式中被验证方发送的密码的加密类型。

password：在 PAP 验证模式中被验证方发送的密码。

说明：该命令用于 PAP 验证模式中的被验证方，是被验证方用来设置发送给主验证方用于验证的用户名和密码。密码可以采用加密形式，默认密码是不加密的，即采用明文传输。该命令设置的用户名和密码必须与主验证方设置的本地用户数据库中的用户名和密码相同才能通过验证。

例如：配置 PAP 验证过程中发送的用户名为 usera，密码为 test。

```
Ruijie(config)# interface s3/0
Ruijie(config - if - Serial 3/0)#ppp pap sent - username usera password test
```

8.2.3　任务三：配置广域网链路 CHAP 验证

1. 任务描述

公司因为业务发展的需要，申请了专线接入，公司端路由器 RA 与 ISP 端路由器 RB 之间采用 PPP 封装，ISP 端路由器 RB 要求对公司端路由器 RA 进行 CHAP 验证（即 ISP 端为主验证方，公司端为被验证方）。

2. 实验网络拓扑图

实验网络拓扑图如图 8-22 所示。

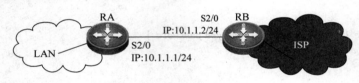

图 8-22　PPP 协议封装（CHAP 验证）

3. 设备配置

CHAP 验证时主要配置过程包括：

* 双方接口封装 PPP 并配置 IP 地址。
* 主验证方建立本地用户数据库。
* 主验证方接口配置要求进行 CHAP 认证。
* 被验证方建立本地用户数据库。

公司路由器 RA 配置如下：

```
Ruijie(config)# hostname RA
RA(config)# interface s2/0
RA(config - if - Serial 2/0)# ip address 10.1.1.1 255.255.255.0
RA(config - if - Serial 2/0)# encapsulation ppp            //接口封装 PPP
RA(config - if - Serial 2/0)#exit
RA(config)# username RB password 123456            //创建本地用户 RB 和密码 123456
RA(config)#
```

ISP 路由器 RB 配置如下：

```
Ruijie(config)# hostname RB
```

```
RB(config)# interface s2/0
RB(config-if-Serial 2/0)# ip address 10.1.1.2 255.255.255.0
RB(config-if-Serial 2/0)# encapsulation ppp                //接口封装 PPP
RB(config-if-Serial 2/0)# ppp authentication chap          //设置验证模式为 CHAP
RB(config-if-Serial 2/0)# exit
RB(config)# username RA password 123456                    //创建本地用户 RA 码 123456
RB(config)#
```

注意：在被验证方上创建本地用户数据库时，用户名为主验证方的设备名，在主验证方上创建本地用户数据库时，用户名为被验证方的设备名，被验证方和主验证方的密码必须要相同。

8.2.4 任务四：帧中继基本配置

1. 任务描述

某公司在两个不同的城市都有企业的局域网，现通过帧中继网络将两地的局域网进行互联。

2. 实验网络拓扑图

实验网络拓扑图如图 8-23 所示。

图 8-23　实验网络拓扑图

3. 设备配置

路由器 RA 配置：

```
RA(config)# interface s2/0
RA(config-if-Serial 2/0)# ip address 10.1.1.1 255.255.255.0
RA(config-if-Serial 2/0)# encapsulation frame-relay ietf
RA(config-if-Serial 2/0)# frame-relay map ip 10.1.1.2 10
RA(config-if-Serial 2/0)# frame-relay lmi-type ansi
```

路由器 RB 配置：

```
RB(config)# interface s2/0
RB(config-if-Serial 2/0)# ip address 10.1.1.2 255.255.255.0
RB(config-if-Serial 2/0)# encapsulation frame-relay ietf
RB(config-if-Serial 2/0)# frame-relay map ip 10.1.1.1 20
RB(config-if-Serial 2/0)# frame-relay lmi-type ansi
```

4. 相关命令介绍

1）配置接口封装帧中继协议

视图：接口配置视图。

命令：

在企业总公司与分公司之间进行广域网协议封装

encapsulation frame - relay[ietf]
no encapsulation frame - relay

参数：

ietf：标准 RFC1490 封装，没有 ietf 选项的封装是 Cisco 封装。

说明：为了和主流设备兼容，锐捷系统缺省封装的帧中继的格式是 Cisco 封装，如果没有特殊的使用，一般选择 ietf 类型封装，即使用该命令的 ietf 选项。Cisco 封装与 ietf 封装的区别是 Cisco 封装使用 4 个字节的报头（两个字节标识 DLCI，两个字节标识报文类型）。no 命令可以恢复接口的默认封装。

2）配置帧中继的静态地址映射

视图：接口配置视图。

命令：

frame - relay map ip *address dlci* [broadcast] [ietf|cisco]
no frame - relay map ip *address*

参数：

address：对端 IP 地址。

dlci：连接指定 IP 地址的 DLCI 号。

broadcast：在指定 IP 地址发送广播信息。

ietf：ietf 帧中继封装。

cisco：Cisco 帧中继封装。

说明：帧中继网络支持点对多点网络，一个物理接口支持多个 PVC 连接，静态加密映射将远程地址和本地 DLCI 一一绑定。选项 ietf 和 Cisco 指定接口帧中继的封装类型，如果没有使用该选项，则继承 encapsulation frame-relay 属性。在一个物理接口和多个远程分支通过多个 DLCI 进行通信的情况下，如果有远程分支帧中继封装不一致，则可以使用该选项匹配封装类型。静态映射中封装类型优先级比 encapsulation frame-relay 高，如果在静态映射中指定封装类型，则在指定的 DLCI 号链路上覆盖 encapsulation frame-relay 中的封装类型。如果准备在指定链路上运行路由协议，使用 broadcast 选项。

3）配置本地管理接口类型

视图：接口配置视图。

命令：

frame - relay lmi - type{ansi | cisco | q933a}

参数：

ansi：美国联邦标准协会制定的标准。

cisco：Cisco 类型。

q933a：CCITT 类型。

说明：接口默认是 q933a，帧中继两端的 LMI 类型必须一致，否则链路将无法 UP。

8.3 拓 展 知 识

8.3.1 WAN 接入技术

1. PSTN

PSTN(Public Switch Telephone Network)为公共交换电话网络,也就是我们日常生活中常用的电话网络。PSTN 是一种以模拟技术为基础的电路交换网络。在众多的接入方式中,通过 PSTN 进行接入的费用最低,但其数据传输质量和速率也较差。

PSTN 提供的是一个模拟的专用通道,所以当通过 PSTN 接入时必须要使用调制解调器(Modem)实现信号的数模转换,如图 8-24 所示。

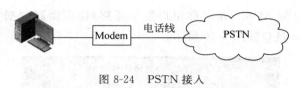

图 8-24　PSTN 接入

2. ISDN

ISDN(Integrated Service Digital Network)的中文名称是综合业务数字网,是一种允许在常用的模拟电话线上同时传输多个端到端数字通信流的技术。ISDN 是一种典型的电路交换网络系统,它除了可以用来通电话,还可以提供诸如可视电话、数据通信、会议电视等多种业务,从而将电话、传真、数据、图像等多种业务综合在一个统一的数字网络中进行传输和处理,这也就是"综合业务数字网"名字的来历。ISDN 是欧洲普及的电话网络形式。GSM 移动电话标准也可以基于 ISDN 传输数据。因为 ISDN 是全部数字化的电路,所以它能够提供稳定的数据服务和连接速度,不像模拟线路那样对干扰比较明显。在数字线路上更容易开展更多的模拟线路无法或者比较难保证质量的数字信息业务。

ISDN 标准定义了两种信道:B 信道(64kb/s)和 D 信道(在基本速率接口中是 16kb/s,在集群速率接口中是 64kb/s),B 信道用于承载数字化的流量,也可以传输音频、视频和数据。D 信道用于传输控制信息,负责承载建立和终止呼叫有关的信息,在特定情况下 D 信道也可以承载用户数据。大多数小企业采用 ISDN 的基本速率接口(BRI)方式,该方式包含两个 B 信道和一个 D 信道(即 2B+D),此时可以达到 144kb/s 的速率。当需要更高带宽时,使用 ISDN 的集群速率接口(PRI)方式,该方式由多个 B 信道和一个带宽为 64kb/s 的 D 信道组成,B 信道的数量取决于不同的国家。北美和日本 PRI 由 23 个 B 信道和一个 D 信道组成(即 23B+D),每个信道 64kb/s。欧洲、澳大利亚和世界其他地区的 PRI 由 30 个 B 信道和一个 D 信道组成(即 30B+D)。

3. ADSL

非对称数字用户环路(Asymmetric Digital Subscriber Line,ADSL)是现在常见的一种接入方式,是 DSL 技术中的一种。它通过现有普通电话线为家庭、办公室提供宽带数据传输服务。它的上行和下行带宽不对称,通常 ADSL 在不影响正常通话的情况下可以提供最高 3.5Mb/s 的上行速度和最高 24Mb/s 的下行速度。ADSL 采用频分复用技术把普通的

在企业总公司与分公司之间进行广域网协议封装

电话线分成了电话、上行和下行三个相对独立的信道，从而实现上网和打电话互不干扰。ADSL 常见的接入示意图如 8-25 所示。

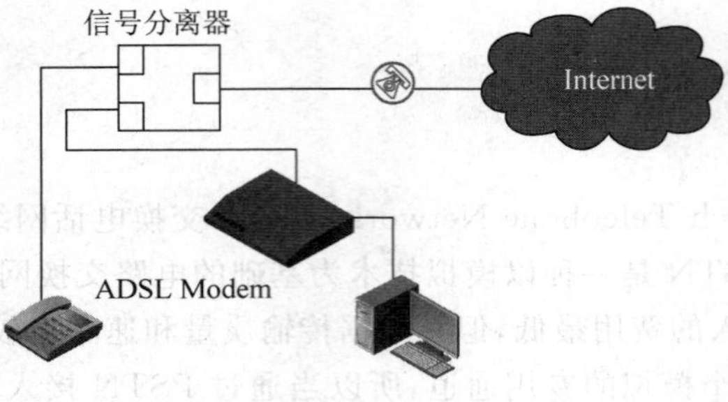

图 8-25　ADSL 宽带接入

ADSL Modem 是为 ADSL（非对称用户数字环路）提供调制数据和解调数据的机器。常见的 ADSL Modem 接口如图 8-26 所示。

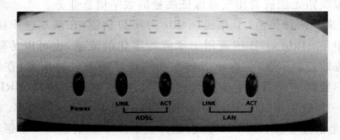

图 8-26　ADSL Modem 的接口

ADSL Modem 面板上的信号灯是用来显示网络连接情况的，所以了解 ADSL 面板上的指示灯的意思对掌握 ADSL 的工作状态和分析排除一些故障很重要。ADSL 面板上一般都会有 5 个指示灯，如图 8-27 所示，分别是 Power、ADSL（link、act）、LAN（link、act），其具体表示的意义如下。

图 8-27　ADSL Modem 的指示灯

ADSL 灯：用于显示 Modem 的同步情况，常亮绿灯（link）表示 Modem 与局端能够正常同步；绿灯（link）不亮表示没有同步；闪动绿灯（link）表示正在建立同步。当网络中有数据传输时，红灯（act）闪烁。

LAN 灯，用于显示 Modem 与网卡或 Hub 的连接是否正常，如果绿灯（link）不亮，则 Modem 与计算机之间肯定不通，当网线中有数据传送时，红灯（act）会闪烁。

Power 灯，电源显示。

4. X.25

X.25 协议是国际电信联盟(ITU)为 WAN 网络通信颁布的标准。它定义了用户设备和网络设备之间如何通过公共数据网建立和保持连接。X.25 协议是数据终端设备(DTE)和数据电路终接设备(DCE)之间的接口规程,如图 8-28 所示。其主要功能是描述如何在 DTE 和 DCE 之间建立虚电路、传输分组、建立连接、传输数据、拆除链路、拆除虚电路,同时进行差错控制和流量控制,确保用户数据通过网络的安全,向用户提供尽可能多而且方便的服务,但并不涉及数据包在 X.25 网络内部的传输。

图 8-28   X.25 协议

X.25 中的 DTE 通常是计算机(PC)或者其他可编程序终端设备(如路由器等)。X.25 中的 DCE 设备在逻辑上是网络中的分组交换机,但在物理上,用户见到的常常是调制解调器(Modem)或者数据服务单元(DSU)等设备。X.25 接口两侧(DTE 和 DCE)的特性是不对称的,接口任何一侧必须明确自己的身份是 DTE 还是 DCE。数据终端设备总是工作在 DTE 方式,调制解调器(Modem)总是工作在 DCE 方式。在实验环境下,可以用专用电缆(一头是 DTE,另一头是 DCE)来连接两个设备,设备的工作方式由连接的电缆接头来决定。

5. ATM

异步传输模式(ATM)是以信元为基础的一种分组交换和复用技术,它是一种为了多种业务设计的通用的面向连接的传输模式。典型的 ATM 线路的速率超过 155Mb/s,而且延时和抖动都非常低。这是通过使用较小而且固定长度的信元来实现的。用户可将信元想象成一种运输设备,能够把数据块从一个设备经过 ATM 交换设备传送到另一个设备。ATM 的信元固定长度是 53 字节,其中 5 字节为信元头,用来承载该信元的控制信息;48 字节为信元体,用来承载用户要分发的信息。

8.3.2 华为的相关命令

华为的路由器在接口上默认封装为 PPP,在配置 PAP 验证和 CHAP 验证时,过程跟锐捷类似,只是相关的命令有些差异。下面简要介绍配置过程和所涉及的相关命令。

PAP 验证(单向)配置过程:

- 主验证方配置接口 IP 地址,封装 PPP。
- 主验证方创建本地用户列表。
- 主验证方配置接口启用 PAP 验证。
- 被验证方配置接口 IP 地址,封装 PPP。
- 被验证方配置接口发送的用户名和密码。

205

CHAP 验证（单向）配置过程：

- 主验证方配置接口 IP 地址，封装 PPP。
- 主验证方创建本地用户列表。
- 主验证方配置接口启用 CHAP 验证。
- 主验证方配置接口发送的本地用户名。
- 被验证方配置接口 IP 地址，封装 PPP。
- 被验证方创建本地用户列表。
- 被验证方配置接口发送的本地用户名。

相关命令如下：

1）接口封装 PPP

视图：接口配置视图。

命令：

link - protocol ppp

说明：华为路由器默认情况下，除以太网接口外，其他接口链路层均封装 PPP。

例如：设置接口 S0/0 封装 PPP。

[Quidway - Serial0/0] link - protocol ppp

2）接口启用 PAP/CHAP 验证

视图：接口配置视图。

命令：

ppp authentication - mode { chap | pap }
undo ppp authentication - mode

说明：该命令用来配置本端 PPP 对对端路由器的验证方式，默认情况下不进行验证。

例如：在 S0/0 口上启用 CHAP 验证。

[Quidway - Serial0/0] ppp authentication - mode chap

3）创建本地用户列表

视图：全局配置视图。

命令：

local - user *name* **service - type ppp password simple** *password*

参数：

name：创建本地用户的用户名。

password：创建本地用户的密码。

说明：该命令用来创建一个用于 PPP 验证的本地用户及用户的密码。

例如：创建本地用户 usera，密码为 123456。

[Quidway]local - user usera service - type ppp password simple 123456

4）配置 PAP 验证下被验证方发送的用户名和密码

视图：接口配置视图。

命令：

ppp pap local – user *name* **password simple** *password*

参数：

name：被验证方发送的用户名。

password：被验证方发送的密码。

说明：该命令中配置的用户名和密码必须和主验证方本地用户列表中的用户名和密码一致。

5）配置 CHAP 验证下接口发送本地的用户名

视图：接口视图。

命令：

ppp chap user *name*

参数：

name：接口发送的本地用户名。

说明：该命令中配置的用户名必须与对端本地用户列表中的用户名一致。

华为设备 PAP 单向验证的配置（R1 为被验证方，R2 为主验证方）。

PAP 被验证方（R1）配置如下：

```
[Quidway]interface S0/0
[Quidway – Serial0/0]ip address 10.1.1.1 255.255.255.0
[Quidway – Serial0/0]link – protocol ppp
[Quidway – Serial0/0]ppp pap local – user R1 password simple 123456
[Quidway – Serial0/0]quit
[Quidway]
```

PAP 主验证方（R2）配置如下：

```
[Quidway]local – user R1 service – type ppp password simple 123456
[Quidway]interface S0/0
[Quidway – Serial0/0]ip address 10.1.1.2 255.255.255.0
[Quidway – Serial0/0]link – protocol ppp
[Quidway – Serial0/0]ppp authentication pap
[Quidway – Serial0/0]quit
[Quidway]
```

华为设备 CHAP 单向验证的配置（R1 为被验证方，R2 为主验证方）。

CHAP 被验证方（R1）配置如下：

```
[Quidway]local – user R2 service – type ppp password simple 123456
[Quidway]interface S0/0
[Quidway – Serial0/0]ip address 10.1.1.1 255.255.255.0
[Quidway – Serial0/0]link – protocol ppp
```

在企业总公司与分公司之间进行广域网协议封装

[Quidway－Serial0/0]ppp chap user R1

[Quidway－Serial0/0]quit

[Quidway]

CHAP 主验证方(R2)配置如下:

[Quidway]local－user R1 service－type ppp password simple 123456

[Quidway]interface S0/0

[Quidway－Serial0/0]ip address 10.1.1.1 255.255.255.0

[Quidway－Serial0/0]link－protocol ppp

[Quidway－Serial0/0]ppp authentication－mode chap

[Quidway－Serial0/0]ppp chap user R2

[Quidway－Serial0/0]quit

[Quidway]

8.4 项 目 实 训

总公司的出口路由器 RB 与 ISP 的路由器 RA 之间采用 PPP 连接,并使用 CHAP 单向验证(ISP 为验证方,RB 为被验证方);分公司的出口路由器 RC 与 ISP 的路由器 RA 之间也采用 PPP 连接,并使用 PAP 单向验证(ISP 为验证方,RC 为被验证方),如图 8-29 所示。完成设置并进行相关的网络测试。

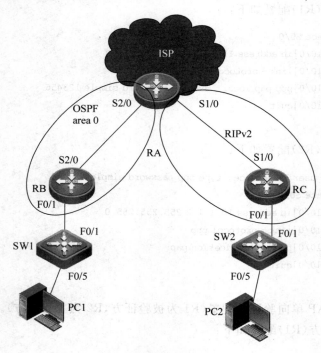

图 8-29 PPP 连接

设备接口地址分配表如表 8-1 所示。

表 8-1　设备接口地址分配表

设备名称	接口	IP 地址	说明
路由器 RA	S1/0 S2/0	10.1.1.1/24 20.1.1.1/24	模拟 ISP 的接入端
路由器 RB	S2/0 F0/1	20.1.1.2/24 192.168.1.1/24	总公司接入路由器
路由器 RC	S1/0 F0/1	10.1.1.2/24 192.168.2.1/24	分公司接入路由器
PC1		192.168.1.2/24	网关：192.168.1.1
PC2		192.168.2.2/24	网关：192.168.2.1

基本要求：

（1）正确选择设备并使用线缆连接。

（2）正确给各路由器的相关接口配置 IP 地址。

（3）正确配置各 PC 的 IP 地址、子网掩码和网关等参数。

（4）在路由器 RA 的 S2/0 口上创建 OSPF 路由进程，区域号为 0；在 S1/0 口上创建 RIPv2 路由进程；并在 OSPF 和 RIP 之间进行双向的路由重分发。

（5）在路由器 RB 的 F0/0 口上创建 OSPF 路由进程，区域号为 0；在 F0/1 口上创建 OSPF 路由进程，区域号为 0。

（6）在路由器 RC 的 S1/0 和 F0/1 口上创建 RIPv2 路由进程。

（7）配置 RA 与 RB 之间链路进行 PPP 的 CHAP 单向验证，RA 为主验证方，RB 为被验证方。

（8）配置 RA 与 RC 之间链路进行 PPP 的 PAP 单向验证，RA 为主验证方，RC 为被验证方。

（9）用 ping 命令在各 PC 上相互测试全网是否能相互访问。

拓展要求：

配置 RA 与 RB 之间链路进行 PPP 的 CHAP 双向验证；配置 RA 与 RC 之间链路进行 PPP 的 PAP 双向验证。

项目 8 考核表如表 8-2 所示。

表 8-2　项目 8 考核表

序号	项目考核知识点	参考分值	评价
1	设备连接	2	
2	PC 的 IP 地址配置	2	
3	路由器的 IP 地址配置	3	
4	OSPF 路由配置	2	
5	RIP 路由配置	2	
6	路由重分发配置	2	
7	PPP 的 CHAP 验证和 PAP 验证	6	
8	拓展要求	3	
	合　计	22	

8.5 习 题

1. 选择题

(1) 锐捷路由器同步串口缺省封装的是下面哪个协议? ( )

    A. HDLC   B. PPP   C. X.25   D. 帧中继

(2) 下面哪一种广域网协议采用电路交换的数据传输方式? ( )

    A. HDLC   B. PPP   C. ISDN   D. ATM

(3) 下面对 PPP 协议描述错误的是( )。

    A. PPP 既支持异步链路,也支持面向比特的同步链路

    B. PPP 是一种面向比特的数据链路层协议

    C. PPP 链路的建立是通过一系列的协商完成的

    D. PPP 中定义的 NCP 主要用于链路的建立和拆除

(4) 在 PPP 协商过程中,当物理层链路准备好以后,链路进入哪个阶段? ( )

    A. Establish 阶段   B. Authenticate 阶段

    C. Network 阶段   D. Terminate 阶段

(5) 当 PPP 链路需要验证时,在协商过程中的哪个阶段完成验证? ( )

    A. Establish 阶段   B. Authenticate 阶段

    C. Network 阶段   D. Terminate 阶段

(6) 下面对 PAP 验证说法错误的是( )。

    A. PAP 是一种很简单的认证协议,验证过程分为两步

    B. PAP 验证是在网络层协商 IP 地址之后进行的

    C. PAP 验证由被验证方发起

    D. PAP 在网络上以明文的方式传递用户名及密码

(7) 下面对 CHAP 验证说法错误的是( )。

    A. CHAP 验证是在网络层协议 IP 地址之前进行的

    B. CHAP 验证由主验证方发起

    C. CHAP 在网络上以密文的方式传递用户名和密码

    D. CHAP 可以进行双向验证

(8) 在配置 PAP 单向验证时,下面哪条命令只用在被验证方上? ( )

    A. RA(config)#username abc password 123456

    B. RA(config-if-Serial 2/0)#encapsulation ppp

    C. RA(config-if-Serial 2/0)#ppp pap sent-username abc password 123456

    D. RA(config-if-Serial 2/0)#ppp authentication pap

(9) CHAP 是三次握手的验证协议,其中第一次握手是( )。

    A. 被验证方直接将用户名和密码传递给验证方

    B. 验证方将一段随机报文和用户名传递到被验证方

    C. 被验证方生成一段随机报文,发送给验证方

    D. 验证方直接将用户名和密码传递给被验证方

（10）下列所述的协议中,哪一个不是广域网协议？（　　　）

    A. PPP   B. X.25   C. HDLC   D. RIP

2. 简答题

（1）企业常用的广域网接入方式有哪些？

（2）简述 PPP 的协议过程。

（3）简述 PAP 单向验证过程。

（4）比较 PAP 验证和 CHAP 验证的区别。

在企业总公司与分公司之间进行广域网协议封装

（10）下列地址中的哪一个，是一个子网掩码为 ……

A. UDP   B. X.25   C. DHCP   D. ……

2. 简答题
（1）数据通过 PAT 转换 ……
（2）静态 NAT ……
（3）动态 PAT 的地址 ……
（4）简述 PAT 地址复用 CHAT 协议的区别。

项目9 | **通过路由器的设置控制企业员工的互联网访问**

1. 项目描述

公司给各个部门（行政、销售、开发、工程、财务、网络）划分了不同的子网，并用路由器进行互联，考虑到公司财务信息的安全，要求除了行政部门以外其他部门不能对财务部门进行访问。为了更好地利用互联网进行企业宣传和营销，公司架设了 FTP 服务器和 WWW 服务器，销售、开发和工程三部门只有在正常上班时间（周一到周五 8：00～16：00）可以访问公司的 FTP 服务器，行政和网络两部门在任何时候都可以访问 FTP 服务器和 WWW 服务器。为了在外网能访问公司局域网内的 WWW 服务器和 FTP 服务器，同时为了安全等因素需隐藏公司内部网络，所以使用 NAT 来处理和外部网络的连接。

2. 项目目标

- 了解访问控制列表的工作原理及规则；
- 了解访问控制列表的种类；
- 掌握标准访问控制列表的配置；
- 掌握扩展访问控制列表的配置；
- 掌握基于时间的访问控制列表的配置；
- 了解 NAT 的应用；
- 掌握静态 NAT 的配置；
- 掌握动态 NAT 的配置。

9.1 预 备 知 识

9.1.1 访问控制列表概述

在实施网络安全控制的相关措施中，访问控制是网络安全防范和保护的主要策略之一，它的主要任务是保证网络资源不被非法使用和访问，也是保证网络安全的重要策略之一，访问控制列表（Access Control List，ACL）就是一系列实施访问控制的指令组成的列表。访问控制列表在防火墙、三层交换机和路由器上都有应用，这里所讲的是应用在路由器接口的访问控制列表。这些指令列表用来告诉路由器哪些数据包可以收、哪数据包需要拒绝。至于数据包是被接收还是拒绝，可以由类似于源地址、目的地址、端口号等的特定指示条件来决定，如图 9-1 所示。

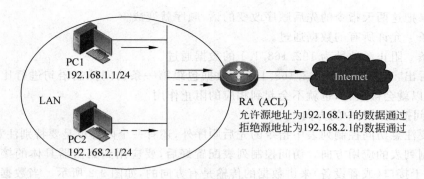

图 9-1　访问控制列表控制数据传输

访问控制列表除了用来控制访问以外还可以起到控制网络流量、流向的作用,而且在很大程度上起到保护网络设备、服务器的关键作用。路由器一般都会用来作为外网进入企业内网的第一道关卡,所以路由器上的访问控制列表就成为保护内网安全的有效手段。

访问控制列表具有区别数据包的功能,访问控制列表可以用于防火墙,可以在保证合法用户访问的同时拒绝非法用户的访问。访问控制列表可以对网络中的数据流量进行控制,重要的数据得到优先处理,不重要的数据后处理,不需要的数据被丢弃。访问控制列表还可以用来规定哪些数据包需要进行地址转换。同样,访问控制列表还广泛应用于路由策略中。

访问控制列表从概念上来讲并不复杂,复杂的是对它的配置和使用,许多初学者往往在使用访问控制列表时出现错误。要想正确配置和应用访问控制列表,首先需要了解以下几个内容。

1. 访问控制列表的组成

访问控制列表是由一系列访问控制指令组成的,而每一条访问控制指令都由两部分组成:条件和操作。条件用来过滤数据包时所要匹配的内容,当某个数据包符合条件时,就执行某个操作(允许或拒绝)。

条件定义了要在数据包中查找什么内容来判断数据包是否匹配,每条访问控制指令中只可以指定一个条件,但可以通过一组指令来形成多个条件的组合。

操作在这里只有两种类型:允许或拒绝。

2. 访问控制列表的匹配

当一个数据要使用访问控制列表进行过滤时,首先会从第一条访问控制指令开始,采用自上而下的逐条比对,当找到匹配的指令时,就会采用该指令来对数据进行处理,而不会再去比对该指令下面的任何指令。当访问控制列表中的所有指令都比对完而仍然找不到匹配的指令时,该数据就会被丢弃。这是因为在每一个访问控制列表的最后都有一条看不见的控制指令,该指令是拒绝一切所有数据的指令,称为"隐式的拒绝"指令,该指令的目的就是丢弃和访问控制列表中任何指令都不匹配的数据包。

由于访问控制列表的匹配采用自上而下的顺序执行,所有访问控制列表中的指令如何排序就变得很重要。相同的指令,先后顺序不同就可能会出现完全不同的效果。

例如:要实现阻止源地址为 192.168.1.1 的数据包通过,允许其他数据通过,则可以用下面两条访问控制指令来实现。

第一条　阻止源地址为 192.168.1.1 的数据通过。

第二条　允许所有的数据通过。

通过路由器的设置控制企业员工的互联网访问

但如果把这两天指令的先后顺序改变的话,顺序就变成

第一条 允许所有的数据通过。

第二条 阻止源地址为 192.168.1.1 的数据通过。

可以看出,当源地址为 192.168.1.1 的数据包跟第一条访问控制语句进行比对时也是匹配的,所以就会被放行,也就不会起到相应的阻止作用。

3. 访问控制列表中的方向

除了要注意访问控制列表中指令的先后顺序外,还有一个内容也是要特别注意的,那就是访问控制列表的应用方向。访问控制列表配置好后,要应用到路由器具体的接口上才能生效,而对于接口(或者设备)来讲数据的传输是有方向的,如图 9-2 所示。当数据进入接口(或者设备)时,称为 IN 方向,当数据从接口(或设备)出来时,称为 OUT 方向。

IN 方向 ——→ F0/0   S0/0 ——→ OUT方向
OUT方向 ←——   ←—— IN方向

图 9-2 IN 方向和 OUT 方向

从图 9-2 可以看出,当一个数据要经过路由器时,会由一个 IN 方向进入,然后从一个 OUT 方向出去。这时要应用访问控制列表,可以应用在 IN 方向,也可以应用在 OUT 方向。具体如何来决定,要根据所要过滤的数据流等因素来决定。下面以最常见的控制内网和外网的相互访问来说明,如图 9-3 所示。路由器 RA 连接着内部网络(LAN)和外部网络(Internet),路由器的 F0/1 口作为连接内网的内网接口,而 S0/0 是连接外网的外网接口。

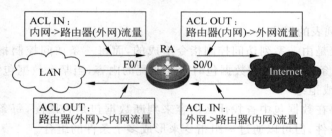

ACL IN:
内网->路由器(外网)流量

ACL OUT:
路由器(内网)->外网流量

RA

LAN   F0/1   S0/0   Internet

ACL OUT:
路由器(外网)->内网流量

ACL IN:
外网->路由器(内网)流量

图 9-3 ACL 的 IN 方向和 OUT 方向

从图 9-3 可以看出,当要控制内网到外网的数据流时,可以把访问控制列表(ACL)应用在路由器的内网接口 F0/1 的 IN 方向,也可以把访问控制列表(ACL)应用在路由器外网接口 S0/0 的 OUT 方向。同样要控制外网到内网的数据流时,可以把访问控制列表(ACL)应用在路由器外网接口 S0/0 的 IN 方向,也可以把访问控制列表(ACL)应用在路由器内网接口 F0/1 的 OUT 方向。那么,在内网接口 F0/1 的 IN 方向和在外网接口 S0/0 的 OUT 方向上应用 ACL 效果是不是一样呢?并不完全一样。下面先来看看这两者的区别。

以图 9-4 为例,假设要阻止 PC2 访问网段 10.1.1.0/24 中的主机,允许所有其他数据正常通过,可以采用在路由器接口 F0/1 的 IN 方向启用访问控制列表。

图 9-4 中的矩形用来代替路由器 RA,矩形用来显示简化的路由器 RA 的内部逻辑。在路由器 RA 的 F0/1 接口的 IN 方向上应用了访问控制列表(拒绝源地址为 192.168.1.1 的数据包通过),当接口 F0/1 接收到数据包之后,路由器首先进行访问控制列表的对比,如果是访问控制列表允许通过的数据,则再进行路由匹配;如果是访问控制列表拒绝的数据,则丢弃数据包,也就不会进入路由匹配过程。

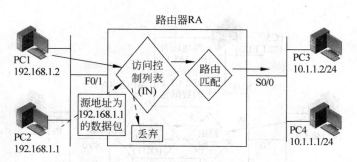

图 9-4　在接口 IN 方向应用 ACL

现在将图 9-4 做一个简单的扩充,如图 9-5 所示。这时发现虽然阻止了 PC2 访问 10.1.1.0/24 这个网段,但同时也阻止了 PC2 对 172.1.1.0/24 这个网段的正常访问。这个在接口 F0/1 的 IN 方向上的访问控制列表的应用出现了一些预料以外的结果。原因就是 IN 方向的 ACL 过滤了太多的数据包,ACL 过滤了应该过滤的数据包,同时也过滤了不应该过滤的数据包。

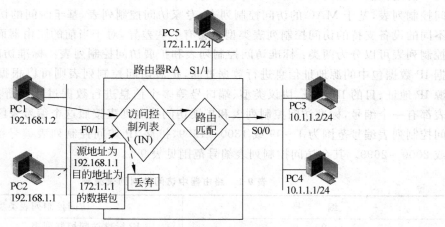

图 9-5　IN 方向的 ACL 过滤太多的数据包

如图 9-6 所示的是在路由器 RA 的 S0/0 的 OUT 方向上应用访问控制列表(拒绝源地址为 192.168.1.1 的数据包通过)。从图中可以看出,这时路由器对数据包的处理过程为先路由,然后再接口过滤。而在去往 172.1.1.0/24 这个网段的接口 S1/1 上没有配置访问控制列表,所以 PC2 能正常访问该网段,而在去往 10.1.1.0/24 这个网段的接口 S0/0 上配置了 OUT 方向的访问控制列表,所以阻止了 PC2 对 10.1.1.0/24 这个网段的访问。

从上面两者的对比看出,路由器在接口的 IN 方向应用访问控制列表时,对数据包的处理是先过滤,后路由;而在接口的 OUT 方向应用访问控制列表时,对数据包的处理是先路由,后过滤。

在配置访问控制列表的时候,经常会遇到访问控制列表配置的位置和方向,这个没有标准答案,只能根据具体情况而定,但有两条准则可以帮助我们进行基本的判断。

- 只过滤数据包源地址的 ACL 应该放置在离目的地尽可能近的地方。
- 过滤数据包的源地址和目的地址以及其他信息的 ACL,则应该放在离源地址尽可能近的地方。

215

项目
9

通过路由器的设置控制企业员工的互联网访问

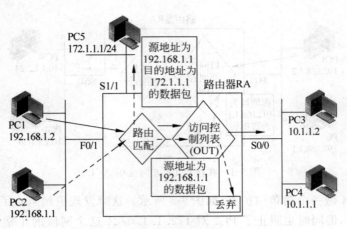

图 9-6 接口 OUT 方向应用 ACL

4. 访问控制列表类型

访问控制列表的类型有多种：有标准 IP 访问控制列表，扩展 IP 访问控制列表，名称访问控制列表，基于 MAC 的访问控制列表，专家访问控制列表，基于时间的访问控制列表等。不同的设备支持的访问控制列表类型也会有一些差异，对于当前的路由器而言，常用的访问控制列表可以分为两类：标准访问控制列表和扩展访问控制列表。标准访问控制列表只根据 IP 数据包中的源地址信息进行数据过滤，扩展访问控制列表则可以根据 IP 数据包中的源 IP 地址、目的 IP 地址、协议类型、端口号等多个信息进行数据过滤。所有的访问控制列表都有一个编号，标准访问控制列表和扩展访问控制列表按照这个编号来区分。标准 IP 访问控制列表编号范围为 1～99 或 1300～1999，扩展 IP 访问控制列表编号范围为 100～199 或 2000～2699。其余访问控制列表编号范围见表 9-1。

表 9-1 路由器中访问控制列表编号

编　　号	访问控制列表类型
1～99	IP 标准访问控制列表
100～199	IP 扩展访问控制列表
200～299	协议类型代码访问控制列表
300～399	DECnet 访问控制列表
400～499	XNS 标准访问控制列表
500～599	XNS 扩展访问控制列表
600～699	AppleTalk 访问控制列表
700～799	比特 MAC 地址访问控制列表
800～899	IPX 标准访问控制列表
900～999	IPX 扩展访问控制列表
1000～1099	IPS SAP 访问控制列表
1100～1199	扩展 48 比特 MAC 地址访问控制列表
1200～1299	IPX 汇总地址访问控制列表
1300～1999	IP 标准访问控制列表
2000～2699	IP 扩展访问控制列表

9.1.2 标准 IP 访问控制列表

标准 IP 访问控制列表只能过滤 IP 数据包头中的源 IP 地址。可以使用访问列表编号 1~99 或 1300~1999(扩展的范围)创建标准的访问列表。在创建访问控制列表时使用编号 1~99 或 1300~1999,就可以告诉路由器要创建的是标准访问列表,所以路由器将只分析数据包的源 IP 地址。标准访问控制列表通常用在路由器配置以下功能:

- 限制通过 VTY 线路对路由器的访问(Telnet、SSH)。
- 限制通过 HTTP 或者 HTTPS 对路由器的访问。
- 过滤路由更新。

9.1.3 扩展 IP 访问控制列表

当既要对数据包中的源地址进行过滤,同时又需要对目的地址过滤时,我们发现利用标准 IP 访问控制列表是无法实现的。因为标准 IP 访问控制列表不允许那样做,它只能过滤 IP 数据包中的源地址信息。但是用扩展 IP 访问控制列表却可以实现。因为扩展的 IP 访问控制列表允许用户根据源和目的地址、协议、源和目的端口等内容过滤报文。扩展的 IP 访问控制列表比标准 IP 访问控制列表提供了更广泛的控制范围。

9.1.4 基于时间的访问控制列表

在实际的网络控制应用中,经常会需要在不同的时间段对网络做出不同的控制,例如在上班时间内不允许公司员工访问互联网,其他时间可以访问任意外网资源。对于这种网络控制需求就需要将访问控制列表和时间段结合起来应用。这种与时间段结合应用的访问控制列表就是基于时间的访问控制列表。从本质上讲,基于时间的访问控制列表与标准访问控制列表和扩展访问控制列表没什么差异,只是多了个时间段参数而已。有了这个时间段参数后,这个访问控制列表就只有在此时间段内才会生效。各种访问控制列表都可以使用时间段这个参数,所以基于时间的访问控制列表实际上并不是一种单独的访问控制列表。

9.1.5 配置访问控制列表的步骤

配置访问控制列表的步骤可以分为以下几步:
(1) 分析网络控制需求。
(2) 创建访问控制列表及相关访问控制语句。
(3) 根据需求与网络结构将访问控制列表应用到交换机或路由器的相应接口。

9.1.6 NAT 概述

1. NAT 概念

NAT 英文全称是 Network Address Translation,中文的意思是"网络地址转换",如图 9-7 所示,是一种能将私有网络地址(保留 IP 地址)转换为公网(广域网)IP 地址的转换技术。由于 NAT 可以用来解决 IP 地址不足的问题,而且还能够有效地避免来自网络外部的攻击,隐藏并保护网络内部的计算机,所以它被广泛应用于各种类型的 Internet 接入方式和各种类型的网络中。

通过路由器的设置控制企业员工的互联网访问

2. NAT 的用途

我们知道 IP 地址有公有地址和私有地址之分,私有地址不能通过 Internet 路由器(因为 ISP 将边界路由器配置成禁止将使用私有地址的数据流转发到 Internet),只有使用公有地址的数据才能在 Internet 中路由。而当前 IPv4 的公有地址已经全部分配完了,对于大多数需要连接 Internet 的企业来讲,一般是不可能获得大量的公网地址去分配给每个主机使用的,而且私有地址提供的地址空间更大,使得可以采用更容易管理的编址方案,网络也更容易扩展,所以企业组网时都是采用私有地址,但当企业中的所有电脑都要连入 Internet 的时候,就需要一种能够在网络边缘将私有地址转换为公有地址的机制,而 NAT 就提供这种地址转换的机制。

NAT 有很多用途,但最主要的用途是让网络能够使用私有 IP 地址以节省公有 IP 地址。NAT 将不可路由的私有内部地址转换为可路由的公有地址。NAT 还在一定程度上改善了网络的私密性和安全性,因为它对外部网络隐藏了内部 IP 地址。

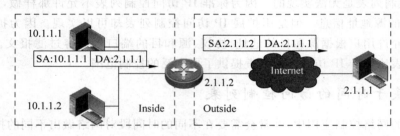

图 9-7　网络地址转换(NAT)

3. NAT 术语

在 NAT 中有 4 个术语:内部本地 IP 地址,内部全局 IP 地址,外部本地 IP 地址和外部全局 IP 地址。要较好地掌握 NAT,就必须要对这 4 个术语有清晰的认识和理解。表 9-2 中所列的为对该 4 个术语的简单解释。

表 9-2　NAT 术语

术　　语	描　　述
内部本地 IP 地址	分配给内部网络中的主机的 IP 地址,通常这种地址使用的是保留的私有地址
内部全局 IP 地址	内部主机发送的数据流离开 NAT 路由器时分配给它们的有效公有地址,通常是 ISP 提供的
外部全局 IP 地址	外部网络中的合法主机 IP 地址,通常来自全局可路由的地址空间
外部本地 IP 地址	给外部网络中的主机分配的本地 IP 地址。大多数情况下,该地址与外部设备的外部全局地址相同

内部/外部是指 IP 主机相对于 NAT 设备的物理位置。而本地/全局是用户相对于 NAT 设备的位置或视角。可以通过图 9-8 来进一步理解这两个概念。

从图 9-8 中可以看出,内部本地 IP 地址和外部全局 IP 地址是通信中的真正源地址和目的地址。内部全局 IP 地址是内部本地 IP 在外部网络的表现,也就是说,当从外部网络的位置看内部网络时,所看到的内部网络的 IP 地址(即图中的 2.1.1.2),外部用户使用该地址来与内部网络中的主机通信。外部本地 IP 地址是外部全局地址在内部网络的表现,也就是说,当从内部网络的位置看外部网络时,所看到的外部网络的 IP 地址。

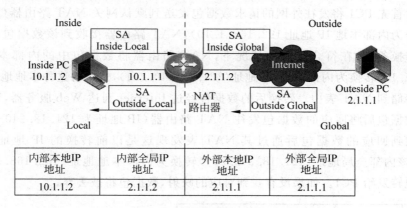

图 9-8　NAT 转换内部和外部网络地址

也可以从另外一个角度来理解这些概念,如图 9-9 所示,当内网(内部本地)向外网(外部全局)发送数据时,数据包的源地址是内部本地 IP,数据包的目的地址是外部本地 IP,在经过路由器的后,源地址被替换为内部全局,而目的地址被替换为外部全局(如果转换前后的目的地址相同,即外部本地 IP 和外部全局 IP 相同,就可以认为是普通的由内到外的 NAT,如果转换前后的目标地址不同,即外部本地 IP 和外部全局 IP 不相同,就可以用这种方式用来处理路由器两边网络存在地址重叠的情况)。

当从外网(外部全局)向内网(内部本地)发送数据时,数据包的源地址是外部全局 IP,目的地址是内部全局 IP,在经过路由器后,源地址被替换为外部本地 IP,而目的地址被替换为内部本地 IP(如果转换前后的目的地址相同,即内部全局 IP 和内部本地 IP 相同就可以认为是普通的由外向内的 NAT,如果转换前后的目的 IP 地址不同,同样可以用这种方式来处理路由器两边网络存在的地址重叠的情况)。

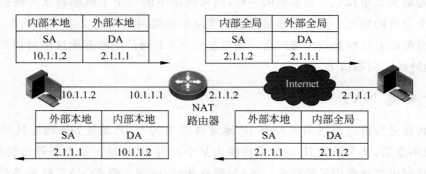

图 9-9　从数据包发送的角度看内部和外部网络地址

9.1.7　NAT 的工作过程

NAT 的本质就是当内网的数据通过 NAT 路由器时,将数据包中的私有地址转换成公有地址。下面以图 9-10 为例来讲解 NAT 的基本工作过程。

假设内网 PC1 的用户想要访问外网的 Web 服务器,PC1 是内网的主机,机器使用 IP

通过路由器的设置控制企业员工的互联网访问

地址为私有地址 192.168.1.10,而外部的 Web 服务器的 IP 地址为合法的公网地址 121.18.240.1。首先 PC1 将发往外网的请求数据包发送到默认网关 NAT 路由器(此时数据包中的源地址为内部本地 IP 地址 192.168.1.10),NAT 路由器接收到该数据包后检查是否符合地址转换条件,在符合条件的情况下,NAT 路由器将数据包中的内部本地 IP 地址(192.168.1.10)转换为内部全局 IP 地址(121.18.240.211),然后将这种本地地址到全局地址的映射存储到 NAT 表中。转换后的数据包经过 Internet 到达 Web 服务器,Web 服务器收到请求数据包后将回应的数据包发往 NAT 路由器(IP 地址为 121.18.240.211),NAT 路由器接收到回应的数据包后通过其 NAT 表发现这是以前转换的 IP 地址,所以根据 NAT 表将该内部全局地址(121.18.240.211)转换为内部本地地址(192.168.1.10),并将回应数据包转发给 PC1。如果没有找到对应的映射,数据包将被丢弃。

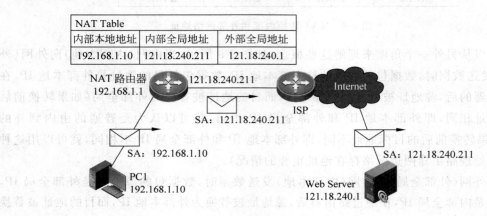

图 9-10 NAT 工作过程

NAT 的实现方式有三种:静态 NAT、动态 NAT 和端口复用 NAT。其中静态 NAT 设置起来是最为简单和最容易实现的一种,内部网络中的每个主机都被永久映射成外部网络中的某个合法的地址。而动态地址 NAT 则是在外部网络中定义了一系列的合法地址,采用动态分配的方法映射到内部网络。端口复用 NAT 则是把内部地址映射到外部网络的一个 IP 地址的不同端口上。

9.1.8 静态 NAT

静态转换是指将内部网络的私有 IP 地址转换为公有 IP 地址,IP 地址转换是一对一的,是一成不变的,某个私有 IP 地址只转换为某个公有 IP 地址。借助于静态转换,可以实现外部网络对内部网络中某些特定设备(如服务器)的访问。静态 NAT 转换条目需要预先手工进行创建,即将一个内部本地地址和一个内部全局地址唯一地进行绑定。图 9-11 说明了静态 NAT 转换的基本原理。

图 9-11 中的静态 NAT 转换过程如下:

假设内网的 PC1 要与 PC2 进行通信,首先由 PC1 向 PC2 发送报文,此时报文中的源地址为 PC1 的 IP 地址(10.1.1.2),是一个私有地址。当 NAT 路由器从 PC1 收到报文后,检查 NAT 表,发现需要将该报文的源地址进行转换。于是,NAT 路由器根据 NAT 表将报文中的源地址(10.1.1.2)转换为内部全局地址(2.1.1.3),然后将转发报文。当 PC2 接收到报文后,会回送一个应答报文,该应答报文使用内部全局地址(2.1.1.3)作为目的地址,当 NAT 路由器收到 PC2 发回的应答报文后,再根据 NAT 表将该报文中的内部全局地址(2.1.1.3)转换回内部本地地址(10.1.1.2),并将报文转发给 PC1,后者收到报文后继续会话。

静态 NAT 按照一一对应的方式将每个内部 IP 地址转换为一个外部 IP 地址,这种方式经常用于企业网的内部设备需要能够被外部网络访问到的情况。例如外部网络需要访问企业内部网络架设的 Web 服务器,此时可以将企业内部网络的 Web 服务器的内部 IP 地址转换为一个外部 IP 地址。

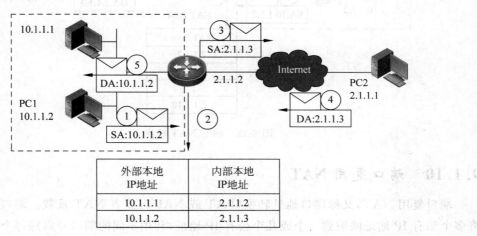

图 9-11　静态 NAT 转换

9.1.9　动态 NAT

动态 NAT 是指将内部网络的私有 IP 地址转换为公用 IP 地址时,IP 地址对是不确定的,是随机的,所有被授权访问 Internet 的私有 IP 地址可随机转换为任何指定的合法 IP 地址。也就是说,只要指定哪些内部地址可以进行转换,以及用哪些合法地址作为外部地址,就可以进行动态转换。动态转换可以使用多个合法外部地址集。当 ISP 提供的合法 IP 地址略少于网络内部的计算机数量时,可以采用动态转换的方式,图 9-12 说明了动态 NAT 转换的基本原理。

从图 9-12 中可以看出,动态 NAT 转换跟静态 NAT 转换不同的是当 NAT 路由器接收到要转换的报文后,先从地址池(NAT Pool)中取出一个未用的地址用于转换,并动态地创建一条动态的 NAT 转换表项存放在 NAT Table 中。

动态地址转换是从内部全局地址池中动态地选择一个未被使用的地址,对内部本地地址进行转换。动态地址转换条目是动态创建的,无须预先手工进行创建。

无论使用静态 NAT 还是动态 NAT,都必须有足够的公有地址,能够给同时发生的每个用户会话分配一个地址。

通过路由器的设置控制企业员工的互联网访问

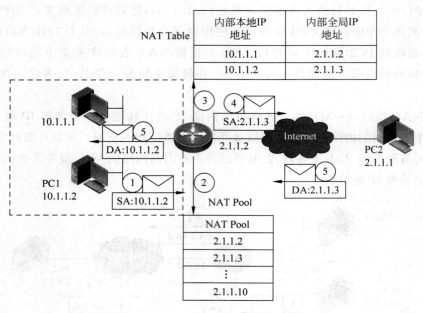

图 9-12　动态 NAT 转换

9.1.10　端口复用 NAT

端口复用 NAT，又称端口地址转换（PAT 或 NAPT）或者 NAT 重载。端口复用 NAT 将多个私有 IP 地址映射到一个或几个公有 IP 地址，利用不同的端口号跟踪每个私有地址。大多数家用路由器都是这样做的。使用端口复用 NAT 时，当客户端打开 TCP/IP 会话时，NAT 路由器将为源 IP 地址分配一个端口号，端口复用 NAT 确保连接到 Internet 服务器的每个客户端会话使用不同的 TCP 端口号。服务器返回响应时，NAT 路由器将根据源端口号（在回程中为目标端口号）决定将分组转发给哪个客户端。图 9-13 说明了端口复用 NAT 的基本工作过程。

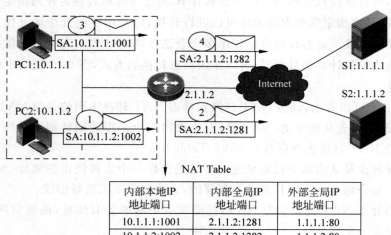

内部本地IP 地址端口	内部全局IP 地址端口	外部全局IP 地址端口
10.1.1.1:1001	2.1.1.2:1281	1.1.1.1:80
10.1.1.2:1002	2.1.1.2:1282	1.1.1.2:80

图 9-13　端口复用 NAT 工作过程

从图 9-13 中我们可以看出,当 PC2 和 S1 通信时,NAT 路由器在接收到 PC2 的报文时,在对报文中源地址 10.1.1.2 进行转换本地全局地址 2.1.1.2 的同时,也将源报文中的端口号 1002 转换成新的端口号 1281,并创建动态转换表项。PC1 和 S1 通信时,同样也进行类似的转换。

端口复用 NAT 是动态的一种实现形式,在端口复用转换中,NAT 路由器同时将报文的源地址和源端口进行转换,并使用不同的源端口来唯一地标识一个内部主机。也是目前最为常用的转换方式。

端口号是 16 位的编码,从理论上说,最多可将 65 536 个内部地址转换为同一个外部地址,但实际上大约为 4000 个。端口复用 NAT 时会尽可能保留源端口号,但如果源端口号已被使用,NAT 路由器将从合适的端口组(0~51,512~1023 或 1024~65 535)中分配一个可用的端口号。如果没有端口可用且配置了多个转换的外部 IP 地址,NAT 路由器将使用下一个 IP 地址并尝试分配原来的源端口。这个过程将不断重复下去,直到用完了所有可用的端口号和外部 IP 地址。

9.2 项 目 实 施

9.2.1 任务一:标准 IP 访问控制列表的应用

1. 任务描述

某公司考虑到财务服务器的安全,给各个部门划分了不同的 VLAN,各个部门之间通过路由器进行网络通信,公司要求除了经理部和财务部的主机能访问财务服务器外,其余各部门均不能访问财务服务器。

2. 实验网络拓扑图

实验网络拓扑图如图 9-14 所示。

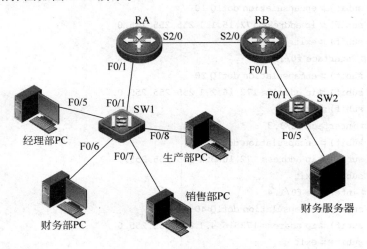

图 9-14　实验网络拓扑图

设备接口地址分配表如表 9-3 所示。

通过路由器的设置控制企业员工的互联网访问

表 9-3 设备接口地址分配表

设 备 名 称	接 口	IP 地址	说 明
路由器 RA	S2/0	10.1.1.1/24	
	F0/1.1	172.16.1.1/24	
	F0/1.2	172.16.2.1/24	
	F0/1.3	172.16.3.1/24	
	F0/1.4	172.16.4.1/24	
路由器 RB	S2/0	10.1.1.2/24	
	F0/1	192.168.1.1/24	
交换机 SW1	F0/5		VLAN 10
	F0/6		VLAN 20
	F0/7		VLAN 30
	F0/8		VLAN 40
财务服务器		192.168.1.100/24	网关:192.168.1.1
经理部 PC		172.16.1.10/24	网关:172.16.1.1
财务部 PC		172.16.2.10/24	网关:172.16.2.1
销售部 PC		172.16.3.10/24	网关:172.16.3.1
生产部 PC		172.16.4.10/24	网关:172.16.4.1

3. 设备配置

路由器 RA 配置如下:

```
//配置路由 RA 各个接口的 IP 地址
Ruijie(config)#hostname RA
RA(config)#interface s2/0
RA(config-if-Serial 2/0)#ip address 10.1.1.1 255.255.255.0
RA(config-if-Serial 2/0)#exit
RA(config)#interface f0/1.1
RA(config-subif)#encapsulation dot1Q 10
RA(config-subif)#ip address 172.16.1.1 255.255.255.0
RA(config-subif)#exit
RA(config)#interface f0/1.2
RA(config-subif)#encapsulation dot1Q 20
RA(config-subif)#ip address 172.16.2.1 255.255.255.0
RA(config-subif)#exit
RA(config)#interface f0/1.3
RA(config-subif)#encapsulation dot1Q 30
RA(config-subif)#ip address 172.16.3.1 255.255.255.0
RA(config-subif)#exit
RA(config)#interface f0/1.4
RA(config-subif)#encapsulation dot1Q 40
RA(config-subif)#ip address 172.16.4.1 255.255.255.0
RA(config-subif)#exit
//路由配置
RA(config)#route ospf 1
RA(config-router)#network 10.1.1.0 0.0.0.255 area 0
```

```
RA(config - router) # network 172.16.1.0 0.0.0.255 area 0
RA(config - router) # network 172.16.2.0 0.0.0.255 area 0
RA(config - router) # network 172.16.3.0 0.0.0.255 area 0
RA(config - router) # network 172.16.4.0 0.0.0.255 area 0
RA(config - router) # exit
RA(config) #
```

路由器 RB 配置如下：

```
//配置路由 RB 各个接口的 IP 地址
Ruijie(config) # hostname RB
RB(config) # interface s2/0
RB(config - if - Serial 2/0) # ip address 10.1.1.2 255.255.255.0
RB(config - if - Serial 2/0) # exit
RB(config) # interface f0/1
RB(config - if - FastEthernet 0/1) # ip address 192.168.1.1 255.255.255.0
RB(config - if - FastEthernet 0/1) # exit
RB(config) #
//路由配置
RB(config) # route ospf 1
RB(config - router) # network 10.1.1.0 0.0.0.255 area 0
RB(config - router) # network 192.168.1.0 0.0.0.255 area 0
RB(config - router) # exit
RB(config) #
//定义标准 IP 访问控制列表规则
RB(config) # access - list 10 permit 172.16.1.00.0.0.255
RB(config) # access - list 10 permit 172.16.2.0 0.0.0.255
RB(config) # access - list 10 deny 172.16.3.0 0.0.0.255
RB(config) # access - list 10 deny 172.16.4.0 0.0.0.255
//接口应用访问控制列表
RB(config) # interface f0/1
RB(config - if - FastEthernet 0/1) # ip access - group 10 out
```

交换机 SW1 配置如下：

```
Ruijie(config) # hostname SW1
SW1(config) # vlan 10
SW1(config - vlan) # vlan 20
SW1(config - vlan) # vlan 30
SW1(config - vlan) # vlan 40
SW1(config - vlan) # exit
SW1(config) # interface f0/1
SW1(config - if - FastEthernet 0/1) # switchport mode trunk
SW1(config - if - FastEthernet 0/1) # exit
SW1(config) # interface f0/5
SW1(config - if - FastEthernet 0/5) # switchport access vlan 10
SW1(config - if - FastEthernet 0/5) # exit
SW1(config) # interface f0/6
SW1(config - if - FastEthernet 0/6) # switchport access vlan 20
SW1(config - if - FastEthernet 0/6) # exit
```

通过路由器的设置控制企业员工的互联网访问

226

```
SW1(config)#interface f0/7
SW1(config-if-FastEthernet 0/7)#switchport access vlan 30
SW1(config-if-FastEthernet 0/7)#exit
SW1(config)#interface f0/8
SW1(config-if-FastEthernet 0/8)#switchport access vlan 40
SW1(config-if-FastEthernet 0/8)#exit
SW1(config)#
```

4. 相关命令介绍

1) 定义标准 IP 访问控制列表规则

视图：全局配置视图。

命令：

access-list *id* { **deny** | **permit** } { *source source-wildcard* | **host** *source* | **any** }

参数：

id：所创建的访问控制列表编号，标准 IP 访问控制列表编号的范围为 1~99 和 1300~1999。

deny|permit：对匹配该规则的数据包需要采取的措施，deny 表示拒绝数据包通过，permit 表示允许数据包通过。

source：需要检查的源 IP 地址或网段。

source-wildcard：需要检查的源 IP 地址的子网掩码的反码(反掩码)。

host：表示后面的源 IP 地址(source)为具体的某台主机地址。

any：表示网络中的所有主机。

说明：当要使用访问控制列表对数据进行过滤时，首先要通过 access-list 命令定义一系列访问控制列表的规则，标准 IP 访问控制列表只能对数据包中的源 IP 地址进行过滤。

例如：拒绝源 IP 地址属于 192.168.1.0/24 网段的数据通过，允许其他所有网段的数据通过。

```
access-list 1 deny 192.168.1.00.0.0.255
access-list 1 permit any
```

2) 应用访问控制列表

视图：接口配置视图。

命令：

ip access-group *id* { **in** | **out** }

参数：

id：在接口上所要应用的访问控制列表编号。

in|out：表示在接口上对哪个方向的数据进行过滤。in 表示对进入接口的数据进行过滤，out 表示对接口输出的数据进行过滤。

说明：要使编写的访问控制列表规则生效，必须要将访问控制列表应用到具体的接口上。在接口上应用访问控制列表时过滤方向的选择是很重要的。如果方向选择错误，往往会产生一些意想不到的错误结果。为了正确地应用访问控制列表,应该在编写访问控制列表规则时就确定好访问控制列表应用的接口及数据的过滤方向。通常在应用标准 IP 访问控制列表时,将应用的接口位置尽可能地选择在靠近目标的位置。

3）显示访问控制列表

视图:特权配置视图。

命令:

show access – lists [*id* | *name*]

参数:

id:访问控制列表的编号。

name:访问控制列表的名字。

说明:显示指定的访问控制列表,如果没有指定访问控制列表的编号或者名字,则显示全部的访问控制列表。

例如:显示路由器上的所有访问控制列表。

```
Ruijie#show access – lists

ip access – list standard 1
 10 permit 172.16.1.0 0.0.0.255
 20 permit 172.16.2.0 0.0.0.255
 30 deny 172.16.3.0 0.0.0.255
 40 deny 172.16.4.0 0.0.0.255
 16 packets filtered

ip access – list standard 11
 10 permit 11.1.1.0 0.0.0.255
 20 permit 11.1.2.0 0.0.0.255
 30 deny 11.1.3.0 0.0.0.255
Ruijie#
```

4）显示接口应用的访问控制列表

视图:特权配置视图。

命令:

show ip access – group [**interface** <*interface*>]

参数:

interface:指定要显示的接口。

说明:该命令可以用来显示指定接口上应用的访问控制列表,如果不指定所要显示的接口,则会显示所有接口上应用的访问控制列表。

例如:查看所有接口上应用的访问控制列表

```
Ruijie#show ip access – group
ip access – group 1 out
Applied On interface FastEthernet 0/1.
Ruijie#
```

通过路由器的设置控制企业员工的互联网访问

9.2.2 任务二：扩展 IP 访问控制列表的应用

1. 任务描述

某校园网为教师和学生分别划分了不同的 VLAN,并针对教师和学生提供了不同的网络服务(WWW 和 FTP),学校规定学生只能访问 WWW 服务器;而教师可以访问 WWW 服务器和 FTP 服务器,但禁止 ping WWW 服务器和 FTP 服务器。

2. 实验网络拓扑图

校园网拓扑图如图 9-15 所示。

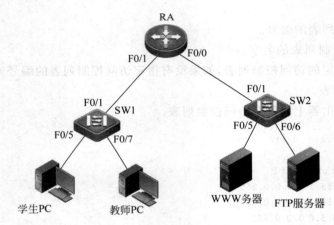

图 9-15 校园网拓扑图

设备接口地址分配表如表 9-4 所示。

表 9-4 设备接口地址分配表

设 备 名 称	接　　口	IP 地 址	说　　明
路由器 RA	F0/0	10.1.1.1/24	
	F0/1.1	172.16.1.1/24	
	F0/1.2	172.16.2.1/24	
交换机 SW1	F0/5		VLAN 10
	F0/7		VLAN 20
学生 PC		172.16.1.10/24	网关:172.16.1.1
教师 PC		172.16.2.10/24	网关:172.16.2.1
WWW 服务器		10.1.1.100/24	网关:10.1.1.1
FTP 服务器		10.1.1.101/24	网关:10.1.1.1

3. 设备配置

路由器 RA 的配置如下:

```
//配置路由器 RA 各个接口的 IP 地址
Ruijie(config)#hostname RA
RA(config)#interface f0/0
RA(config-if-FastEthernet 0/0)#ip address 10.1.1.1 255.255.255.0
RA(config-if-FastEthernet 0/0)#exit
```

```
RA(config)＃interface f0/1.1
RA(config-subif)＃encapsulation dot1Q 10
RA(config-subif)＃ip address 172.16.1.1 255.255.255.0
RA(config-subif)＃exit
RA(config)＃interface f0/1.2
RA(config-subif)＃encapsulation dot1Q 20
RA(config-subif)＃ip address 172.16.2.1 255.255.255.0
RA(config-subif)＃exit
//配置扩展 IP 访问控制列表
//定义针对学生的访问控制列表规则
RA(config)access-list 101 permit tcp 172.16.1.0 0.0.0.255 host 10.1.1.100 eq www
RA(config)access-list 101 deny tcp 172.16.1.0 0.0.0.255 host 10.1.1.101 eq ftp
RA(config)access-list 101 deny tcp 172.16.1.0 0.0.0.255 host 10.1.1.101 eq ftp-data
RA(config)access-list 101 permit ip any any
//定义针对教师的访问控制列表规则
RA(config)access-list 102 deny icmp 172.16.2.0 0.0.0.255 host 10.1.1.100
RA(config)access-list 102 deny icmp 172.16.2.0 0.0.0.255 host 10.1.1.101
RA(config)access-list 102 permit ip any any
//接口应用访问控制列表
RA(config)＃interface f0/1.1
RA(config-subif)＃ip access-group 101 in
RA(config-subif)＃exit
RA(config)＃interface f0/1.2
RA(config-subif)＃ip access-group 102 in
RA(config-subif)＃exit
```

交换机 SW1 配置如下：

```
Ruijie(config)＃hostname SW1
SW1(config)＃vlan 10
SW1(config-vlan)＃vlan 20
SW1(config-vlan)＃exit
SW1(config)＃interface f0/1
SW1(config-if-FastEthernet 0/1)＃switchport mode trunk
SW1(config-if-FastEthernet 0/1)＃exit
SW1(config)＃interface f0/5
SW1(config-if-FastEthernet 0/5)＃switchport access vlan 10
SW1(config-if-FastEthernet 0/5)＃exit
SW1(config)＃interface f0/7
SW1(config-if-FastEthernet 0/7)＃switchport access vlan 20
SW1(config-if-FastEthernet 0/7)＃exit
SW1(config)＃
```

4. 相关命令介绍

视图：全局配置视图。

命令：

access-list *id* { **deny** | **permit** } **protocol** { *source source-wildcard* | **host** *source* | **any** } [*operator port*]{ *destination destination-wildcard* | **host** *destination* | **any** } [*operator port*] [**precedence** *precedence*] [tos *tos*] [**fragments**] [**time-range** *time-range-name*]

通过路由器的设置控制企业员工的互联网访问

参数：

id：所创建的访问控制列表编号，扩展 IP 访问控制列表编号的范围为 $100\sim199$ 和 $2000\sim2699$。

deny|permit：对匹配该规则的数据包需要采取的措施，deny 表示拒绝数据包通过，permit 表示允许数据包通过。

protocol：所要过滤的协议，可以是 EIGRP、GRE、IPINIP、IGMP、NOS、OSPF、ICMP、UDP、TCP、IP 中的一个，也可以是代表 IP 协议的 $0\sim255$ 编号。

source：需要过滤的数据包源 IP 地址或网段。

source-wildcard：需要过滤的数据包源 IP 地址的子网掩码的反码(反掩码)。

host：表示后面的源(source)IP 地址为具体的某台主机地址。

any：表示网络中的所有主机，即表示任何源地址。

operator：源端口操作符(lt 表示小于，eq 表示等于，gt 表示大于，neq 表示不等于，range 表示范围)，只有 protocol 为 TCP 或 UDP 时，才会需要此选项。

port：源端口号，range 需要两个端口号码，其他的操作符只要一个端口号。也可以使用服务的名称，如 WWW,FTP 等。

destination：需要过滤的数据包目的 IP 地址或网段。

destination-wildcard：需要过滤的数据包目的 IP 地址的反掩码。

operator：目的端口操作符(lt 表示小于，eq 表示等于，gt 表示大于，neq 表示不等于，range 表示范围)，只有 protocol 为 TCP 或 UDP 时，才会需要此选项。

port：目的端口号，range 需要两个端口号码，其他的操作符只要一个端口号，也可以使用服务的名称，如 WWW,FTP 等。

precedence：需要过滤数据报文的优先级别。

precedence：需要过滤数据报文的优先级别值($0\sim7$)。

tos：需要过滤数据报文的服务类型。

tos：需要过滤数据报文的服务类型值($0\sim15$)。

fragments：表示非初始分段报文。当使用这个参数后，此访问控制列表规则将只会对非初始分段的报文进行检查，而不检查初始分段报文。

time-range*time-range-name*：访问控制列表规则生效的时间段。

说明：扩展 IP 访问控制列表可以通过对数据包的源地址、目的地址、源端口、目的端口、协议类型等多种条件进行过滤控制。所以对数据的控制要比标准 IP 访问控制列表做得精确。所以在应用接口的选择上可以尽量选择靠近源数据端的位置。

9.2.3 任务三：基于时间的访问控制列表的应用

1. 任务描述

某校园网为教师和学生分别划分了不同的 VLAN，并针对教师和学生提供了不同的网络服务(WWW 和 FTP)，学校规定学生不能访问 FTP 服务器，在每天的 9:00～20:00 的时间段内可以访问 WWW 服务器，教师只在每周一到周五的 8:00～16:00 可以访问 WWW 服务器和 FTP 服务器。

2. 实验网络拓扑图

校园网拓扑图如图 9-16 所示。

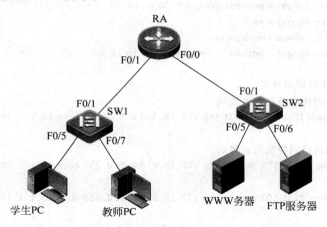

图 9-16 校园网拓扑图

设备接口地址分配表如表 9-5 所示。

表 9-5 设备接口地址分配表

设备名称	接　口	IP 地址	说　明
路由器 RA	F0/0	10.1.1.1/24	
	F0/1.1	172.16.1.1/24	
	F0/1.2	172.16.2.1/24	
交换机 SW1	F0/5		VLAN 10
	F0/7		VLAN 20
学生 PC		172.16.1.10/24	网关：172.16.1.1
教师 PC		172.16.2.10/24	网关：172.16.2.1
WWW 服务器		10.1.1.100/24	网关：10.1.1.1
FTP 服务器		10.1.1.101/24	网关：10.1.1.1

3. 设备配置

路由器 RA 的配置如下：

```
//配置路由器 RA 各个接口的 IP 地址
Ruijie(config)＃hostname RA
RA(config)＃interface f0/0
RA(config-if-FastEthernet 0/0)＃ip address 10.1.1.1 255.255.255.0
RA(config-if-FastEthernet 0/0)＃exit
RA(config)＃interface f0/1.1
RA(config-subif)＃encapsulation dot1Q 10
RA(config-subif)＃ip address 172.16.1.1 255.255.255.0
RA(config-subif)＃exit
RA(config)＃interface f0/1.2
RA(config-subif)＃encapsulation dot1Q 20
RA(config-subif)＃ip address 172.16.2.1 255.255.255.0
RA(config-subif)＃exit
```

通过路由器的设置控制企业员工的互联网访问

//定义访问控制列表应用的时间段
RA(config)♯time－range studenttime
RA(config－time－range)♯periodic daily 9:00 to 20:00
RA(config－time－range)♯exit
RA(config)♯time－range teachertime
RA(config－time－range)♯periodic weekdays 8:00 to 16:00

//配置扩展 IP 访问控制列表
//定义针对学生的访问控制列表规则
RA(config)access－list 101 permit tcp 172.16.1.0 0.0.0.255 host 10.1.1.100 eq www time－range studenttime
//定义针对教师的访问控制列表规则
RA(config)access－list 102 permit tcp 172.16.2.0 0.0.0.255 host 10.1.1.100 eq www time－range teachertime
RA(config)access－list 102 permit tcp 172.16.2.0 0.0.0.255 host 10.1.1.101 eq ftp time－range teachertime
RA(config)access－list 102 permit tcp 172.16.2.0 0.0.0.255 host 10.1.1.101 eq ftp－data time－range teachertime
//接口应用访问控制列表
RA(config)♯interface f0/1.1
RA(config－subif)♯ip access－group 101 in
RA(config－subif)♯exit
RA(config)♯interface f0/1.2
RA(config－subif)♯ip access－group 102 in
RA(config－subif)♯exit

交换机 SW1 配置如下:

Ruijie(config)♯hostname SW1
SW1(config)♯vlan 10
SW1(config－vlan)♯vlan 20
SW1(config－vlan)♯exit
SW1(config)♯interface f0/1
SW1(config－if－FastEthernet 0/1)♯switchport mode trunk
SW1(config－if－FastEthernet 0/1)♯exit
SW1(config)♯interface f0/5
SW1(config－if－FastEthernet 0/5)♯switchport access vlan 10
SW1(config－if－FastEthernet 0/5)♯exit
SW1(config)♯interface f0/7
SW1(config－if－FastEthernet 0/7)♯switchport access vlan 20
SW1(config－if－FastEthernet 0/7)♯exit
SW1(config)♯

4. 相关命令介绍

1) 定义时间段

视图:系统配置视图。

命令:

time－range *name*

参数：

name：定义的时间段名称。

说明：执行该命令后，系统进入时间段配置视图。在时间段配置视图下可以配置具体的时间段。

例如：定义名称为 usertime 的时间段。

```
Ruijie(config)#time-range usertime
Ruijie(config-time-range)#
```

2）配置绝对时间

视图：时间段配置视图。

命令：

absolute { **start** *time date* [**end** *time date*] | **end** *time date* }

参数：

start *time date*：表示时间段的起始时间。time 表示时间，格式为 hh:mm，date 表示日期，格式为"日月年"。

end *time date*：表示时间段的结束时间。格式与起始时间相同。

说明：在配置绝对时间段时，可以只配置起始时间，或者只配置结束时间。

例如：配置时间段 2011 年 9 月 1 日 8 点到 2012 年 2 月 7 日 16 点。

```
Ruijie(config)#time-range worktime
Ruijie(config-time-range)#absolute start 8:00 1 September 2011 end 16:00 7 February 2012
```

3）配置周期时间

视图：时间段配置视图。

命令：

periodic *day-of-week hh:mm* **to** [*day-of-week*] *hh:mm*

参数：

day-of-week：表示一个星期内的一天或几天，Daily 表示一个星期内的每一天，Friday 表示星期五，Monday 表示星期一，Saturday 表示星期六，Sunday 表示星期日，Thursday 表示星期四，Tuesday 表示星期二，Wednesday 表示星期三，Weekdays 表示星期一到星期五的工作日，Weekend 表示星期六和星期日的周末。

hh:mm：表示时间。

例如：定义每周工作日的上午 8 点到下午 16 点的时间段。

```
Ruijie(config)#time-range worktime
Ruijie(config-time-range)#periodic weekdays 8:00 to 16:00
```

4）应用时间段

时间段的应用就是在相应的访问控制列表中加上时间段参数 time-range。

例如：

```
Ruijie(config)#access-list 1 permit 192.168.1.00.0.0.255 time-range worktime
```

通过路由器的设置控制企业员工的互联网访问

上面例子中 worktime 为所定义的时间段名称。访问控制列表加上了时间段参数后，表示该访问控制列表只有在定义的时间段内才会生效。在使用基于时间的访问控制列表时，最重要的一点是要保证设备(路由器或交换机)上的系统时间的准确性，因为设备是根据自己的系统时间来判断是否在时间段范围内的。设备的系统时间可以在特权视图下用clock set 命令进行调整，可以用 show clock 命令查看当前系统时间。

9.2.4　任务四：静态 NAT 的应用

1. 任务描述

公司申请了一个固定的外网 IP 地址 54.12.1.35，公司内网的 WWW 服务器地址为172.16.1.100，公司希望通过在路由器上配置静态 NAT 实现外网用户对内网 WWW 服务器的访问。

2. 实验网络拓扑图

外网访问内网如图 9-17 所示。

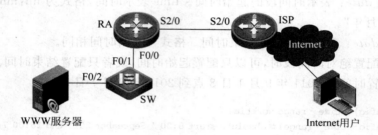

图 9-17　外网访问内网

设备接口地址分配表如表 9-6 所示。

表 9-6　设备接口地址分配表

设 备 名 称	接　　口	IP 地址	说　　明
路由器 RA	S2/0 F0/0	54.12.1.35/24 172.16.1.1/24	
路由器 ISP	S2/0 F0/0	54.12.1.36/24 11.2.2.1/24	模拟 ISP 接入 模拟 Internet 用户接入
Internet 用户		11.2.2.2/24	网关：11.2.2.1
WWW 服务器		172.16.1.100/24	网关：172.16.1.1

3. 设备配置

内部源地址静态 NAT 配置步骤如下。

步骤 1：配置路由器的路由和 IP 地址。

步骤 2：在全局配置视图下配置静态转换条目。

步骤 3：指定 NAT 内部接口/外部接口。

路由器 RA 的配置如下：

//配置路由器 RA 各个接口的 IP 地址

```
Ruijie(config) # hostname RA
RA(config) # interface f0/0
RA(config - if - FastEthernet 0/0) # ip address 172.16.1.1 255.255.255.0
RA(config - if - FastEthernet 0/0) # exit
RA(config) # interface s2/0
RA(config - if - Serial2/0) # ip address 54.12.1.35 255.255.255.0
RA(config - if - Serial 2/0) # exit
RA(config) #
//配置路由器 RA 的路由
RA(config) # ip route0.0.0.0 0.0.0.0 54.12.1.36
//配置路由器 RA 的 NAT 转换
RA(config) # ip nat inside source static 172.16.1.100 54.12.1.35
RA(config) # interface f0/0
RA(config - if - FastEthernet 0/0) # ip nat inside
RA(config - if - FastEthernet 0/0) # exit
RA(config) # interface s2/0
RA(config - if - Serial 2/0) # ip nat outside
RA(config - if - Serial 2/0) #
```

路由器 ISP 的配置如下：

```
Ruijie(config) # hostname ISP
ISP(config) # interface f0/0
ISP(config - if - FastEthernet 0/0) # ip address 11.2.2.1 255.255.255.0
ISP(config - if - FastEthernet 0/0) # exit
ISP(config) # interface s2/0
ISP(config - if - Serial 2/0) # ip address 54.12.1.36 255.255.255.0
ISP(config - if - Serial 2/0) # exit
ISP(config) #
```

4. 相关命令介绍

1）配置内部源地址静态转换条目

视图：全局配置视图。

命令：

ip nat inside source static { tcp | udp } *local - ip local - port global - ip global - port*

参数：

local-ip：内部网络中主机的本地 IP 地址。

local-port：本地 TCP/UDP 端口号，取值范围为 1～65 535。

global-ip：外部网络看到的内部主机的全局唯一的 IP 地址。

global-port：全局 TCP/UDP 端口号，取值范围为 1～65 535。

说明：静态 NAT，是建立内部本地地址和内部全局地址的一对一永久映射。当外部网络需要通过固定的全局可路由地址访问内部主机时，静态 NAT 就显得十分重要。该命令可以用 no 选项取消。

通过路由器的设置控制企业员工的互联网访问

例如：将内网的服务器地址 192.168.1.100 转换为外网地址 12.2.187.1。

Ruijie(config) # ip nat inside source static 192.168.1.100 12.2.187.1

例如：将内网的 Web 服务器 192.168.1.100 映射到 12.2.187.1 的 80 端口。

Ruijie(config) # ip nat inside source static tcp 192.168.1.100 80 12.2.187.1 80

2）指定 NAT 的内部接口/外部接口

视图：接口配置视图。

命令：

ip nat{ inside | outside }

参数：

inside：指定接口为 NAT 内部接口。

outside：指定接口为 NAT 外部接口。

说明：该命令用来指定 NAT 的内部和外部接口,目的是让路由器知道哪个是内部网络,哪个是外部网络,以便进行相应的地址转换。

例如：指定路由器的 F0/0 为内部接口,指定路由的 F0/1 为外部接口。

Ruijie(config) # interface f0/0
Ruijie(config - if - FastEthernet 0/0) # ip nat inside
Ruijie(config - if - FastEthernet 0/0) # exit
Ruijie(config) # interface f0/1
Ruijie(config - if - FastEthernet 0/1) # ip nat outside
Ruijie(config - if - FastEthernet 0/1) # exit

9.2.5 任务五：动态 NAT 的应用

1. 任务描述

公司从 ISP 处申请到一组外网 IP 地址 54.12.1.35～54.12.1.40,公司希望通过在路由器上配置动态 NAT 实现所有公司内网用户对互联网的访问。

2. 实验网络拓扑图

配置动态 NAT 如图 9-18 所示。

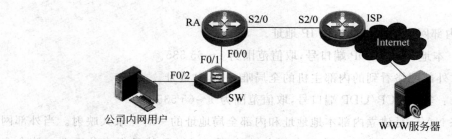

图 9-18 配置动态 NAT

设备接口地址分配表如表 9-7 所示。

表 9-7　设备接口地址分配表

设备名称	接口	IP 地址	说明
路由器 RA	S2/0	54.12.1.35/24	
	F0/0	172.16.1.1/24	
路由器 ISP	S2/0	54.12.1.100/24	模拟 ISP 接入
	F0/0	11.2.2.1/24	
WWW 服务器		11.2.2.2/24	网关：11.2.2.1
公司内网用户		172.16.1.100/24	网关：172.16.1.1

3. 设备配置

动态 NAT 转换的配置步骤如下。

步骤 1：配置路由器的路由和 IP 地址。

步骤 2：在全局配置视图下使用访问控制列表定义允许 NAT 转换的 IP 列表。

步骤 3：在全局配置视图下定义地址池(外网)。

步骤 4：在全局配置视图下定义动态转换条目。

步骤 5：指定 NAT 内部接口/外部接口。

路由器 RA 的配置如下：

```
//配置路由器 RA 各个接口的 IP 地址
Ruijie(config) # hostname RA
RA(config) # interface f0/0
RA(config - if - FastEthernet 0/0) # ip address 172.16.1.1 255.255.255.0
RA(config - if - FastEthernet 0/0) # exit
RA(config) # interface s2/0
RA(config - if - Serial2/0) # ip address 54.12.1.35 255.255.255.0
RA(config - if - Serial 2/0) # exit
RA(config) #
//配置路由器 RA 的路由
RA(config) # ip route0.0.0.0 0.0.0.0 54.12.1.100
//配置路由器 RA 的 NAT 转换
RA(config) # access - list 1 permit 172.16.1.00.0.0.255
RA(config) # ip nat pool internet_pool 54.12.1.35 54.12.1.40 netmask 255.255.255.0
RA(config) # ip nat inside source list 1 pool internet_pool overload
RA(config) # interface f0/0
RA(config - if - FastEthernet 0/0) # ip nat inside
RA(config - if - FastEthernet 0/0) # exit
RA(config) # interface s2/0
RA(config - if - Serial 2/0) # ip nat outside
RA(config - if - Serial 2/0) #
```

路由器 ISP 的配置如下：

```
Ruijie(config) # hostname ISP
ISP(config) # interface f0/0
ISP(config - if - FastEthernet 0/0) # ip address 11.2.2.1 255.255.255.0
ISP(config - if - FastEthernet 0/0) # exit
```

通过路由器的设置控制企业员工的互联网访问

```
ISP(config)# interface s2/0
ISP(config-if-Serial 2/0)# ip address 54.12.1.100 255.255.255.0
ISP(config-if-Serial 2/0)# exit
ISP(config)#
```

4. 相关命令介绍

1) 定义地址池

视图：全局配置视图。

命令：

ip nat pool *pool-name start-ip end-ip* { **netmask** *netmask* | **prefix-length** *n* }

参数：

pool-name：定义的地址池的名称。

start-ip：定义的地址池的起始地址。

end-ip：定义的地址池的结束地址。

netmask：定义的地址池中地址使用的子网掩码。

n：子网掩码中 1 的位数。

说明：该命令用来定义 NAT 转换的地址池，命令中子网掩码的参数可以用点分十进制的形式表示，也可以用子网掩码中 1 的位数来表示，可以用 no 选项删除所定义的地址池。

例如：定义名字为 net1 的地址池，起始地址为 10.1.1.1，结束地址为 10.1.1.20，网络掩码为 255.255.255.0。

```
Ruijie(config)# ip nat pool net1 10.1.1.1 10.1.1.20 netmask 255.255.255.0
```

或者

```
Ruijie(config)# ip nat pool net1 10.1.1.1 10.1.1.20 prefix-length 24
```

2) 配置动态转换条目

视图：全局配置视图。

命令：

ip nat inside source list *access-list-number* { **interface** *interface* | **pool** *pool-name*} **overload**

参数：

access-list-number：引用的访问控制列表编号，只有源地址匹配该访问控制列表，才会进行 NAT 转换。

interface：路由器的本地接口，使用该参数表示利用该接口的地址进行转换。

pool-name：引用的地址池名称。

overload：使用该参数表示做 NAPT，将源端口也进行转换。

说明：该命令将符合访问控制列表条件的内部本地地址转换到地址池中的内部全局地址。在动态转换中，pool 中的每个全局地址都是可以复用转换的。

例如：允许内网 192.168.1.0/24 网段的主机通过 net1 地址池转换，地址池范围为 11.1.1.1/24～11.1.1.10/24。

```
Ruijie(config)# access - list 1 permit 192.168.1.0 0.0.0.255
Ruijie(config)# ip nat pool net1 11.1.1.1 11.1.1.10 netmask 255.255.255.0
Ruijie(config)# ip nat inside source list 1 pool net1 overload
```

9.3 拓 展 知 识

9.3.1 基于 MAC 的 ACL

对于标准 ACL 和扩展 ACL 都是基于 IP 的 ACL,但在某些情况下基于 IP 的 ACL 是无法满足网络的需求的。例如如图 9-19 所示,某个公司一个简单的局域网中,通过使用一台交换机提供主机及服务器的接入,并且所有主机和服务器均属于同一个 VLAN 中,网络中有三台主机和一台服务器,现在需要实现访问控制,只允许 PC1 访问服务器。

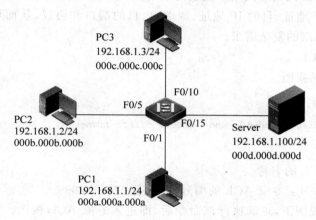

图 9-19 基于 MAC 的 ACL

由于基于 IP 的 ACL 是对数据包的 IP 地址信息进行检查,而 IP 地址是逻辑地址,用户可以方便地对其进行修改,所以很容易逃避 ACL 的检查。但基于 MAC 的 ACL 是对数据包中的源 MAC 地址、目的 MAC 地址进行检查,通常,主机的 MAC 地址是固定的,是不能修改的。所以根据 MAC 地址过滤的访问控制设备不会被“欺骗”。

通常 MAC ACL 都是用于一个子网内的过滤,因为跨网段通信的数据包的 MAC 地址都会被重写。

1. 配置 MAC ACL

命令视图:全局视图。

命令:

mac access − **list extended**{ *name* | *access* − *list* − *number* }

参数:

name:MAC ACL 的名称。

access-list-number:MAC ACL 的编号,范围是 700~799。

说明:当执行完此命令后,系统将进入 MAC ACL 视图。在该视图下可以使用以下命令配置 MAC ACL 的访问控制规则:

通过路由器的设置控制企业员工的互联网访问

{**permit** | **deny** }{ **any** | **host** *source - mac - address* }{ **any** | **host** *destination - mac - address* }
{**time - range** *time - range - name*}

2. 应用 MAC ACL

基于 MAC 的 ACL 在创建了访问控制规则后，同样需要应用到具体的接口上才会生效。可以在接口模式下，使用以下命令将 MAC ACL 应用到接口上：

mac access - group { *name* | *access - list - number* }{ **in** | **out** }

对于 MAC ACL，一些交换机只支持入方向(in)的过滤，所以在配置和应用 ACL 时，需要考虑 ACL 规则的配置方式，以及应用 MAC ACL 的接口。

9.3.2 专家 ACL

专家 ACL 是考虑到实际网络的复杂需求，将 ACL 的检查元素扩展到源 MAC 地址、目的 MAC 地址、源 IP 地址、目的 IP 地址、源端口、目的端口和协议，从而可以实现对数据更精确的过滤，满足网络的复杂需求。

1. 配置专家 ACL

命令视图：全局视图。

命令：

expert access - list extended { *name* | *access - list - number* }

参数：

name：专家 ACL 的名称。

access-list-number：专家 ACL 的编号，范围是 2700～2899。

说明：在全局视图下，正确执行该命令后，即进入专家 ACL 视图。并可以使用以下命令配置专家 ACL 的访问控制规则。

{**permit** | **deny** }[*protocol* | *ethernet - type*][**VID** *vid*][{ **any** | *source source - wildcard* }]
{ **host** *source - mace - address* | **any**][*operator port*][{ **any** | *destination destination -*
wildcard }]{ **host** *destination - mac - address* | **any** }[*operator port*][**precedence** *precedence*]
[**tos** *tos*][**time - range** *time - range - name*][**dscp** *dscp*][**fragment**]

专家 ACL 规则中很多参数的含义与扩展 IP ACL 和 MAC ACL 中的相同，只不过在专家 ACL 中可以同时指定 MAC 地址信息、IP 地址信息和端口信息，提供了更丰富、更精确的过滤项。

2. 应用专家 ACL

在接口视图下，使用以下命令可以将专家 ACL 应用到接口上：

expert access - group { *name* | *access - list - number* } { **in** | **out** }

对于专家 ACL，一些交换机只支持入方向(in)的过滤，所以在配置和应用专家 ACL 时需要考虑 ACL 规则的配置方式，以及应用专家 ACL 的接口。

9.3.3 地址空间重叠的网络处理

当两个需要互联的私有网络分配了同样的 IP 地址，或者内部网络也使用公网注册地址时,这种情况称为地址重叠。两个重叠地址的网络主机之间是不可能通信的,因为它们相互认为对方的主机在本地网络中。针对这种情况,可以采用重叠地址 NAT 来解决,重叠地址 NAT 就是专门针对重叠地址网络之间通信的问题。配置了重叠地址 NAT,外部网络主机地址在内部网络表现为另一个网络地址,反之一样。重叠地址 NAT 配置,其实分为两个部分内容:①内部源地址转换配置;②外部源地址转换。内部源地址转换配置就是前面所讲的内容,既可以使用静态 NAT 配置也可以采用动态 NAT 配置。外部源地址转换也可以采用静态 NAT 配置或者动态 NAT 配置。下面先来了解重叠地址 NAT 的工作过程。

图 9-20 是发生地址重叠时,内部网络主机访问重叠地址主机时的典型应用过程,下面对该过程进行详细的描述:

(1)当内部主机 PC1 通过 HTTP 协议访问主机 Web 时,首先会向 DNS 服务器 1.1.1.1 发送地址解析请求来获取主机 Web 的 IP 地址,该过程包含了内部源地址转换,并会在 NAT 表中留下相应的地址转换记录。

(2)当 DNS 服务器接收到地址解析请求后,会发送 DNS 响应包,此时路由器截获 DNS 响应包,检查响应包中解析后返回的 IP 地址是否与内部网络地址相同,如果相同(即是重叠地址),就进行地址转换,图 9-20 中将 10.1.1.2(主机 Web 的 IP)转换成 11.2.2.2,然后将 DNS 响应包发送给内部网络主机 PC1。

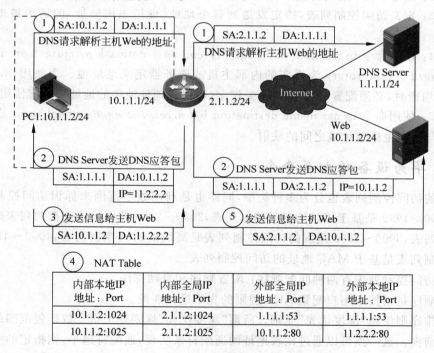

图 9-20 重叠地址的 NAT 转换

(3)内部主机 PC1 从 DNS 响应包获知主机 Web 的 IP 地址为 11.2.2.2,就向 11.2.2.2 的 TCP 80 端口发送连接请求数据包。

(4)路由器接收到该 TCP 连接请求数据包,就建立转换映射记录,内部本地地址为 10.1.1.2(主机 PC1 的 IP),内部全局地址为 2.1.1.2,外部本地地址为 11.2.2.2,外部全局

通过路由器的设置控制企业员工的互联网访问

地址为 10.1.1.2（主机 Web 的 IP）。

（5）根据 NAT 表中的映射记录，将数据包的源地址转换为 2.1.1.2，目标地址转换为 10.1.1.2（主机 Web 的 IP），然后将数据包发送给外部主机 Web。

（6）主机 Web 接收到数据包后，发送确认数据包给内部主机 PC1。

（7）路由器接收到主机 Web 发送的确认数据包后，以外部全局地址及其端口、内部全局地址及其端口号为关键字，检索 NAT 表，用外部本地地址、内部本地地址分别置换源地址和目标地址，然后发送给内部主机 PC1。

（8）内部主机 PC1 接收到数据包，重复上面（3）～（7）的过程，直到会话结束。

9.3.4　TCP 负载均衡

当内部网络某台主机 TCP 流量负载过重时，可用多台主机进行 TCP 业务的均衡负载。这时，可以考虑用 NAT 来实现 TCP 流量的负载均衡，NAT 创建了一台虚拟主机提供 TCP 服务，该虚拟主机对应内部多台实际的主机，然后对目标地址进行轮询置换，达到负载分流的目的。配置负载均衡的步骤如下。

步骤 1：配置路由器的路由和 IP 地址。

步骤 2：指定 NAT 的内部接口和外部接口。

步骤 3：定义访问控制列表，指定发送到哪个地址（虚拟主机地址）的请求被进行负载分担。

步骤 4：使用命令 ip nat pool name *start-ip end-ip* ｛ netmask *netmask* ｜ prefix-length *prefix-length* ｝ type rotary 为真实的内部主机或服务器定义地址池。当使用 NAT 进行 TCP 负载均衡时，必须配置 type rotary 关键字，以保证地址池中的地址被轮流使用。

步骤 5：使用命令 ip nat inside destination list *access-list-number* pool *name* 定义访问控制列表与真实主机地址池之间的映射。

9.3.5　华为设备的相关命令

华为的访问控制列表也分为多种类型，同样也是利用数字范围来标识访问控制列表的种类。1000～1999 是基于接口的访问控制列表，2000～2999 范围的访问控制列表是基本的访问控制列表，3000～3999 范围的访问控制列表是高级的访问控制列表，4000～4999 范围的访问控制列表是基于 MAC 地址的访问控制列表。

华为访问控制列表有两种匹配顺序：配置顺序和自动排序。

配置顺序是指按照用户配置 ACL 规则的先后进行匹配。

自动排序则使用"深度优先"原则。所谓"深度优先"规则是把指定数据包范围最小的语句排在最前面。这一点可以通过比较地址的通配符来实现，通配符越小，则指定的主机的范围就越小。例如 129.102.1.1 0.0.0.0 指定了一台主机：129.102.1.1，而 129.102.1.1 0.0.255.255 则指定了一个网段：129.102.1.1～129.102.255.255，显然前者在访问控制规则中排在前面。具体标准为：对于基本访问控制规则的语句，直接比较源地址通配符，通配符相同的则按配置顺序；对于基于接口的访问控制规则，配置了 any 的规则排在后面，其他按配置顺序；对于高级访问控制规则，首先比较源地址通配符，相同的再比较目的地址通配符，仍相同的则比较端口号的范围，范围小的排在前面，如果端口号范围也相同则按配置顺序。

华为路由器上访问控制列表应用的步骤如下。

步骤 1：启用防火墙。

步骤 2：创建访问控制列表。

步骤 3：定义访问控制列表规则。

步骤 4：接口应用访问控制列表。

创建华为的访问控制列表时，首先需要创建一个访问控制列表。

1. 创建访问控制列表

视图：全局配置视图。

命令：

```
acl number acl-number [ match-order { config | auto } ]
undo acl { number acl-number | all }
```

参数：

acl-number：访问控制规则序号。1000～1999 是基于接口的访问控制列表，2000～2999 范围的访问控制列表是基本的访问控制列表，3000～3999 范围的访问控制列表是高级的访问控制列表，4000～4999 是基于 MAC 地址的访问控制列表。

match-order config：指定匹配该规则时按用户的配置顺序。

match-order auto：指定匹配该规则时系统自动排序，即按"深度优先"的顺序。

all：删除所有配置的 ACL。

说明：缺省情况下匹配顺序为按用户的配置排序，即 config。用户一旦指定某一条访问控制列表的匹配顺序，就不能再更改该顺序，除非把该 ACL 的内容全部删除，再重新指定其匹配顺序。创建了一个访问控制列表之后，将进入 ACL 配置视图，ACL 配置视图是按照访问控制列表的用途来分类的，例如创建了一个编号为 3000 的 ACL，将进入高级 ACL 配置视图，提示符如下：

```
[h3c]acl number 3000
[h3c-acl-adv-3000]
```

进入了 ACL 视图之后，就可以配置 ACL 的规则了。对于不同的 ACL 配置视图，其规则是不一样的。

2. 定义基本访问控制列表的规则

视图：基本访问控制列表配置视图。

命令：

```
rule [ rule-id ] { permit | deny } [ source { sour-addr sour-wildcard | any } ] [ time-range time-name ] [ logging ] [ fragment ] [ vpn-instance vpn-instance-name ]
undo rule rule-id [ source ] [ time-range ] [ logging ] [ fragment ] [ vpn-instance ]
```

参数：

rule-id：可选参数，ACL 规则编号，范围为 0～65 534。当指定了编号，如果与编号对应的 ACL 规则已经存在，则会部分覆盖旧的规则，相当于编辑一个已经存在的 ACL 规则。故建议用户当编辑一个已存在编号的规则时，先将旧的规则删除，再创建新的规则，否则配

置结果可能与预期的效果不同。如果与编号对应的 ACL 规则不存在,则使用指定的编号创建一个新的规则。如果不指定编号,表示增加一个新规则,系统会自动为这个 ACL 规则分配一个编号,并增加新规则。

permit:允许符合条件的数据包。

deny:丢弃符合条件的数据包。

source:可选参数,指定 ACL 规则的源地址信息。如果不指定,表示报文的任何源地址都匹配。

sour-addr:数据包的源地址,点分十进制表示。

sour-wildcard:源地址通配符,点分十进制表示。

any:表示所有源地址,作用与源地址是 0.0.0.0,通配符是 255.255.255.255 相同。

time-range:可选参数,指定访问控制列表的生效时间。

time-name:访问控制列表生效的时间段名字。

logging:可选参数,是否对符合条件的数据包做日志。日志内容包括访问控制规则的序号,数据包允许或被丢弃,数据包的数目。仅当 ACL 被用作包过滤防火墙时,系统将记录日志。

fragment:可选参数,指定该规则是否仅对非首片分片报文有效。当包含此参数时表示该规则仅对非首片分片报文有效。

vpn-instance *vpn-instance-name*:可选参数,指定报文是属于哪个 VPN 实例的。如果没有指定,该规则对所有 VPN 实例中的报文都有效;如果指定了,则表示该规则仅仅对指定的 VPN 实例中的报文有效。

说明:对已经存在的 ACL 规则,如果采用指定 ACL 规则编号的方式进行编辑,没有配置的部分是不受影响的。可以使用 undo 命令删除相应的规则。删除规则时,如果后面不指定参数,则将这个 ACL 规则完全删除。否则只是删除对应 ACL 规则的部分信息。

3. 定义高级访问控制列表规则

视图:高级访问控制列表配置视图。

命令:

rule[*rule - id*] { **permit** | **deny** } **protocol** [**source** { *sour - addr sour - wildcard* | **any** }] [**destination** { *dest - addr dest - wildcard* | **any** }] [**soucre - port** *operator port1* [*port2*]] [**destination - port** *operator port1* [*port2*]] [**icmp - type** { *icmp - message* | *icmp - type icmp - code* }] [**dscp** *dscp*] [**established**] [**precedence** *precedence*] [**tos** *tos*] [**time - range** *time - name*] [**logging**] [**fragment**] [**vpn - instance** *vpn - instance - name*]

参数:

rule-id:可选参数,ACL 规则编号,范围为 0~65 534。当指定了编号,如果与编号对应的 ACL 规则已经存在,则会部分覆盖旧的规则,相当于编辑一个已经存在的 ACL 规则。故建议用户当编辑一个已存在编号的规则时,先将旧的规则删除,再创建新的规则,否则配置结果可能与预期的效果不同。如果与编号对应的 ACL 规则不存在,则使用指定的编号创建一个新的规则。如果不指定编号,表示增加一个新规则,系统会自动为这个 ACL 规则分配一个编号。

deny：拒绝符合条件的数据包。

permit：允许符合条件的数据包。

protocol：用名字或数字表示的 IP 承载的协议类型。数字范围为 1～255；名称取值范围为 gre、icmp、igmp、ip、ipinip、ospf、tcp、udp。

source：可选参数，指定 ACL 规则的源地址信息。如果不配置，表示报文的任何源地址都匹配。

sour-addr：数据包的源地址，点分十进制表示。

sour-wildcard：源地址通配符，点分十进制表示。

destination：可选参数，指定 ACL 规则的目的地址信息。如果不配置，表示报文的任何目的地址都匹配。

dest-addr：数据包的目的地址，点分十进制表示。

dest-wildcard：目的地址通配符，点分十进制表示。

any：表示所有源地址或目的地址，作用与源或目的地址是 0.0.0.0，通配符是 255.255.255.255 相同。

icmp-type：可选参数，指定 ICMP 报文的类型和消息码信息，仅仅在报文协议是 ICMP 的情况下有效。如果不配置，表示任何 ICMP 类型的报文都匹配。

icmp-type：ICMP 包可以依据 ICMP 的消息类型进行过滤。取值为 0～255 的数字。

icmp-code：依据 ICMP 的消息类型进行过滤的 ICMP 包也可以依据消息码进行过滤。取值为 0～255 的数字。

icmp-message：ICMP 包可以依据 ICMP 消息类型名称或 ICMP 消息类型和码的名称进行过滤。

source-port：可选参数，指定 UDP 或者 TCP 报文的源端口信息，仅仅在规则指定的协议号是 TCP 或者 UDP 有效。如果不指定，表示 TCP/UDP 报文的任何源端口信息都匹配。

destination-port：可选参数，指定 UDP 或者 TCP 报文的目的端口信息，仅仅在规则指定的协议号是 TCP 或者 UDP 有效。如果不指定，表示 TCP/UDP 报文的任何目的端口信息都匹配。

operator：可选参数。比较源或者目的地址的端口号的操作符，名字及意义如下：lt(小于)，gt(大于)，eq(等于)，neq(不等于)，range(在范围内)。只有 range 需要两个端口号做操作数，其他的只需要一个端口号做操作数。

port1，*port2*：可选参数。TCP 或 UDP 的端口号，用名称或数字表示，数字的取值范围为 0～65 535。

dscp *dscp*：指定 dscp 字段(IP 报文中的 ds 字节)。此参数与 precedence、tos 互斥。

established：匹配所有标志为 ack 或 rst 的 TCP 报文，包括 syn＋ack、ack、fin＋ack、rst、rst＋ack 等几种报文。使用此选项时，建议关闭快速转发功能。

precedence：可选参数，数据包可以依据优先级字段进行过滤。取值为 0～7 的数字或名称。此参数与 dscp 互斥。

tos *tos*：可选参数，数据包可以依据服务类型字段进行过滤。取值为 0～15 的数字或名称。此参数与 dscp 互斥。

245

time-range：可选参数,指定访问控制列表的生效时间。

time-name：访问控制列表生效的时间段名字。

logging：可选参数,是否对符合条件的数据包做日志。日志内容包括访问控制规则的序号,数据包允许或被丢弃,数据包的数目。仅当 ACL 被用作包过滤防火墙时,系统将记录日志。

fragment：可选参数,指定该规则是否仅对非首片分片报文有效。当包含此参数时表示该规则仅对非首片分片报文有效。

vpn-instance *vpn-instance-name*：可选参数,指定报文是属于哪个 VPN 实例的。如果没有指定,该规则对所有 VPN 实例中的报文都有效；如果指定了,则表示该规则仅仅对指定的 VPN 实例中的报文有效。

4. 接口应用访问控制列表

视图：接口配置视图。

命令：

firewall packet‑filter *acl‑number* [**inbound** | **outbound**]

参数：

acl-number：接口应用的访问控制列表编号。

inbound：指定要过滤进入接口的报文。

outbound：指定要过滤从接口发送的报文。

说明：使用该命令将规则应用到接口上,如果不带方向参数则认为采用 outbound 关键字。

5. 启用防火墙功能

视图：系统视图。

命令：

firewall enable
undo firewall enable

说明：命令 firewall enable 用来启用防火墙功能,命令 undo firewall enable 用来禁止防火墙功能。若未使用 firewall enable 命令启用防火墙,即使在接口配置了包过滤,包过滤的功能也不能生效。缺省情况下,禁止防火墙功能。

6. 定义时间段

视图：系统视图。

命令：

time‑range *time‑name* { *start‑time* to *end‑time days‑of‑the‑week* [**from** *start‑time start‑date*] [to *end‑time end‑date*] | **from** *start‑time start‑date* [**to** *end‑time end‑date*] | **to** *end‑time end‑date* }

参数：

time-name：定义的时间段的名字。

start-time：一个时间范围的开始时间,格式为 hh:mm,小时和分钟之间使用:分隔,hh 的范围为 0~23,mm 的范围为 0~59。

end-time：一个时间范围的结束时间，格式为 hh:mm，小时和分钟之间使用:分隔，hh 的范围为 0~23，mm 的范围为 0~59。

days-of-the-week：表示配置的时间范围在每周几有效，可以输入以下参数：

- 数字（0~6）；
- 星期日到星期六（Sunday，Monday，Tuesday，Wednesday，Thursday，Friday，Saturday）；
- 工作日（Working-day），包括从星期一到星期五 5 天；
- 休息日（Off-day），包括星期六和星期天；
- 所有日子（Daily），包括一周 7 天。

from *start-time start-date*：为可选项，表示从某一天某一时间开始。time1 的输入格式为 hh:mm，hh 的范围为 0~23，mm 的范围为 0~59。date1 的输入格式为 MM/DD/YYYY。DD 可以输入 1~31 的数字，MM 需要输入 1~12 的数字，YYYY 需要输入 1970~2100 的数字。如果不配置起始时间，则表示对起始时间没有限制，只关心结束时间。

to *end-time end-date*：为可选项，表示到某一天某一时间结束。其中 time2 和 date2 的输入格式与起始时间相同。结束时间必须大于起始时间。如果不配置结束时间，则结束时间为系统可表示的最大时间。

华为路由器的地址转换配置步骤如下。

步骤 1：定义一个访问控制列表，规定什么样的主机可以访问 Internet。

步骤 2：采用 EASY IP 或地址池方式提供公有地址。

步骤 3：根据选择的方式（地址池方式还是 EASY IP 方式），在连接 Internet 接口上允许地址转换。

步骤 4：根据局域网需要，定义合理的内部服务器。

所涉及的相关命令如下：

（1）配置访问控制列表和接口的关联。

视图：接口配置视图。

命令：

nat outbound *acl - number* **interface**

参数：

acl-number：关联的访问控制列表编号。

说明：该命令用于配置访问控制列表和接口的关联（又称 EASY IP 特性），是指在地址转换过程中直接使用接口的 IP 地址作为转换后的源地址。

（2）配置访问控制列表和地址池的关联。

视图：接口配置视图。

命令：

nat outbound *acl - number* **address - group** *group-number*

参数：

acl-number：关联的访问控制列表编号。

group-number：关联的地址池的编号。

说明：当在接口上使用地址池方式进行地址转换时，需要使用该命令配置访问控制列

通过路由器的设置控制企业员工的互联网访问

表和地址池的关联,每个地址池中的地址必须是连续的,每个地址池内最多可定义 64 个地址。当某个地址池已经和某个访问控制列表相关时进行地址转换,是不允许删除这个地址池的。

（3）定义地址池。

视图：系统视图。

命令：

nat address - **group** *group* - *number start* - *addr end-addr*

参数：

group-number：0～31 的整数,标识地址池。

start-addr：地址池的开始 IP 地址。

end-addr：地址池的结束 IP 地址。

说明：地址池表示了一些外部 IP 地址的集合,如果 start-addr 和 end-addr 相同,表示只有一个地址。地址池长度（地址池中包含的所有地址个数）不能超过 255 个地址。当某个地址池已经和某个访问控制列相表关时进行地址转换,是不允许删除这个地址池的。

（4）内部服务器地址转换配置。

视图：接口视图。

命令：

nat server[**vpn** - **instance** *vpn* - *instance* - *name*] **protocol** *pro* - *type* **global** { *global* - *addr* | **current** - **interface** | **interface** *interface* - *type interface* - *number* } [*global* - *port*] **inside** *host* - *addr* [*host* - *port*]

参数：

vpn-instance-name：内部服务器所属 VPN 的虚拟路由转发实例。如果不设置该值,表示内部服务器属于一个普通的私网,不属于某一个 MPLS VPN。

pro-type：表示 IP 协议承载的协议类型,可以使用协议号,也可用关键字代替,如 ICMP（协议号为 1）、TCP（协议号为 6）、UDP（协议号为 17）。当配置服务器组方式时,只能配置 TCP、UDP 协议。

global-addr：提供给外部访问的 IP 地址（一个合法的 IP 地址）。

global-port：提供给外部访问的服务的端口号。若忽略的话,将与 *host-port* 的值一致。

current-interface：使用路由器当前公网接口的 NAT Server 的公网地址。

interface *interface-type interface-number*：指定使用其他接口的地址作为 NAT Server 的公网地址。目前仅支持 Loopback 接口,且必须已在路由器中配置。

host-addr：服务器在内部局域网的 IP 地址。

host-port：服务器提供的服务端口号,范围为 0～65 535。常用的端口号可以用关键字代替,如 WWW 服务端口为 80,同时可以使用 WWW 代替。FTP 服务端口号为 21,同时可以使用 FTP 代替。如果为零,表示任何类型的服务都提供,可以用 any 关键字代替。如果没有配置这个参数,则表示是 any 的情况,相当于 *global-addr* 和 *host-addr* 之间有一个静态的连接。当 *host-port* 是 any 时,*global-port* 也必须是 any,否则是非法配置。

说明：NAT Server 命令用来定义一个内部服务器的映射表,用户可以通过 global-addr 和 global-port 定义的地址端口来访问地址和端口分别为 host-addr 和 host-port 的内部服务器。通过该命令可以配置一些内部网络提供给外部使用的服务器,内部服务器可以位于普通的私网内,也可以位于 MPLS VPN 内。例如 WWW、FTP、Telnet、POP3、DNS 等。在一个接口下最多可以配置 256 条内部服务器转换命令,一个接口下最多可以配置 4096 个内部服务器,系统一共可以最多配置 1024 个内部服务器转换命令。

9.4 项目实训

公司从 ISP 处申请了网址段 54.12.1.100/24～54.12.1.125/24,其中网址 54.12.1.101/24 用于 WWW1 服务器在互联网上发布 Web 服务,网址 54.12.1.102/24 用户 WWW2 服务器在互联网上发布 Web 服务,网址 54.12.1.103/24 用于 FTP 服务器在互联网上发布 FTP 服务,网址 54.12.1.104/24 用于电子邮件服务器在互联网上发布电子邮件服务;PC1 网段的用户使用 54.12.1.105/24～54.12.1.110/24 网址段访问互联网,PC2 网段的用户使用 54.12.1.111/24～54.12.1.115/24 网址段访问互联网,PC3 网段的用户使用 54.12.1.116/24～54.12.1.120/24 网址段访问互联网,同时,PC1 和 PC2 网段的用户只有在上班时间(周一到周五的 9:00～17:00)才可以允许访问所有服务器,PC3 网段的用户访问所有服务器不受限制,如图 9-21 所示,完成设置进行相关的网络测试。

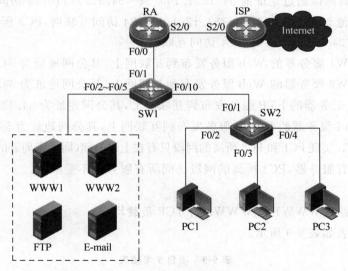

图 9-21 实训网络拓扑图

设备接口地址分配表如表 9-8 所示。

表 9-8 设备接口地址分配表

设 备 名 称	接　口	IP 地 址	说　明
路由器 ISP	S2/0	54.12.1.35/24	模拟 ISP 接入
路由器 RA	S2/0	54.12.1.100/24	
	F0/0.1	192.168.1.1/24	关联 VLAN 10
	F0/0.2	192.168.2.1/24	关联 VLAN 20
	F0/0.3	192.168.3.1/24	关联 VLAN 30
	F0/0.4	192.168.4.1/24	关联 VLAN 40

设 备 名 称	接　　口	IP 地 址	说　　明
WWW1		192.168.1.100/24	网关：192.168.1.1
WWW2		192.168.1.101/24	网关：192.168.1.1
FTP		192.168.1.102/24	网关：192.168.1.1
E-mail		192.168.1.103/24	网关：192.168.1.1
PC1		192.168.2.10/24	网关：192.168.2.1
PC2		192.168.3.10/24	网关：192.168.3.1
PC3		192.168.4.10/24	网关：192.168.4.1

基本要求：

(1) 正确选择设备并使用线缆连接。

(2) 正确给各路由器的相关接口配置 IP 地址。

(3) 正确配置各 PC 的 IP 地址、子网掩码和网关等参数。

(4) PC1 所属网段通过地址池 54.12.1.105/24～54.12.1.110/24 访问互联网，PC2 所属网段通过地址池 54.12.1.111/24～54.12.1.115/24 访问互联网，PC3 所属网段通过地址池 54.12.1.116/24～54.12.1.120/24 访问互联网。

(5) 将 WWW1 服务器的 Web 服务发布到互联网上，其公网地址为 54.12.1.101/24。

(6) 将 WWW2 服务器的 Web 服务发布到互联网上，其公网地址为 54.12.1.102/24。

(7) 将 FTP 服务器的 FTP 服务发布到互联网上，其公网地址为 54.12.1.103/24。

(8) 将 E-mail 服务器的 E-mail 服务发布到互联网上，其公网地址为 54.12.1.104/24。

(9) 配置 ACL 实现 PC1 和 PC2 所属的网段只有在上班时间(周一到周五的 9:00～17:00)才可以允许访问所有服务器，PC3 所属的网段访问所有服务器不受限制。

拓展要求：

配置 NAT 实现 WWW1 和 WWW2 的 TCP 负载均衡。

项目 9 考核表如表 9-9 所示。

表 9-9　项目 9 考核表

序　　号	项目考核知识点	参 考 分 值	评　　价
1	设备连接	3	
2	PC 的 IP 地址配置	3	
3	路由器的 IP 地址配置	3	
4	路由配置	2	
5	NAT 配置	5	
6	访问控制列表配置	4	
7	拓展要求	2	
	合　　计	22	

9.5 习 题

1. 选择题

(1) 下面哪一组数字属于 IP 标准访问控制列表编号范围？（　　）

    A. 1～99　　　　　B. 100～199　　　　C. 200～299　　　　D. 300～399

(2) IP 标准访问控制列表检查数据包中的哪个部分？（　　）

    A. 源端口　　　　　B. 目的端口　　　　C. 源地址　　　　D. 目的地址

(3) IP 标准访问控制列表应被放置在什么位置比较合适？（　　）。

    A. 越靠近数据包的源地址越好　　　　　B. 越靠近数据包的目的地址越好

    C. 跟放置的位置没有关系　　　　　D. 任何一个接口的 IN 方向

(4) IP 扩展访问控制列表的编号范围是？（　　）

    A. 1100～1199　　　B. 1200～1299　　　C. 1300～1999　　　D. 2000～2699

(5) 下面哪个操作可以使访问控制列表真正生效？（　　）。

    A. 创建访问控制列表　　　　　B. 定义访问控制列表规则

    C. 退出访问控制列表配置视图　　　　　D. 在接口应用访问控制列表

(6) 下面哪句话是正确的？（　　）。

    A. 标准访问控制列表中只能定义一条访问控制规则

    B. 当访问控制列表中的所有指令都比对完而仍然找不到匹配的指令时，该数据就会被丢弃

    C. 当在同一个接口的 IN 方向和 OUT 方向应用同一个访问控制列表时，效果一定是相同的

    D. 先定义的访问控制规则放在下面，后定义的访问控制规则放在上面

(7) 通配符掩码和子网掩码之间的关系是？（　　）。

    A. 两者是相同的　　　　　B. 通配符掩码和子网掩码恰好相反

    C. 两者中"1"的个数一定是相等的　　　　　D. 两者中"0"的个数一定是相等的

(8) 下面对地址转换的描述错误的是？（　　）。

    A. 地址转换实现了对用户透明的网络外部地址的分配

    B. 使用地址转换后，对 IP 包加密、快速转发不会造成任何影响

    C. 地址转换为内部主机提供了一定的"隐私"保护

    D. 地址转换为解决 IP 地址紧张的问题提供了一个有效的途径

(9) 下面哪个命令是在接口应用访问控制列？（　　）

    A. access-list ip　　　　　B. ip access-list

    C. access-group ip　　　　　D. ip access-group

(10) 将内网的 Web 服务器 192.168.1.1 发布到外网地址 12.2.187.1 的 80 端口的正确命令是（　　）。

    A. Ruijie(config)♯ip nat inside source static tcp 192.168.1.1 80 12.2.187.1 80

    B. Ruijie(config)♯ip nat outside source static tcp 192.168.1.1 80 12.2.187.1 80

通过路由器的设置控制企业员工的互联网访问

C. Ruijie(config)♯ip nat inside source static udp 192. 168. 1. 1 80 12. 2. 187. 1 80

D. Ruijie(config)♯ip nat outside source static udp 192. 168. 1. 1 80 12. 2. 187. 1 80

2. 简答题

（1）简述访问控制列表的功能是什么？

（2）简述配置访问控制列表的步骤。

（3）简述 IP 标准访问控制列表和 IP 扩展访问控制列表的区别。

（4）简述静态 NAT 转换的基本工作工程。

项目 10　构建无线局域网

1. 项目描述

利用常用的家用无线宽带路由构建小型的家庭或办公无线局域网。利用企业级无线设备构建大中型无线局域网。

2. 项目目标

- 了解相关 WLAN 的技术背景。
- 了解 802.11 协议。
- 掌握常用家庭无线路由器的使用。
- 掌握小型无线局域网的搭建。
- 掌握企业级无线接入设备的基本使用。

10.1　预　备　知　识

10.1.1　WLAN 的技术背景

1. WLAN 概述

无线局域网络(Wireless Local Area Networks, WLAN)是一种利用射频技术,以无线方式搭建的局域网。WLAN 以电磁波为传输介质。WLAN 技术以其可移动性和使用方便等优点而越来越受到人们的欢迎,生活中随处都有这样的应用,如手机与手机之间通过蓝牙进行数据传输,使用简单的无线路由组建小型的办公室无线网络,厂区的无线热点覆盖,以及生活中手机的信号覆盖等。在进行 WLAN 组建之前,首先要了解一些与 WLAN 相关的基础知识。

2. 主要的无线技术

根据产生无线信号的方式不同,无线技术主要可以分为射频无线技术,红外无线技术和蓝牙无线技术。

(1) 射频(RFID)。

RFID 是 Radio Frequency Identification 的缩写,即无线射频识别,俗称电子标签。RFID 是一种非接触式的自动识别技术,它通过射频信号自动识别目标对象并获取相关数据,识别工作无须人工干预,可工作于各种恶劣环境。RFID 技术可识别高速运动物体并可同时识别多个标签,操作快捷方便。

RFID 是一种简单的无线系统,只有两个基本器件,该系统用于控制、检测和跟踪物体。系统由一个询问器(或阅读器)和很多应答器(或标签)组成。

（2）红外线。

红外线（Infrared）传输是生活中最常见的一种，例如电视、空调等家电的遥控器就使用了红外线传输。很多手机和笔记本上也会有红外线接口。红外线一般用于点到点的无线通信，红外线对障碍物的穿透能力很弱。红外线传输主要采用的是直线传播形态，所以有一定的方向性，当有物体位于发射端和接收端之间时，传输就会受到影响，但它的确可以靠墙壁反射。红外线的传输距离一般都很短，所以只适用于短距离的点到点传输，如图10-1所示，速率可以达到4Mb/s。

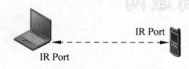

图 10-1　点到点红外线连接

IrDA（红外数据协议）是1993年6月成立的一个国际性组织，专门制定和推进能共同使用的低成本红外数据互连标准。IrDA提出了对工作距离、工作角度、光功率、数据速率、不同品牌设备互连时抗干扰能力的建议。

（3）蓝牙。

蓝牙（Bluetooth）是现在使用得较为普遍的另一种短距离无线传输技术。常用于手机、无线耳机和笔记本等设备之间进行数据传输。蓝牙工作在全球通用的2.4GHz频段，采用跳频技术，速率为1Mb/s。蓝牙无线技术既支持点到点连接，又支持点到多点的连接。跟红外通信相比具有传输距离远和无角度限制的优点，但缺点是数据速率低且成本高。

（4）3G。

第三代移动通信技术（3rd Generation，3G）是指支持高速数据传输的蜂窝移动通信技术。3G服务能够同时传送声音及数据信息，速率可达10Mb/s，主要应用于远距离无线传输。目前3G存在4种标准：CDMA2000，WCDMA，TD-SCDMA，WiMAX。

国际电信联盟（ITU）在2000年5月确定WCDMA、CDMA2000、TD-SCDMA三大主流无线接口标准，写入3G技术指导性文件《2000年国际移动通信计划》（简称IMT-2000）；2007年，WiMAX亦被接受为3G标准之一。CDMA是Code Division Multiple Access（码分多址）的缩写，是第三代移动通信系统的技术基础。

WCDMA是基于GSM网发展出来的3G技术规范，是欧洲提出的宽带CDMA技术。CDMA2000是由窄带CDMA（CDMA IS-95）技术发展而来的宽带CDMA技术，它由美国高通北美公司为主导提出，摩托罗拉、Lucent和后来加入的韩国三星都有参与，韩国现在成为该标准的主导者。TD-SCDMA标准是由中国内地独自制定的3G标准，TD-SCDMA具有辐射低的特点，被誉为绿色3G。该标准将智能无线、同步CDMA和软件无线电等当今国际领先技术融于其中，在频谱利用率、对业务支持具有灵活性、频率灵活性及成本等方面的独特优势。中国是全球唯一运营所有以上三种制式的国家。其中，中国移动基于TD-SCDMA技术制式；中国电信基于CDMA2000技术制式；中国联通基于WCDMA技术制式。WiMAX的全名是微波存取全球互通，又称为802.16无线城域网，是又一种为企业和家庭用户提供"最后一英里"的宽带无线连接方案。将此技术与需要授权或免授权的微波设备相结合之后，由于成本较低，将扩大宽带无线市场，改善企业与服务供应商的认知度。2007年10月19日，在国际电信联盟于日内瓦举行的无线通信全体会议上，经过多数国家投票通过，WiMAX正式被批准成为继WCDMA、CDMA2000和TD-SCDMA之后的第四个全球3G标准。

（5）IEEE 802.11a/b/g/n。

802.11 是 IEEE 最初制定的一个无线局域网标准，主要用于解决办公室局域网和校园网中用户与用户终端的无线接入，业务主要限于数据存取，速率最高只能达到 2Mb/s。由于 802.11 在速率和传输距离上都不能满足人们的需要，因此，IEEE 小组又相继推出了 802.11a，802.11b，802.11g 和 802.11n。

3. WLAN 的相关组织与标准

IEEE：美国电气与电子工程师学会，主要制定了多个 802.11 协议的相关标准。

Wi-Fi 联盟：1999 年创建的一个全球性非营利组织，主要目的是在全球范围内推行 Wi-Fi 产品的兼容认证，发展 802.11 技术。

IETF：互联网工程任务组，是一个松散的、自律的、志愿的民间学术组织，其主要任务是负责互联网相关技术规范的研发和制定。

CAPWAP：IETF 中目前由关于无线控制器与 FIT AP 间控制和管理标准化的工作组制定无线控制器与 AP 之间通信的标准协议。

WAPI：是一种安全协议，同时也是中国无线局域网安全强制性标准，也是无线传输协议的一种，与现行的 802.11i 传输协议比较接近。

4. WLAN 的优势

WLAN 是指以无线信道作传输媒介的计算机局域网络，是计算机网络与无线通信技术相结合的产物，它以无线多址信道作为传输媒介，提供传统有线局域网的功能，能够使用户真正实现随时、随地、随意的宽带网络接入。

WLAN 技术使网上的计算机具有可移动性，能快速、方便地解决有线方式不易实现的网络信道的连通问题。WLAN 利用电磁波在空气中发送和接收数据，而无须线缆介质。与有线网络相比，WLAN 具有以下优势：

（1）安装便捷：无线局域网的安装工作简单，它无须施工许可证，不需要布线或开挖沟槽。它的安装时间只是安装有线网络时间的零头。

（2）覆盖范围广：在有线网络中，网络设备的安放位置受网络信息点位置的限制。而无线局域网的通信范围，不受环境条件的限制，网络的传输范围大大拓宽，最大传输范围可达到几十公里。

（3）经济节约：由于有线网络缺少灵活性，这就要求网络规划者尽可能地考虑未来发展的需要，所以往往导致预设大量利用率较低的信息点。而一旦网络的发展超出了设计规划，又要花费较多费用进行网络改造。WLAN 不受布线接点位置的限制，具有传统局域网无法比拟的灵活性，可以避免或减少以上情况的发生。

（4）易于扩展：WLAN 有多种配置方式，能够根据需要灵活选择。这样，WLAN 就能胜任从只有几个用户的小型网络到上千用户的大型网络，并且能够提供像"漫游"（Roaming）等有线网络无法提供的特性。

（5）传输速率高：WLAN 的数据传输速率现在已经能够接近以太网，传输距离可远至 20km 以上。

由于 WLAN 具有多方面的优点，其发展十分迅速。在最近几年里，WLAN 已经在医院、商店、工厂和学校等不适合网络布线的场合得到了广泛的应用。

10.1.2 802.11 协议

1997 年 IEEE 发布了 802.11 协议,这也是在无线局域网领域内的第一个国际上被认可的协议。在 1999 年 9 月,他们又提出了 802.11b High Rate 协议,用来对 802.11 协议进行补充,802.11b 在 802.11 的 1Mb/s 和 2Mb/s 速率下又增加了 5.5Mb/s 和 11Mb/s 两个新的网络吞吐速率。利用 802.11b,移动用户能够获得同 Ethernet 一样的性能、网络吞吐率、可用性。这个基于标准的技术使得管理员可以根据环境选择合适的局域网技术来构造自己的网络,满足他们的商业用户和其他用户的需求。802.11 协议主要工作在 ISO 协议的最低两层上,并在物理层上进行了一些改动,加入了高速数字传输的特性和连接的稳定性。

一般现在说 802.11 协议是指 802.11 一系列协议的总称,表 10-1 为 802.11 中部分协议标准及简要说明。在 802.11 协议簇中,现在接触比较多的有 802.11a,802.11b,802.11g,802.11n。表 10-2 为各常用无线标准在工作频段、传输速率方面的对比。

表 10-1　IEEE 802.11 部分标准及其说明

标　　准	说　　明
802.11	IEEE 最初制定的一个无线局域网标准,主要用于解决办公室局域网和校园网中用户与用户终端的无线接入,业务主要限于数据存取,速率最高只能达到 2Mb/s。工作频段为 2.4GHz
802.11a	是 802.11b 标准的后续标准,工作在 5GHz 频段,速率可达 54Mb/s
802.11b	IEEE 802.11b 是所有无线局域网标准中最著名,也是普及最广的标准。工作在 2.4GHz 频段,速率可达 11Mb/s
802.11e	802.11e 是 IEEE 为满足服务质量(QoS)方面的要求而制定的 WLAN 标准。在一些语音、视频等的传输中,QoS 是非常重要的指标
802.11f	802.11f 标准确定了在同一网络内接入点的登录,以及用户从一个接入点切换到另一个接入点时的信息交换
802.11g	该标准是 802.11b 的扩充,工作频率 2.4GHz,速率达到 54Mb/s。802.11g 的设备与 802.11b 兼容
802.11i	IEEE 802.11i 是 IEEE 为了弥补 802.11 脆弱的安全加密功能而制定的修正案
802.11k	802.11k 为无线局域网应该如何进行信道选择、漫游服务和传输功率控制提供了标准
802.11n	是 IEEE 802.11 协议中继 802.11b/a/g 后又一个无线传输标准协议,将 802.11a/g 的 54Mb/s 最高发送速率提高到了 300Mb/s

表 10-2　各种常用无线标准对比

无线技术与标准	802.11	802.11a	802.11b	802.11g	802.11n
推出时间	1997 年	1999 年	1999 年	2002 年	2006 年
工作频段	2.4GHz	5GHz	2.4GHz	2.4GHz	2.4GHz 和 5GHz
最高传输速率	2Mb/s	54Mb/s	11Mb/s	54Mb/s	300Mb/s

从上面表 10-2 中可以看出,802.11a 与 802.11b/g 工作在不同的频段,所以相互是不兼容的。而 802.11n 可以工作在 2.4GHz 和 5GHz 的两个频段中,所以跟 802.11a/b/g 可以相互兼容。

10.1.3　WLAN 组件

在构建 WLAN 时,常用的组件有以下几种。

1. 笔记本等移动终端设备

移动终端或者叫移动通信终端是指可以在移动中使用的计算机设备,广义地讲包括手机、笔记本、POS 机甚至包括车载电脑。现在的笔记本基本都预先安装了无线网卡,可以很方便地和其他无线产品或者其他符合 Wi-Fi 标准的设备互连。如图 10-2 所示为常见的一些移动终端设备。

图 10-2　常见的一些移动终端设备

2. 无线网卡

无线网卡是无线终端设备与无线网络连接的接口,实现无线终端与无线网络的连接,作用类似于有线网络中的以太网网卡。有了无线网卡还需要一个可以连接的无线网络(如无线路由或者无线 AP 的覆盖),就可以通过无线网卡以无线的方式连接无线网络上网。无线网卡按照接口的不同可以分为三种:PCI 接口无线网卡,PCMCIA 接口无线网卡和 USB 无线网卡。

PCI 接口无线网卡是一种台式机专用的无线网卡,如图 10-3 所示。

PCMCIA 接口无线网卡是一种早期笔记本专用的无线网卡,支持热插拔,如图 10-4 所示。现在的笔记本一般使用 mini-PCI 无线网卡(内置),如图 10-5 所示。

图 10-3　PCI 无线网卡　　　　　图 10-4　PCMCIA 无线网卡

构建无线局域网

　　USB 无线网卡是一种台式机和笔记本上都可以使用的无线网卡，也是使用较多的一种，外形跟普通的 U 盘很相似，如图 10-6 所示。无线网卡的好坏取决于两个方面：天线和支持的标准。

图 10-5　mini-PCI 无线网卡　　　　　　图 10-6　USB 无线网卡

3. 无线接入点

　　无线接入点又称为无线 AP(Access Point)，作用是为无线终端提供接入。类似于有线网络中的集线器和交换机。它也是无线网络中重要的一个组成部分，主要用于宽带家庭、大楼内部以及园区内部。无线 AP 的工作原理是将网络信号通过双绞线传送过来，经过 AP 产品的编译，将电信号转换成为无线电信号发送出来，形成无线网的覆盖。根据不同的功率，其可以实现不同程度、不同范围的网络覆盖。每个无线 AP 都有一定的覆盖距离，从几十米到几百米，按照协议标准本身来说 IEEE 802.11b 和 IEEE 802.11g 的覆盖范围是室内 100m、室外 300m。这个数值仅是理论值，在实际应用中，会碰到各种障碍物，其中以玻璃、木板、石膏墙对无线信号的影响最小，而混凝土墙壁和铁对无线信号的屏蔽最大。所以通常实际使用范围是：室内 30m、室外 100m(没有障碍物)。大多数无线 AP 还带有接入点客户端模式(AP Client)，可以和其他 AP 进行无线连接，延展网络的覆盖范围。

　　无线 AP 基本上都有一个以太网口，用于实现与有线网络的连接，从而使无线终端能够访问有线网络。

　　AP 可以分为 FAT AP(胖 AP)和 FIT AP(瘦 AP)，也可以把 FAT 和 FIT 看成 AP 的两种不同的工作模式。FAT AP 将 WLAN 的物理层、用户数据加密、用户认证、QoS、网络管理、漫游技术以及其他应用层的功能集于一身，常见的家用无线宽带路由就是一个典型的 FAT AP。每个 FAT AP 都是独立的，不便于集中管理。FIT AP 不能单独使用，必须和 AC(无线交换机或者无线控制器)配合一起工作，相对于 FAT AP 来讲，FIT AP 是一个只有加密、射频功能的 AP，使用的时候 FIT AP 上不需要做任何配置，所有的配置都集中到无线交换机上。由无线交换机或无线控制器来统一管理。工业级的 AP 一般都可以在 FAT AP 和 FIT AP 之间进行切换的。表 10-3 是 FAT AP 和 FIT AP 的区别。

表 10-3　FAT AP 与 FIT AP 的区别

选　　项	FAT AP	FIT AP
安全性	单点安全，无整网络统一安全能力	统一的安全防护体系，AP 与无线控制器间通过数字证书进行认证，支持二层、三层安全机制
配置管理	每个 AP 需要单独配置，管理复杂	AP 零配置管理，统一由无线控制器集中配置

选 项	FAT AP	FIT AP
自定 RF 调节	没有 RF 自动调节能力	有自动的射频调整能力,自动调整包括信道、功率等无线参数,实现自动优化无线网络配置
网络恢复	网络无法自恢复,AP 故障会造成无线覆盖漏洞	无须人工干预,网络具有自恢复能力,自动弥补无线漏洞,自动紧系无线控制器切换
容量	容量小,每个 AP 独自工作	可支持最大 64 个无线控制器堆叠,最大支持 3600 个 AP 无缝漫游
漫游能力	仅支持二层漫游功能,三层无缝漫游必须通过其他技术	支持二层、三层快速安全漫游,三层漫游通过基于 FIT AP 体系架构里的 CAPWAP 标准中的隧道技术完成
可扩展性	无扩展能力	方便扩展,对于新增 AP 无须任何配置管理
一体化网络	室内室外 AP 产品需要分别单独部署,无统一配置管理能力	统一无线控制器、无线网管支持基于集中式无线网络架构的室内、室外 AP、MESH 产品
高级功能	对于基于 Wi-Fi 的高级功能,如安全、语言等支持能力很差	专门针对无线增值系统设计,支持丰富的无线高级功能,如安全、语言、位置业务、个性化页面推送、基于用户的业务/安全/服务质量控制等
网络管理能力	管理能力较弱,需要固定硬件支持	可视化的网管系统,可以实时控制无线网络 RF 状态,支持在网络部署之前模拟真实情况进行无线网络设计的工具

4. 天线

天线是用来发射和接收电磁波的部件,凡是利用电磁波来传递信息的,都依靠天线来工作,是无线网络中不可缺少的部分。天线有很多种,根据使用的场合可以分为室内天线和室外天线,根据天线的方向性可以分为定向天线和全向天线。根据用途可以分为通信天线、广播天线、电视天线和雷达天线等。如图 10-7 所示为常见的一些天线产品。

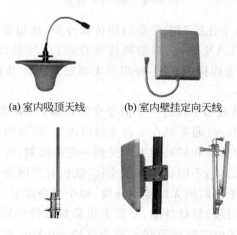

(a) 室内吸顶天线   (b) 室内壁挂定向天线

(c) 室外全向天线   (d) 室外定向天线

图 10-7　常见天线产品

选择天线时注意考虑的几个参数。

增益:天线增益是用来衡量天线朝一个特定方向收发信号的能力,它是选择基站天线

259

项目
10

构建无线局域网

最重要的参数之一。增加增益就可以在一确定方向上增大网络的覆盖范围，或者在确定范围内增大增益余量。相同的条件下，增益越高，电波传播的距离越远。一般地，室内天线的增益为 5dBi，室外的选用大于 5dBi。GSM 定向基站的天线增益为 18dBi，全向的为 11dBi。

工作频段：一般 AP 所使用的天线的工作频段是 2.4GHz 和 5.8GHz 两个频段。

安装方式：室外一般为抱杆式安装和墙壁安装。室内一般为吸顶式安装和挂壁式安装。

10.1.4 WLAN 拓扑结构

WLAN 的拓扑结构主要有两种：一种是类似于对等网络的 Ad-Hoc 模式，另一种则是 Infrastructure 模式（基础结构模式，类似有线局域网中的星型结构）。

1. Ad-Hoc 模式

Ad-Hoc 模式是点对点的对等结构，相当于有线网络中的两台计算机直接通过网卡互连，中间没有集中接入设备（AP），信号是直接在两个通信端点对点传输的，如图 10-8 所示。

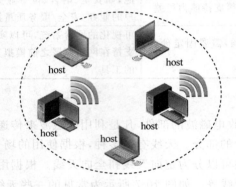

图 10-8　Ad-Hoc 模式

在有线网络中，因为每个连接都需要专门的传输介质，所以在多机互连中，一台中可能要安装多块网卡。而在 WLAN 中，没有物理传输介质，信号是以电磁波的形式发散传播的，所以在 WLAN 中的对等连接模式中，各用户无须安装多块 WLAN 网卡，相比有线网络来说，组网方式要简单许多。

Ad-Hoc 对等结构网络通信中没有一个信号交换设备，网络通信效率较低，所以仅适用于较少数量的计算机无线互连（通常是在 5 台主机以内）。同时由于这一模式没有中心管理单元，所以这种网络在可管理性和扩展性方面受到一定的限制，连接性能也不是很好。而且各无线节点之间只能单点通信，不能实现交换连接，就像有线网络中的对等网络一样。这种无线网络模式通常只适用于临时的无线应用环境，如小型会议室、SOHO 家庭无线网络等。

此外，为了达到无线连接的最佳性能，所有主机最好都使用同一品牌、同一型号的无线网卡；并且要详细了解一下相应型号的网卡是否支持 Ad-Hoc 网络连接模式，因为有些无线网卡只支持下面将要介绍的基础结构模式，当然绝大多数无线网卡是同时支持两种网络结构模式的。

2. Infrastructure 模式

Infrastructure（基础结构）模式与有线网络中的星型结构相似，也属于集中式结构类型，其中的无线 AP 相当于有线网络中的交换机,起着集中连接和数据交换的作用。在这种无线网络结构中,除了需要像 Ad-Hoc 对等结构中在每台主机上安装无线网卡,还需要一个 AP 接入设备,也就是所说的"无线接入点"。这个 AP 设备就是用于集中连接所有无线节点,并进行集中管理的。当然一般的无线 AP 还提供了一个有线以太网接口,用于与有线网络、工作站和路由设备的连接,基础结构网络如图 10-9 所示。

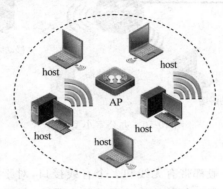

图 10-9 Infrastructure 模式

Infrastructure 模式的特点主要表现在网络易于扩展、便于集中管理、能提供用户身份验证等优势,另外数据传输性能也明显高于 Ad-Hoc 对等结构。在这种 AP 网络中,AP 和无线网卡还可针对具体的网络环境调整网络连接速率,如 11Mb/s 的可使用速率可以调整为 1Mb/s、2Mb/s、5.5Mb/s 和 11Mb/s 4 档;54Mb/s 的 IEEE 802.11a 和 IEEE 802.11g 的则有 54Mb/s、48Mb/s、36Mb/s、24Mb/s、18Mb/s、12Mb/s、11Mb/s、9Mb/s、6Mb/s、5.5Mb/s、2Mb/s、1Mb/s 共 12 个不同速率可动态转换,以发挥其在相应网络环境下的最佳连接性能。

在实际的应用环境中,连接性能往往受到许多方面因素的影响,所以实际连接速率要远低于理论速率,如上面所介绍的 AP 和无线网卡可针对特定的网络环境动态调整速率,原因就在此。另外,根据具体的应用可以对 AP 的接入用户数目进行控制,对于带宽要求较高(如学校的多媒体教学、电话会议和视频点播等)的应用,最好单个 AP 所连接的用户数少些;对于简单的网络应用可适当多些。同时要求单个 AP 所连接的无线节点要在其有效的覆盖范围内,这个距离通常为室内 100m 左右,室外则可达 300m 左右。当然如果是 IEEE 802.11a 或 IEEE 802.11g 的 AP,因为它的速率可达到 54Mb/s,有效覆盖范围也比 IEEE 802.11b 的大一倍以上,理论上单个 AP 的理论连接节点数在 100 个以上,但实际应用中所连接的用户数最好在 20 个左右。

10.2 项目实施

10.2.1 任务一:利用家用无线宽带路由构建家庭或办公室小型无线局域网

1. 任务描述

公司一办公室长约 6m,宽约 5m,办公室人员 6 人,都使用带有无线上网功能的笔记本。

现考虑在办公室做无线覆盖,从经济性考虑,决定采用家用的无线宽带路由。

2. 实验网络拓扑图

办公室小型网络如图 10-10 所示。

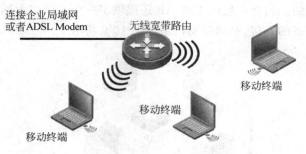

图 10-10　办公室小型网络

3. 无线宽带路由设置

现在的家用宽带路由一般都带有无线和多个有线接口,对于家庭和小范围的办公室使用接口数量应该不成问题。现在各种品牌的宽带路由很多,但宽带路由的设置界面及功能都大同小异。对宽带路由设置首先要进行正确的硬件连接,设置用的 PC 要与宽带路由的一个 LAN 口相连。然后将 PC 的 IP 地址设置成自动获取(或 192.168.1.X(X>1),因为宽带路由出厂默认的管理 IP 地址一般是 192.168.1.1,所以要把 PC 设置成跟宽带路由在同一个网段,这样 PC 才能访问宽带路由,PC 的 IP 地址设置成自动获取是因为默认状态下宽带路由里面的 DHCP 是工作的)。设置好 PC 的 IP 地址以后就可以开始设置宽带路由了。下面以 TP-LINK TL-WR340G+无线宽带路由器(如图 10-11 所示)为例介绍宽带路由器的一般设置过程。

图 10-11　TP-LINK TL-WR340G+路由器外观和面板指示灯

TP-LINK TL-WR340G+无线宽带路由器是专为满足小型企业、办公室和家庭办公室的无线上网需要而设计的,它功能实用、性能优越、易于管理。TP-LINK TL-WR340G+无线宽带路由器提供多重安全防护措施,可以有效保护用户的无线上网安全。支持 SSID 广播控制,有效防止 SSID 广播泄密;支持 64/128/152 位 WEP 无线数据加密,可以保证数据在无线网络传输中的安全。内置的特有防火墙功能,可以有效防止入侵,为用户的无线上网提供更加稳固的安全防护。TP-LINK TL-WR340G+无线宽带路由器提供多方面的管理功能,可以对 DHCP、DMZ 主机、虚拟服务器等进行管理;能够组建内部局域网,允许多台计算机共享一条单独宽带线路和 ISP 账号,并提供自动或按时连通和断开网络连接的功能,节省用户上网费用;支持访问控制,可以有效控制内网用户的上网权限。TP-LINK TL-

WR340G＋无线宽带路由器安装和配置简单。采用全中文的配置界面，每步操作都配有详细的帮助说明。特有的快速配置向导更能帮用户轻松快速地实现网络连接。

TP-LINK TL-WR340G＋黑色的前面板指示灯如图 10-11 所示，从左至右分别是 PWR 电源指示灯、SYS 系统指示灯、WLAN 无线指示灯、WAN 口、LAN 口状态指示灯。

TP-LINK TL-WR340G＋背后 LAN 口和 WAN 口采用鲜明的黄色和蓝色作区分，同时配备一根增益为 5dBi 的双极子全向天线，天线可以 360°旋转，如图 10-12 所示。

图 10-12　TP-LINK TL-WR340G＋背部接口

正确连接好 PC 和路由器后，就可以开始进行路由器的设置了，首先，打开 IE 浏览器，在地址栏中输入 http://192.168.1.1，然后按 Enter 键，这时会弹出如图 10-13 所示的对话框。

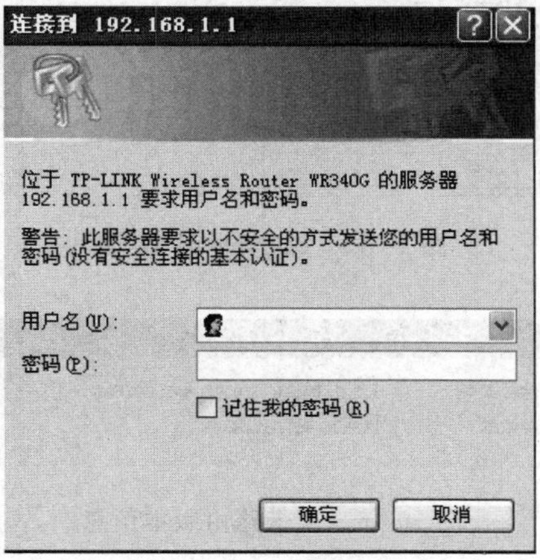

图 10-13　宽带路由用户登录对话框

这时输入用户名和密码：admin（用户名和密码默认一般都是 admin，初始的密码一般都可以在说明书中找到，这个可以在路由器设置中进行修改），然后单击确定，这时就进入路由器的设置界面，如图 10-14 所示，窗口左边是路由器设置选项菜单，同时会弹出设置向导界面，如图 10-15 所示。如果一开始不熟悉的话，可以按照设置向导提示轻松完成基本的设置。

单击左边菜单中的“运行状态”可以查看路由的工作状态，最上面显示的是路由器的软硬件版本信息，如图 10-16 所示。

下面分别是 LAN 口状态、无线状态、WAN 口状态和 WAN 口流量统计，如图 10-17 所示。

项目
10

构建无线局域网

264

图 10-14   无线宽带路由设置界面

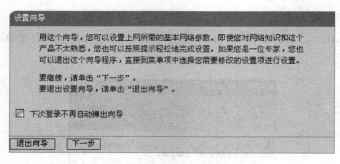

图 10-15   "设置向导"界面

版本信息

当前软件版本: 3.6.1 Build 070905 Rel.63588n
当前硬件版本: WR340G v5 08118989

图 10-16   宽带路由版本信息

左边菜单中的第二项是"设置向导",单击弹出的对话框也就是进入路由器时自动弹出的设置向导界面。在"设置向导"界面上单击"下一步"可以看到如图 10-18 所示的界面。

在这里要选择路由器链接的上网方式,如果是 ADSL 拨号的方式,就选择第一项 ADSL 虚拟拨号(PPPoE),这种设置是最常见的,一般大部分的家庭宽带接入都属于该种方式。当选择第一项后单击"下一步"会进入下面的界面,如图 10-19 所示。在该界面中设置 ADSL 拨号的账户信息。

如果是有固定 IP 地址的,就要选择第三项(一般局域网内连接使用该方式)。然后单击"下一步",这时会进入静态 IP 地址配置界面,如图 10-20 所示。

配置完上网方式后单击"下一步",就进入无线设置,如图 10-21 所示。在这里可以选择无线功能开启或关闭,无线网络参数(不同的设备参数会有一些区别)设置完后,对路由器上所需要的基本网络参数设置就完成了,正常情况下就可以通过路由器上网了。

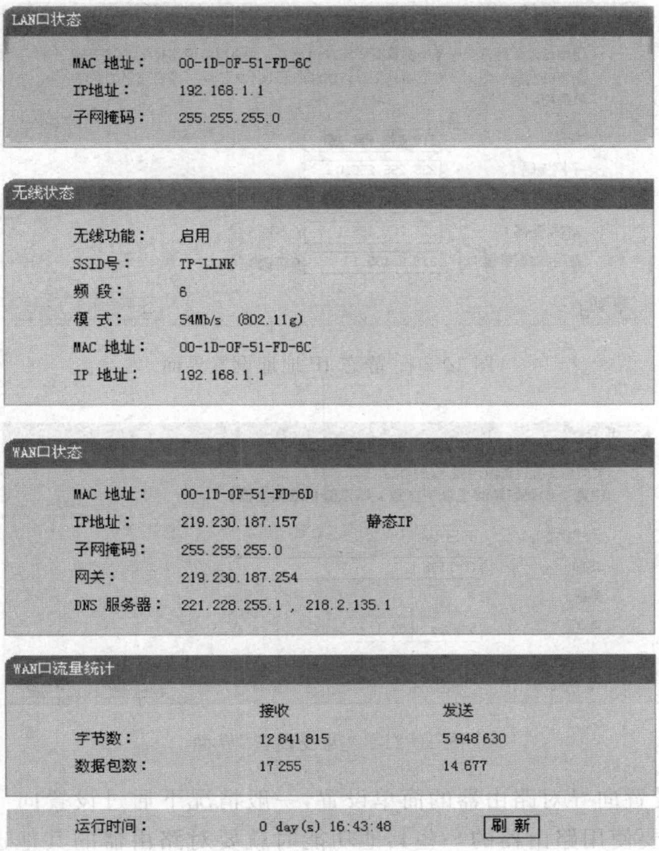

LAN口状态	
MAC 地址：	00-1D-0F-51-FD-6C
IP地址：	192.168.1.1
子网掩码：	255.255.255.0

无线状态	
无线功能：	启用
SSID号：	TP-LINK
频 段：	6
模 式：	54Mb/s （802.11g）
MAC 地址：	00-1D-0F-51-FD-6C
IP 地址：	192.168.1.1

WAN口状态	
MAC 地址：	00-1D-0F-51-FD-6D
IP地址：	219.230.187.157　　　　静态IP
子网掩码：	255.255.255.0
网关：	219.230.187.254
DNS 服务器：	221.228.255.1 ， 218.2.135.1

WAN口流量统计		
	接收	发送
字节数：	12 841 815	5 948 630
数据包数：	17 255	14 677

运行时间：	0 day(s) 16:43:48	刷 新

图 10-17　宽带路由运行状态

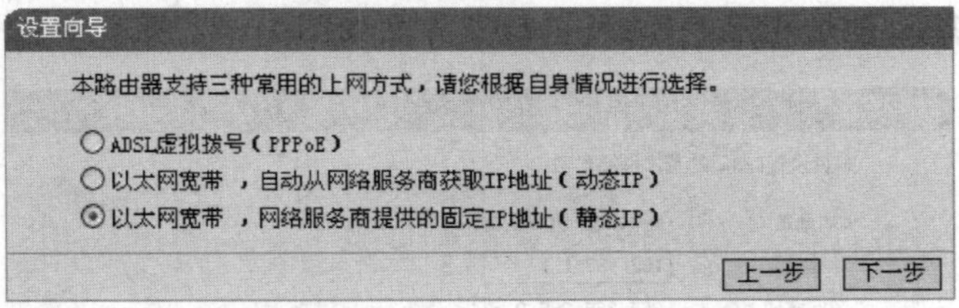

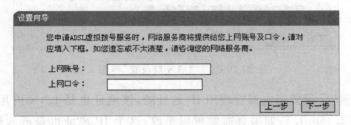

设置向导
本路由器支持三种常用的上网方式，请您根据自身情况进行选择。
○ADSL虚拟拨号（PPPoE）
○以太网宽带，自动从网络服务商获取IP地址（动态IP）
⊙以太网宽带，网络服务商提供的固定IP地址（静态IP）
上一步　下一步

图 10-18　上网方式选择界面

设置向导
您申请ADSL虚拟拨号服务时，网络服务商将提供给您上网账号及口令，请对应填入下框。如您遗忘或不太清楚，请咨询您的网络服务商。
上网账号：
上网口令：
上一步　下一步

图 10-19　ADSL拨号账号设置界面

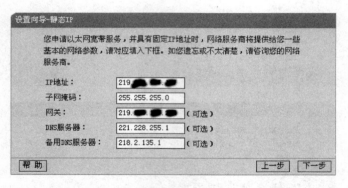

图 10-20　静态 IP 地址设置界面

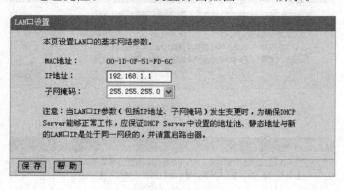

图 10-21　"无线设置"界面

前面是通过设置向导对路由器的简单设置,一般情况下通过设置向导对路由器设置就能上网了,但在需要使用路由器的一些其他功能时就要对路由器的其他选项进行设置。下面就来了解路由器中一些其他常用选项的设置。

首先来看左边菜单中的"网络参数"选项,该项中有三个子项,分别是 LAN 口设置、WAN 口设置和 MAC 地址克隆。LAN 口设置界面如图 10-22 所示。

"LAN 口设置"是设置路由器管理用 IP 地址的,该地址也是 LAN 内用户的网关地址。一般默认都为 192.168.1.1,如果有需要可以更改,这个 IP 地址也是进入路由器配置时所需的 IP 地址。连接的 PC 必须保证和这个 IP 地址在同一个网段,否则 PC 就不能进入路由器设置界面。

WAN 口设置界面根据 WAN 口连接类型的不同会有区别,最常用的是 PPPoE 拨号类型,如图 10-23 所示,该类型下可根据用户需求按需连接、自动连接、定时连接或手动连接。同时还提供动态 IP、静态 IP、802.1X＋动态 IP、802.1X＋静态 IP、L2TP、PPTP 不同的连接类型供用户选择。静态 IP 设置界面如图 10-24 所示。

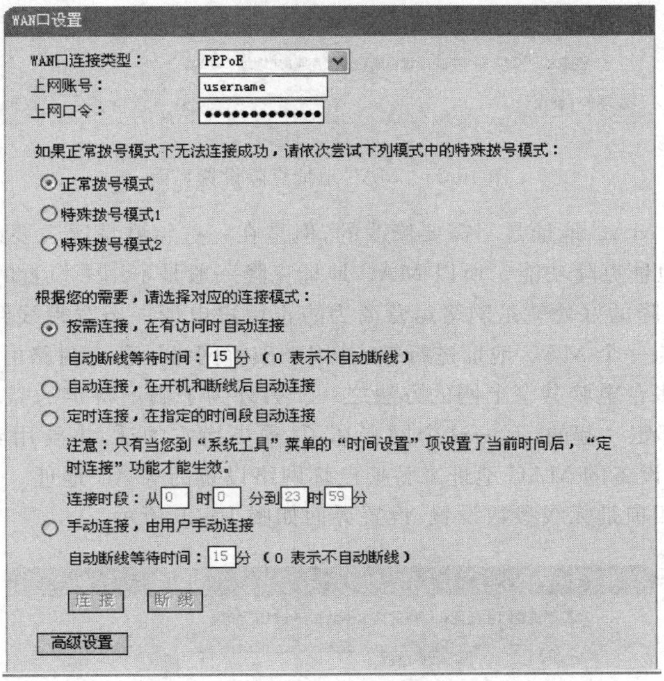

图 10-23　WAN 口 PPPoE 拨号连接类型设置界面

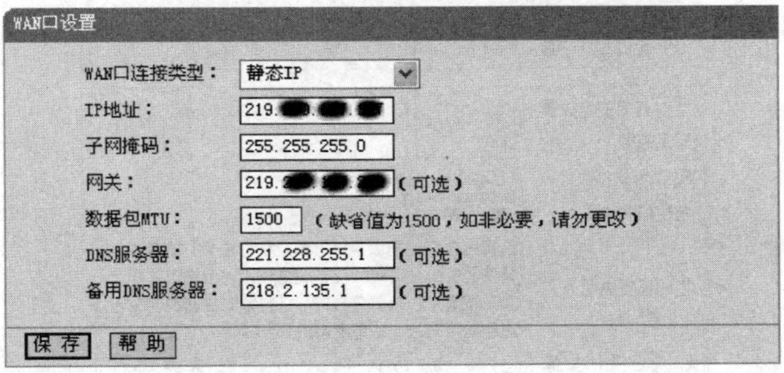

图 10-24　WAN 口静态 IP 连接类型设置界面

MAC 地址克隆设置界面如图 10-25 所示,并不是所有的设备都有该功能的。内网计算机上网是通过路由的 NAT 功能实现的,MAC 地址是 NAT 模式下内网通信的根本。内网机器与路由通信的时候要通过路由 IP 地址解析成路由 LAN 口(也就是内网接口)的 MAC 地址,路由收到链路层客户机网卡上网请求的数据包之后将客户机网卡的 MAC 地址转换成路由自己的 MAC 地址,这样再发送给 WAN 口就可以上网了。

路由的 LAN 口和 WAN 口可以理解成两张网卡,每个网卡的物理 MAC 地址都是不一

构建无线局域网

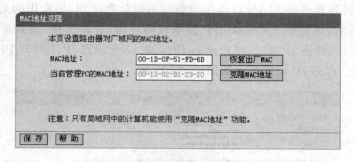

图 10-25　MAC 地址克隆设置界面

样的,一般情况下 MAC 地址是不需要修改的,但是在一些特殊情况下要改 MAC 地址时就可以使用 MAC 地址克隆功能。所以 MAC 地址克隆一般是不用去设置的。

　　MAC 地址克隆的好处就是网络运营商为防止用户申请一条宽带线路多用户上网可能对每条宽带线路与一个 MAC 地址进行绑定(用来破解网络运营商封路由),MAC 地址克隆功能是解决限制多台电脑共享上网的方法之一。另外为了满足特定的需求,有些情况下 IP 和 MAC 地址是绑定一起的,万一这个网卡坏了,须更换它的话,也要用到 MAC 地址克隆功能,用新更换的设备的 MAC 地址来替换已坏网络设备的 MAC 地址。

　　左边菜单第四项是无线参数设置,设置界面如图 10-26 所示。

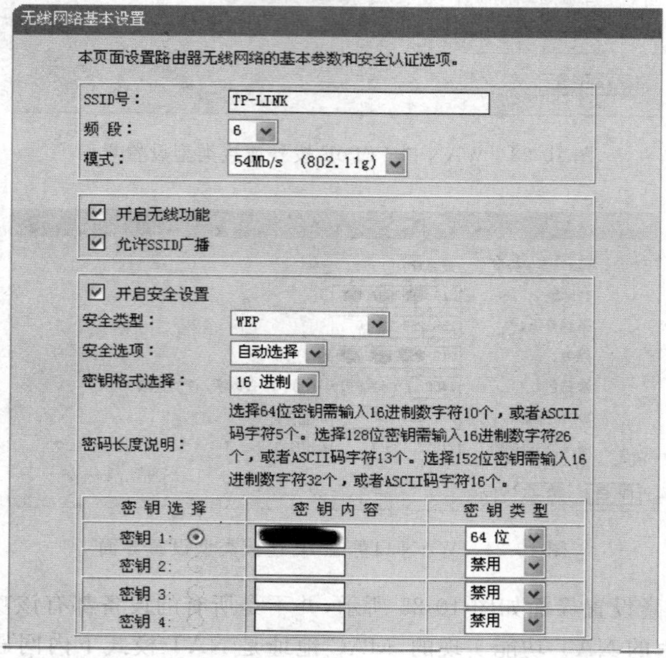

图 10-26　无线参数设置界面

　　TP-LINK TL-WR340G＋无线设置可以更改信号频段、无线模式、开启关闭无线功能、启用 SSID 广播,同时还具有桥接功能。在安全性方面,TL-WR340G＋支持 64/128/152 位 WEP 数据加密,同时支持 WPA、IEEE 802.1X、TKIP、AES 等加密与安全机制,保证用户的数据传输的安全性。

无线 MAC 地址过滤也是经常用到的功能,通过 MAC 指定或过滤连接,能够有效防止非法用户连接到无线网络来。设置界面如图 10-27 所示。

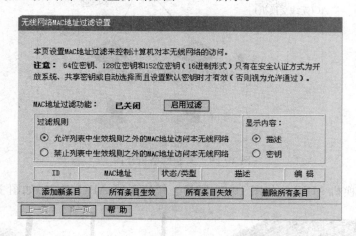

图 10-27 "无线网络 MAC 地址过滤设置"界面

一般宽带路由器中都内建有 DHCP 服务器,启用 DHCP 服务器后可以自动对局域网中的计算机进行 IP 配置。可以设置 DHCP 可分配的地址池范围及地址租期等相关参数,设置界面如图 10-28 所示。

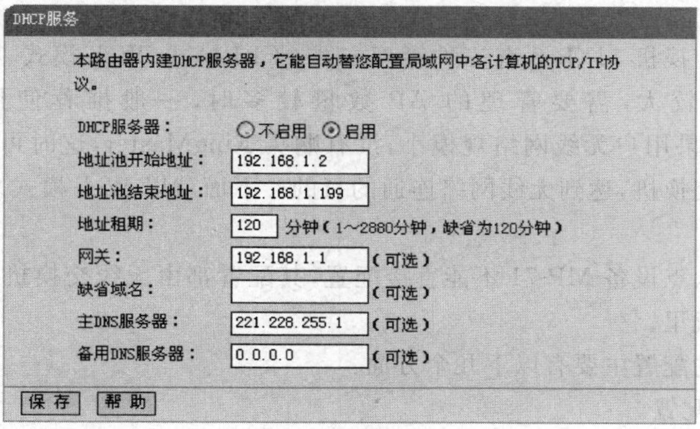

图 10-28 DHCP 服务器参数设置界面

10.2.2 任务二:利用企业级无线产品构建无线网络

1. 任务描述

公司会议室空间比较大,决定采用使用两个无线 AP 进行热点覆盖,并且采用加密方式对无线网进行加密及接入控制,只有输入正确密钥的用户才可以接入无线网络中来(无线交换机型号为锐捷的 RG-MXR-2,无线 AP 的型号为锐捷的 MP-71)。

2. 实验网络拓扑图

实验网络拓扑图如图 10-29 所示。

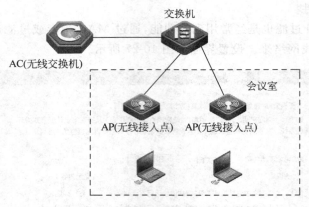

图 10-29　实验网络拓扑图

锐捷无线交换机 MXR-2 如图 10-30 所示。锐捷无线 AP(MP-71)如图 10-31 所示。

图 10-30　锐捷无线交换机 MXR-2　　　　图 10-31　锐捷无线 AP(MP-71)

3. 设备配置

锐捷的无线交换机 MXR-2 有三种管理方式：CLI 模式、Web 模式、RingMaster 模式。当无线网络规模较大，需要管理的 AP 数量较多时，一般推荐使用专业管理软件 RingMaster,但如果用户无线网络规模小，没有购买 RingMaster,这时可以使用 Web 模式来管理配置无线交换机，达到无线网络连通的目的。下面就以 Web 模式来介绍配置管理无线交换机。

锐捷无线接入点设备 MP-71 不能直接配置,其配置都由无线交换机 MX 来完成,配置保存在无线交换机里。

无线交换机的配置主要有以下几个方面：

- 恢复出厂配置。
- 快速配置。
- Web 登录。
- Web 模式下的 Quick Start 向导配置。
- 配置 PORT,打开 POE 供电。
- 配置 VLAN-DHCP Server。
- 配置服务 Services。
- 添加 AP。

1) 恢复出厂配置

要对无线交换机恢复出厂设置,可以在 CLI 模式下执行下面的两条命令来恢复设备的出厂设置。

```
MXR-2# clear boot config          //删除配置信息
MXR-2# reset system               //重启系统
```

2）快速配置

通过快速配置，可以完成无线交换机的基本参数配置，如交换机的名称、IP 设置、登录用户名和密码、系统时间等。在 CLI 模式下执行 quickstart 命令，根据提示逐步完成无线交换机的快速配置，基本过程如下：

无线交换机启动完成后，会提示要求输入用户名和密码（默认用户名和密码全为空），此时可以直接按 Enter 键进入用户视图，如图 10-32 所示。

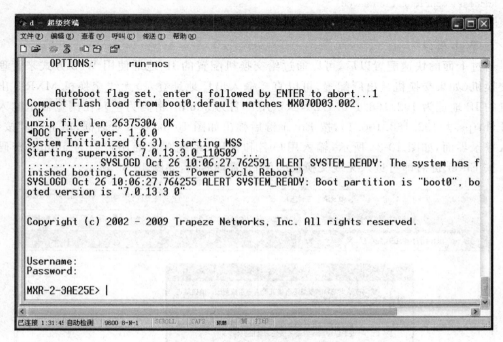

图 10-32　快速配置

然后输入命令 enable，进入配置视图。此时会提示要求输入密码（默认密码为空），同样直接按 Enter 键进入配置视图，然后执行 quickstart 命令，配置过程如下：

```
MXR-2-3AE25E# quickstart
This will erase any existing config. Continue? [n]: y
Answer the following questions. Enter '?' for help. ^C to break out
System Name [MXR-2]: MXR-2
Country Code [US]: CN
System IP address []: 192.168.100.1
System IP address netmask []: 255.255.255.0
Default route []: 192.168.100.254
Do you need to use 802.1Q tagged ports for connectivity on the default VLAN? [n]
: n
Enable Webview   [y]: y
Admin username [admin]: admin
Admin password [mandatory]:
```

```
Enable password [optional]:
Do you wish to set the time? [y]: y
Enter the date (dd/mm/yy) []: 26/10/11
Enter the time (hh:mm:ss) []: 10:24:00
Enter the timezone []: cn
Enter the offset (without DST) from GMT for 'cn' in hh:mm [0:0]: 8:0
Do you wish to configure wireless? [y]: n
success: created keypair for ssh
success: Type "save config" to save the configuration
 * MXR - 2# save config
success: configuration saved.
MXR - 2#
```

3)Web 登录

通过上面的快速配置以后,可以通过给交换机配置的 IP 地址使用 Web 方式来管理无线交换机(如果交换机是出厂配置,可以直接输入出厂地址登录,无线交换机 MXR-2 出厂设置的 IP 地址为 192.168.100.1/24,默认用户名为 admin,密码为空),在浏览器里输入该地址(https://192.168.100.1),按 Enter 键后弹出如图 10-33 所示对话框,单击"是"按钮,进入登录界面,如图 10-34 所示,输入用户名和密码(系统默认的用户名为 admin,密码为空),按 Enter 键后即可进入无线交换机的 Web 管理界面,如图 10-35 所示。

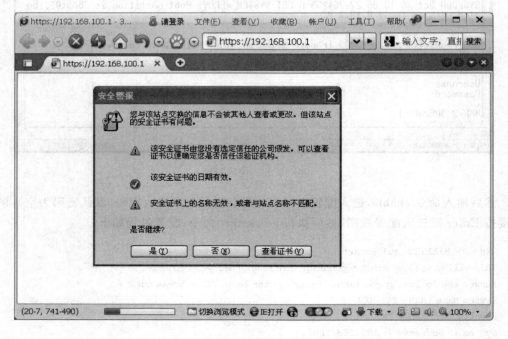

图 10-33   安全警报

通过单击 Configure 可以进入交换机的配置管理页面,如图 10-36 所示。

4)Web 模式下的 Quick Start 向导配置

通过 Configure 下面的 Quick Start 向导可以完成对无线交换机的基本参数设置。Quick Start 向导配置过程如下。

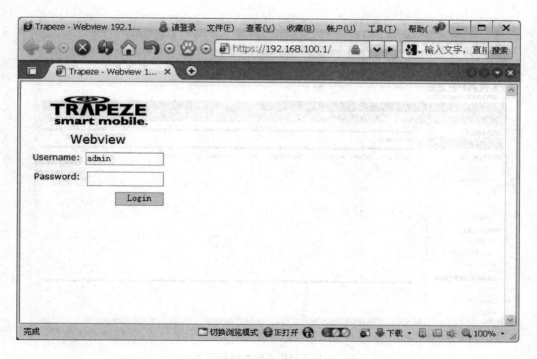

图 10-34　登录界面

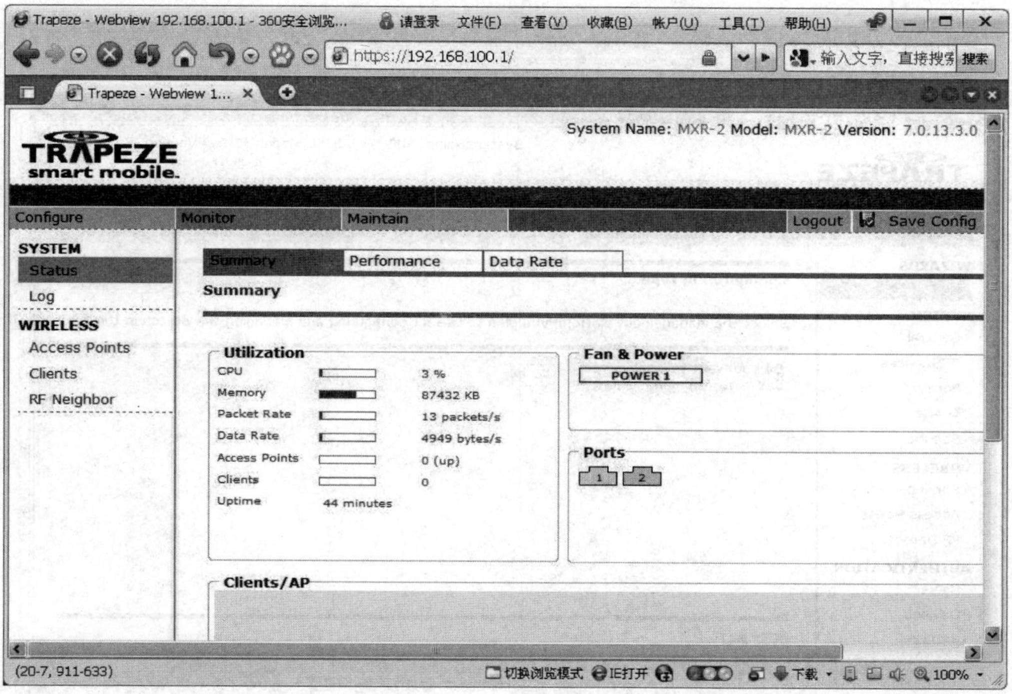

图 10-35　Web 管理界面

项
目
10

构建无线局域网

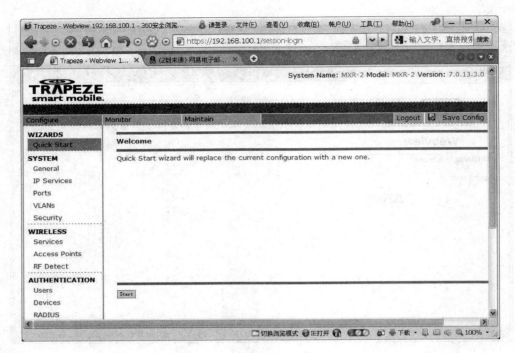

图 10-36　交换机的配置管理页面

第一步：设置是否禁用基于 Web 的交换机管理，选择 No，如图 10-37 所示。

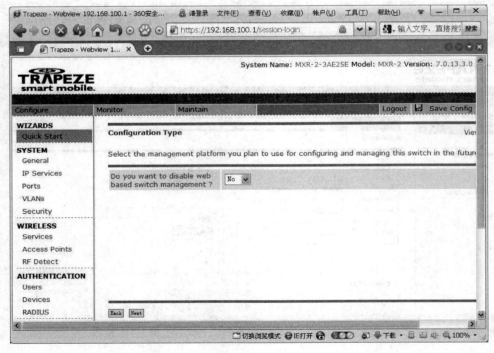

图 10-37　设置是否使用 Web 方式管理

第二步：设置交换机的名称，如图 10-38 所示。

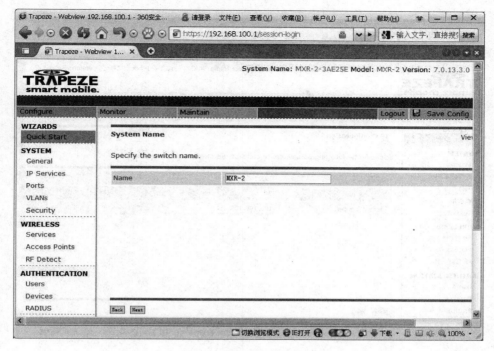

图 10-38　设置交换机的名称

第三步：选择交换机所在国家，如图 10-39 所示。

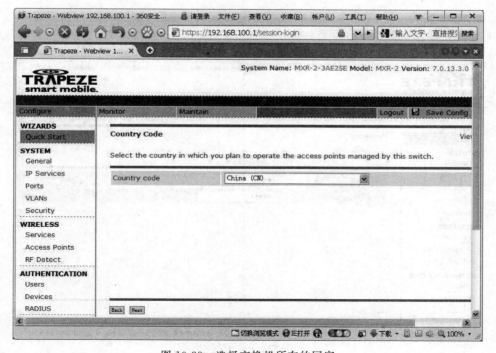

图 10-39　选择交换机所在的国家

构建无线局域网

第四步：配置交换机连接到网络的 IP 地址，默认路由等参数，如图 10-40 所示。

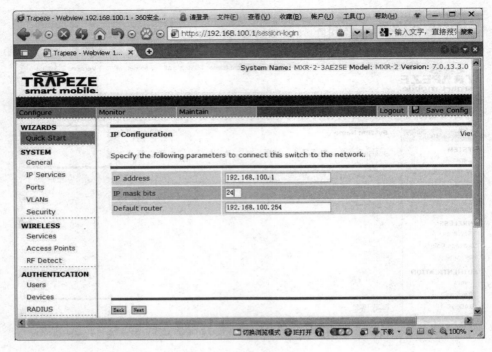

图 10-40　配置各参数

第五步：设置以后进入系统管理的访问密码，如图 10-41 所示。

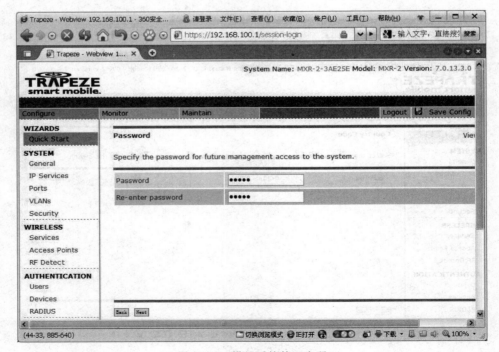

图 10-41　设置系统管理密码

第六步：设置交换机的时间和日期等参数，如图 10-42 所示。

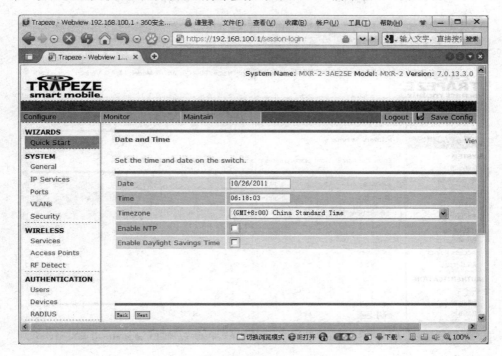

图 10-42　设置交换机的时间和日期

第七步：选择无线接入时的认证方式，如图 10-43 所示。

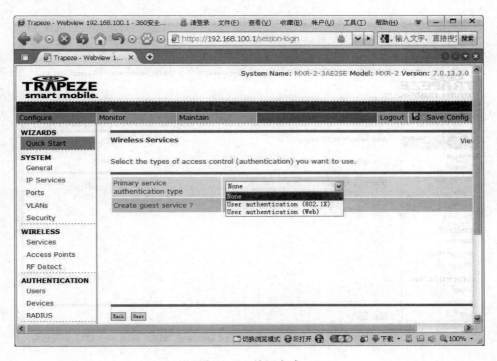

图 10-43　认证方式

构建无线局域网

第八步：设置服务名称和 SSID，如图 10-44 所示。

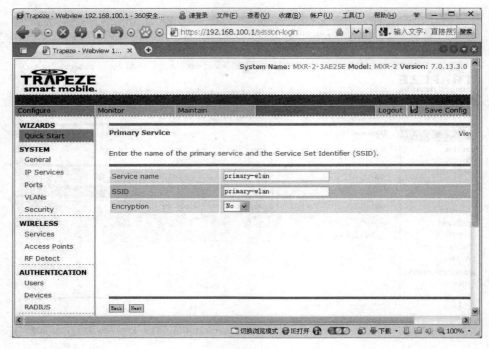

图 10-44　设置服务名称和 SSID

第九步：设置交换机接口的缺省 VLAN，如图 10-45 所示。

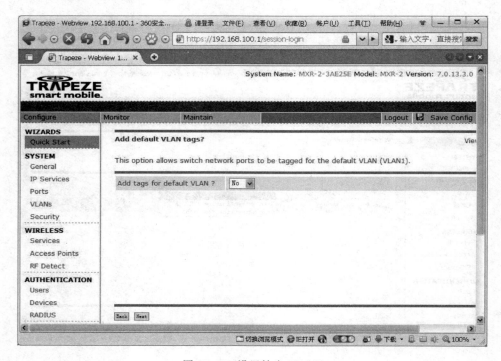

图 10-45　设置缺省 VLAN

第十步：配置交换机管理的接入点，如图 10-46 所示。选择 Yes，进入接入点配置页面，如图 10-47 所示。输入接入点名称，选择接入点型号，然后选择接入点的连接模式为分布式连接，并输入 AP 的 SN 号码。

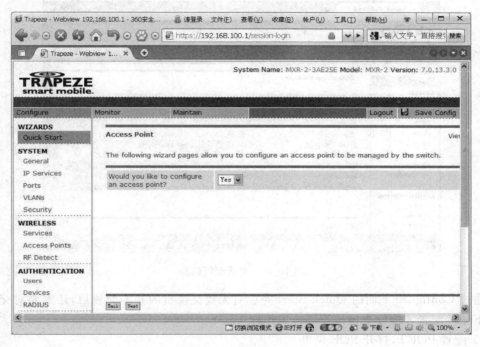

图 10-46　配置接入点

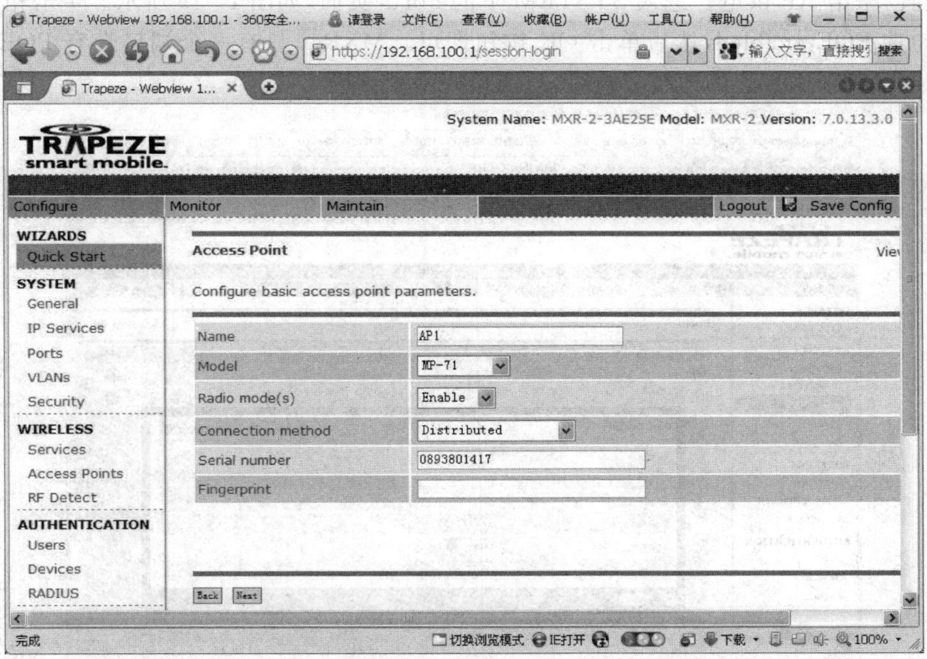

图 10-47　接入点配置界面

构建无线局域网

第十一步：确认配置信息，完成基本配置，如图 10-48 所示。

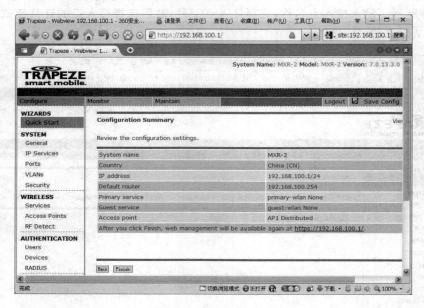

图 10-48　确认配置信息

通过 Configure 下面的 Quick Start 完成对无线交换机的基本配置后，还需要对交换机做以下一些配置才能使交换机正确地工作。

5) 配置 PORT，打开 POE 供电

当无线交换机和接入点(AP)采用直连的连接方式时，可以打开交换机上端口的 POE供电设置，来给 AP 供电。进入 SYSTEM 下的 Ports 页面，如图 10-49 所示。单击相应的端口号，勾选 POE enabled，然后单击 OK 按钮即可。MXR-2 只有一个端口带有 POE 供电，所以在与 AP 采用直连的连接方式时，只能接入一个 AP。

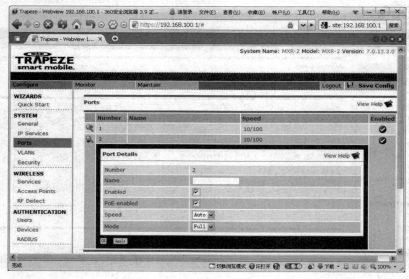

图 10-49　Ports 页面

6）配置 VLAN-DHCP Server

因为无线接入点设备 AP（MP-71）没有配置，其 IP 都是由无线交换机（MXR-2）下发分配的，所以无线交换机必须要配 DHCP Server。

进入 SYSTEM 下面的 VLANs 页面，编辑默认 VLAN 1，在 DHCP Server 中开启 DHCP 服务，并设置分配的 IP 地址范围，如图 10-50 所示。

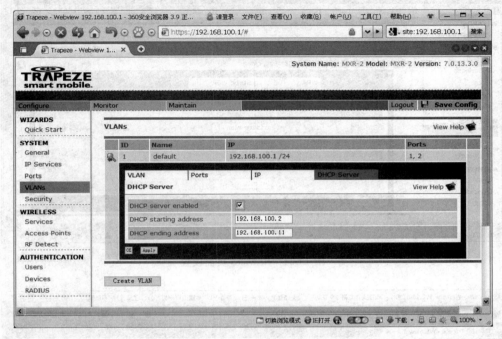

图 10-50　设置 IP 地址范围

7）配置服务 Services

进入 WIRELESS 下面的 Services 页面，无线交换机 MXR-2 可以提供开放的（不加密）、WPA 和 Static WEP 三种方式的服务。当需要配置开放式的无线接入时，只需要在 Encryption 选项中选择 No 即可，如图 10-51 所示。当配置加密认证的无线接入方式时，可以选择 WPA 方式（如图 10-52 所示）和 Static WEP 方式（如图 10-53 所示）并配置相关参数。

8）添加 AP

当要无线交换机要管理多个接入点（AP）时，可以进入 WIRELESS 下面的 Access Points 页面添加 AP 和编辑已有的 AP。添加 AP 的操作如图 10-54 和图 10-55 所示。

在添加 AP 时，首先要明确无线交换机和接入点 AP 之间的连接方式（直接方式（Direct Connect）和分布式连接方式（Distributed）），当选择了连接方式为分布式连接时，必须要输入 AP 的 Serial number（该序列号可以从 AP 设备上找到）。除了明确连接方式以外还特别要注意 AP 型号选择要正确。添加 AP 完成以后必须要对 AP 进行编辑，即要勾选 Blink 选项，如图 10-56 所示，只有该选项选中了，该 AP 才会开始提供接入服务。

上述相关操作配置完成后单击 Save Config 进行保存配置，如图 10-57 所示。

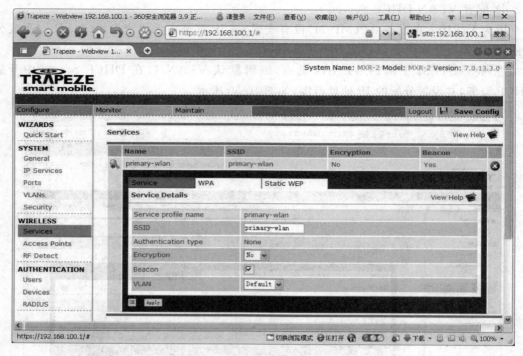

图 10-51 Services 页面设置

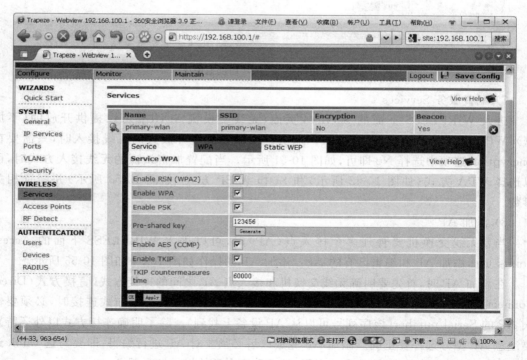

图 10-52 WPA 方式

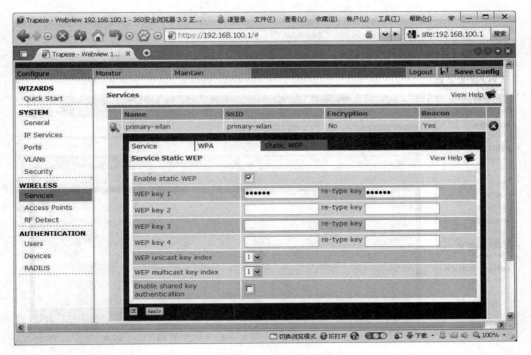

图 10-53　Static WEP 方式

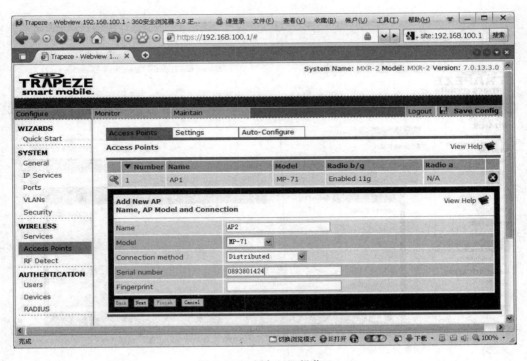

图 10-54　添加 AP 操作 1

构建无线局域网

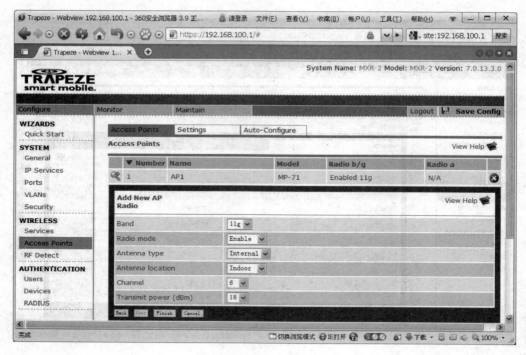

图 10-55 添加 AP 操作 2

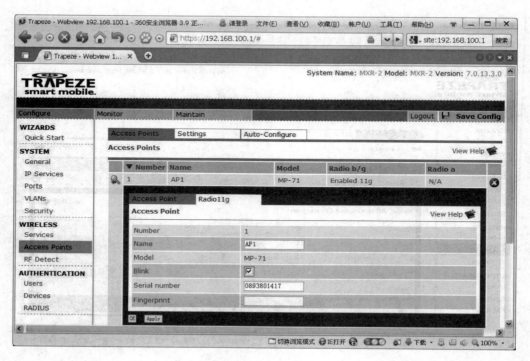

图 10-56 勾选 Blink

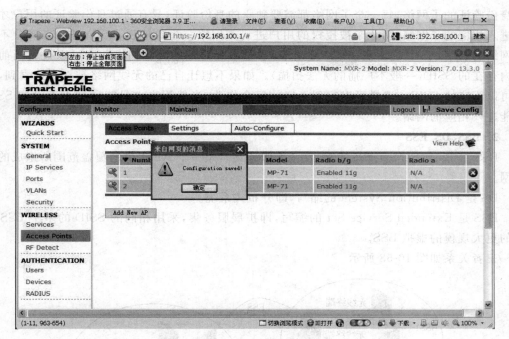

图 10-57　保存配置

10.3　拓展知识

10.3.1　无线网卡与无线上网卡的区别

对于许多普通用户来讲,无线网卡和无线上网卡经常会看成一种设备,尤其是那些 USB 接口的无线网卡和无线上网卡,外观很相似。虽然两者都能用来无线上网,但使用确实有很大的不同,无线网卡实质上跟普通的网卡一样,只不过是无线的,通过它上网需要由已经连接到网络中无线 AP 或者无线路由来支持。简单地说无线网卡的作用、功能就跟普通电脑网卡一样,是用来连接到局域网上的。它只是一个信号收发的设备,只有在找到上互联网的出口时才能实现与互联网的连接,所以无线网卡必须要和无线 AP 或者无线路由结合使用。

无线上网卡的原理更接近一部手机,无线上网卡的使用需要运营商的网络覆盖,还要有 SIM 卡在里面。跟平时打电话类似,无线上网卡搭配 SIM 卡通过运营商网络信号才能上网。它可以在拥有无线电话信号覆盖的任何地方,利用手机的 SIM 卡来连接到互联网上。无线上网卡就好比无线化的调制解调器。目前主流的是 3G(联通、电信、移动)产品。

10.3.2　802.11 网络基本元素

1. SSID

服务集标识(Service Set Identifier,SSID)技术可以将一个无线局域网分为几个需要不同身份验证的子网络,每一个子网络都需要独立的身份验证,只有通过身份验证的用户才可以进入相应的子网络,防止未被授权的用户进入本网络。简单地说,SSID 是用来区分不同的网络的名字,SSID 通常由 AP 广播出来,通过系统自带的无线扫描功能可以查看当前区域内存在的 SSID(一般不广播的无法扫描)。如果不想让自己的无线网络被别人搜索到,那么可以不广播 SSID。这样可以起到一定的安全作业,当然用户也只能通过手工设置 SSID 才能进入相应的网络。

2. BSS、DS、ESS

BSS 是 Basic Service Set 的缩写(基本服务集),是一个 AP 提供的覆盖范围所组成的局域网。

DS 是 Distribution System 的缩写,即分布式系统。

ESS 是 Extended Service Set 的缩写,即扩展服务集,采用相同的 SSID 的多个 BSS 形成的更大规模的虚拟 BSS。

三者关系如图 10-58 所示。

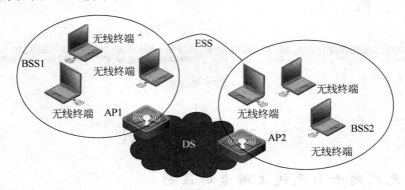

图 10-58　BSS、DS、ESS 关系

10.3.3　WLAN 的安全

无线局域网产业是目前无线通信技术领域发展最快的产业之一。无线局域网跟传统有线网络不同,无线网络通过暴露在空气中的电磁波传送数据,任何非授权的移动终端都能接收到,而且电磁波也容易受到干扰。所以无线局域网存在很大的安全隐患,为了保证通信的正确,无线网络的安全就显得尤为重要,常用的无线网络安全技术有隐藏 SSID、MAC 地址过滤、认证和加密等。

1. 隐藏 SSID

隐藏 SSID 是一种简单的控制安全的手段,隐藏 SSID 其实就是 AP 不向外广播 SSID,这样对于一般用户来讲就无法自动搜索到该 SSID,这样就能阻止那些不知道 SSID 的人员的接入。但是如果知道了隐藏的 SSID 或者利用一些软件扫描到了隐藏的 SSID 的话,该手段就不再有任何安全作用了。

2. MAC 地址过滤

MAC 地址过滤是由 AP 对接入的终端 MAC 地址进行过滤,这种方式需要 AP 中的 MAC 地址表必须随时更新,而对 AP 中的 MAC 地址表进行更新一般需要进行手工操作,这是一件很麻烦的事情,而且 MAC 地址在理论上还是能够伪造的,所以,该种方式也只适用于比较小的接入终端数比较少的无线网络。

3. 认证和加密

认证是对用户身份合法性的一种验证,是对接入控制的一种手段,通过认证能授权合法用户访问指定资源,同样也能控制非法用户的接入。802.11 定义了两种认证方式,开放系统认证和共享密钥认证。前者是 802.11 默认的认证机制,整个认证方式以明文形式进行,任何请求的移动设备都会被认证成功,只适用于安全性要求低的场合。而共享密钥认证过程是,当接入点(AP)收到移动设备的接入请求时,产生一个随机数发送到请求的移动设备,移动设备加密该质询文本后发送回 AP,如果返回的结果是用正确的密钥加密的,则 AP 发送认证成功消息给移动设备,允许接入,否则拒绝接入。

加密是确保数据链路保密性与完整性的一种措施,能防止未经授权的用户读取、复制或更改网络上的数据。无线局域网采用的安全措施是有线级保密(WEP)机制,有线保密机制(Wired Equivalent Privacy,WEP)是 IEEE 802.11b 协议中最基本的无线安全加密措施,其主要用途包括提供接入控制及防止未授权用户访问网络;对数据进行加密,防止数据被攻击者窃听;防止数据被攻击者中途恶意篡改或伪造,此外,WEP 还提供认证功能。WEP 把数据帧中的具体内容取出,送到加密算法中进行加密处理,然后将处理后的结果代替原有数据帧的主题部分进行传输。WEP 采用 40 位 RC4 加密算法,是一个支持可变长度密钥的对称流加密算法。其中所谓的对称加密算法是指该算法在加密端和解密端都可使用相同密钥和加密算法,流加密算法则是指该算法可以对任意长度比特流进行处理,而所谓密钥是指在加密端和解密端都要同时共享的一段信息。

10.4　项目实训

由于公司业务活动的需要,需对公司会议室进行无线接入信号的覆盖,如图 10-59 所示,用户接入采用 Web 认证和自动获取 IP 地址(可以使用家用宽带路由),完成配置并进行相关的网络测试。

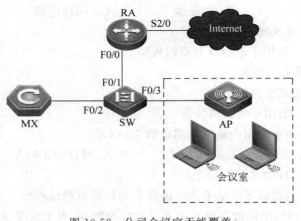

图 10-59　公司会议室无线覆盖

设备接口地址分配表如表 10-4 所示。

表 10-4　设备接口地址分配表

设 备 名 称	接　　口	IP 地 址	说　　明
路由器 RA	S2/0	54.12.1.100/24	
	F0/0	192.168.1.1/24	

基本要求:

(1) 正确选择设备并使用线缆连接。

(2) 正确给路由器的相关接口配置 IP 地址。

(3) 会议室通过无线 AP 接入公司网络中,要求使用的无线的 SSID 名称为 HYSWLAN,无线用户通过 DHCP 获得的地址范围为 192.168.1.100~192.168.1.200,网关为 192.168.1.1, DNS Server 为 22.6.1.10,用户接入无线网络时均采用 Web 认证,认证的用户名为 user,密码为 123456,数据加密方式为 WEP,加密口令为 1111111111。

(4) 通过无线终端接入检查配置是否正确。

项目 10 考核表如表 10-5 所示。

表 10-5　项目 10 考核表

序　　号	项目考核知识点	参 考 分 值	评　　价
1	设备连接	2	
2	无线 AP 设置	4	
3	无线终端接入检查	2	
合　计		8	

10.5　习　　题

1. 选择题

(1) WLAN 的传输介质是(　　)。

　　A. 电磁波　　　　　　B. 双绞线　　　　　　C. 同轴电缆　　　　　D. 光缆

(2) 下面关于红外线描述错误的是(　　)。

　　A. 红外线一般用于进行点对点的传输

　　B. 红外线具有方向性

　　C. 红外线的穿透力很强

　　D. 红外线一般用于短距离传输

(3) 下面哪一个是由中国内地独自制定的 3G 标准?(　　)

　　A. CDMA2000　　　B. WCDMA　　　　　C. TD-SCDMA　　　D. WiMAX

(4) 下面对 WLAN 描述错误的是(　　)。

　　A. WLAN 是指以无线信道作传输媒介的计算机局域网络

　　B. WLAN 利用电磁波在空气中发送和接收数据,而无须线缆介质

　　C. 与有线网络相比,WLAN 安装便捷

D.　WLAN 能比有线以太网提供更快的传输速度

(5) 下面哪个的工作频段为 5GHz?（　　）

　　A.　802.11　　　　　　B.　802.11a　　　　C.　802.11b　　　　D.　802.11g

(6) 下面哪两个标准之间是兼容的?（　　）

　　A.　802.11 和 802.11a　　　　　　　　　　B.　802.11a 和 802.11b

　　C.　802.11a 和 802.11g　　　　　　　　　 D.　802.11a 和 802.11n

(7) IEEE 802.11b WLAN 的最大传输数据率是多少?（　　）

　　A.　2Mb/s　　　　　　B.　4Mb/s　　　　　C.　8Mb/s　　　　　D.　11Mb/s

(8) 下面哪个不是 WLAN 中使用的安全机制?（　　）

　　A.　WEP　　　　　　 B.　DES　　　　　　 C.　WPA　　　　　　D.　802.1x

(9) 无线客户端从一个单元或 BSS 移动到另一个单元而不丢失网络连接的过程或能力称为（　　）。

　　A.　移动性　　　　　 B.　漫游　　　　　　 C.　路由选择　　　　D.　交换

(10) WEP 使用哪种加密算法?（　　）

　　A.　MD5　　　　　　　B.　AES　　　　　　 C.　RC4　　　　　　 D.　3DES

2. 简答题

(1) 简述 WLAN 的优势。

(2) 简述 FAT AP 和 FIT AP 的主要区别。

(3) WLAN 中使用的安全机制有哪些?

(4) 在 WLAN 中,主要的网络结构有哪两种?

項目 **11** 　**通过备份路由设备提供企业网络可靠性**

1. 项目描述

公司内部网络通过一台路由器跟 Internet 连接,该路由器作为网关使用,由于网络流量过大等原因经常导致该路由器出现故障,从而使得内网用户无法正常访问 Internet。为了提高网络的可靠性和进行负载均衡,公司购买了新的路由器,通过 VRRP 实现网关的冗余备份和负载均衡。

2. 项目目标

- 了解 VRRP 基础知识;
- 了解 VRRP 选举机制;
- 掌握 VRRP 的基本配置;
- 掌握 VRRP 负载均衡配置。

11.1　预 备 知 识

11.1.1　VRRP 概述

虚拟路由器冗余协议(Virtual Router Redundancy Protocol,VRRP)是一种 LAN 接入设备备份协议,主要用于局域网中的默认网关冗余备份,以此来解决局域网主机访问外部网络的可靠性和网络的服务质量。

通常情况下,内部网络中的所有主机都设置一条相同的缺省路由,指向默认网关(图 11-1 中的路由器),通过这个默认的网关与外部网络进行通信。当默认网关发生故障时,主机与外部网络的通信就会中断。

为了防止这种现象的产生,配置多个出口网关是提高系统可靠性的常见方法,可以在网络上多部署一台路由器,为主机配置多个默认网关,如图 11-2 所示。但这种方式只是表面上实现了网关冗余,当默认网关所在路由器出现故障时,终端需要手工去修改网关设置,然后重启终端才能使用备份的网关。因为局域网内的主机设备通常不支持动态路由协议,所以并不能真正地做到网关冗余。

那有没有方法能在默认网关出现故障时,网络中的主机能自己找到备份网关呢?答案就是 VRRP,VRRP 把在同一个广播域中的多个路由器接口编为一组,形成一个虚拟路由器,并为其分配一个 IP 地址,作为虚拟路由器的接口地址。虚拟路由器的接口地址既可以是其中一个路由器接口的地址,也可以是第三方地址。VRRP 通过使用虚拟路由器技术实

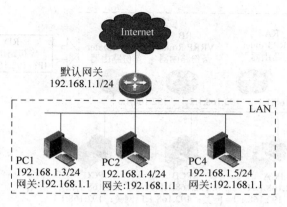

图 11-1　默认网关

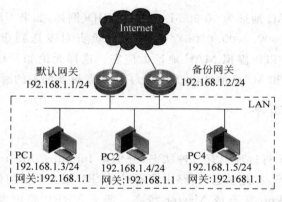

图 11-2　多网关部署

现了主机默认网关的备份,对主机无任何运行负担,VRRP 对于主机来讲是透明的,也就是说,主机完全觉察不到 VRRP 的存在。那 VRRP 到底是怎样来实现的呢? 要理解 VRRP 工作过程先要了解与 VRRP 有关的几个概念。

在 VRRP 中有两组重要的概念,一组是 VRRP 路由器和虚拟路由器(Virtual Router),另一组是主路由器(Master Router)和备份路由器(Backup Router)。

VRRP 路由器是指运行了 VRRP 的路由器。它是物理实体,虚拟路由器是由 VRRP 协议虚拟的逻辑上的路由器,一般由多个 VRRP 路由器组成(也称为 VRRP 路由器组),该虚拟路由器对外表现为一个具有唯一固定 IP 地址和 MAC 地址的逻辑路由器。如图 11-3 所示,RA、RB、RC 路由器为 VRRP 路由器,RD 为由 RA、RB、RC 组成的虚拟路由器。

主路由器和备份路由器是 VRRP 路由器中的两种路由器角色。一个 VRRP 路由器组中只有一个主路由器,其余的为备份路由器。正常情况下由主路由器负责数据包的转发,而备份路由器处于待命状态,当主路由器出现故障时,备份路由器会升级为主路由器,代替原来的主路由器进行数据转发。从图 11-3 中可以看出,虚拟路由器的 IP 地址被设置为主路由器的 IP 地址,网络中主机的默认网关设置为虚拟路由器的 IP 地址。

在每个 VRRP 组中的路由器都有唯一的标识 VRID,范围为 0～255,这个数值决定了运行 VRRP 的路由器属于哪一个 VRRP 组。VRRP 组中的路由器组成的虚拟路由器对外

通过备份路由设备提供企业网络可靠性

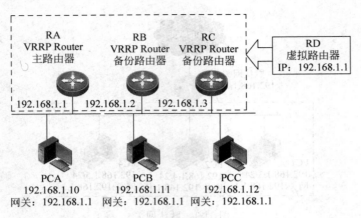

图 11-3　VRRP 路由器

表现的唯一的虚拟 MAC 地址为 00-00-5E-00-01-VRID(例如,如果 VRRP 组的 VRID 为 1,则虚拟 MAC 地址为 0000.5e00.0101)。主路由器负责对发送到虚拟路由器 IP 地址的 ARP 请求做出响应,并以该虚拟 MAC 地址做应答。这样无论如何切换,都保证给终端设备的是唯一的 IP 地址和 MAC 地址,也就避免了终端要更换网关的麻烦。

11.1.2　VRRP 选举

1. VRRP 状态

VRRP 路由器在运行过程中有三种状态,分别是 Initialize、Master 和 Backup。系统启动后进入 Initialize 状态,在此状态时,路由器不对 VRRP 报文做任何处理。当收到接口 UP 的消息后,将进入 Backup 状态或 Master 状态。那么 VRRP 路由器是 Master 状态还是 Backup 状态该如何来决定呢?

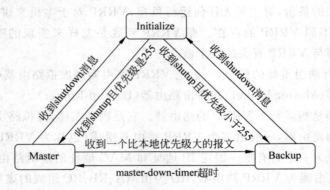

图 11-4　VRRP 状态转换图

2. VRRP 选举

VRRP 使用选举的方法来确定路由器的状态(Master 或 Backup)。运行 VRRP 的路由器都会发送和接收 VRRP 通过消息,在通过消息中包含了自身的 VRRP 优先级信息。VRRP 通过比较路由器的优先级进行选举,优先级高的路由器将成为主路由器,其他路由器都为备份路由器。

如果 VRRP 组中存在 IP 地址拥有者,即虚拟 IP 地址与某台 VRRP 路由器的地址相同时,IP 地址拥有者将成为主路由器,并且具有最高的优先级 255,如果 VRRP 组中不存在 IP 地址拥有者,VRRP 路由器将通过比较优先级来确定主路由器。默认情况下,VRRP 路由器的优先级为 100。当优先级相同时,VRRP 将通过比较 IP 地址来进行选举。IP 地址大的路由器将成为主路由器。如图 11-5 所示,虚拟路由器 RD 的 IP 地址与 VRRP 组的路由器 IP 地址都不同,即 VRRP 组中不存在 IP 地址拥有者,此时 VRRP 路由器通过比较优先级来决定。RA 和 RB 的 VRRP 优先级为 120,而 RC 的 VRRP 优先级为 100,所以主路由器在 RA 和 RB 间产生。由于 RA 和 RB 的 VRRP 优先级相同,所以需要比较 IP 地址。而 RB 的 IP 地址大于 RA,所以 RB 将成为该组的主路由器,而 RA 和 RC 为备份路由器。当 RB 主路由器出现故障时,拥有第二优先级的 RA 将接替 RB 成为主路由器进行工作。

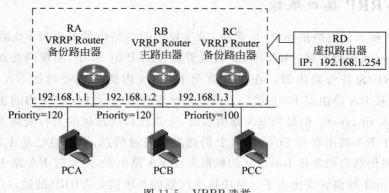

图 11-5　VRRP 选举

11.1.3　VRRP 的应用模式

VRRP 的应用模式主要有两种:单组 VRRP 和多组 VRRP。单组 VRRP 主要通过冗余的方式来提高网络的可靠性,多组 VRRP 可以实现负载均,实际上,VRRP 并不具备对流量进行监控的机制,VRRP 的负载均衡是通过将路由器加入多个 VRRP 组,使 VRRP 路由器在不同的组中担任不同的角色来实现的,并且这种负载均衡还需要终端配置的配合,即让不同的终端将数据发送给不同的 VRRP 组。多组 VRRP 负载均衡如图 11-6 所示。

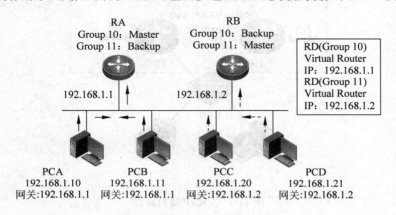

图 11-6　多组 VRRP 负载均衡

项目 11

通过备份路由设备提供企业网络可靠性

从图 11-6 中可以看出来,RA 和 RB 两个路由器都在 VRRP 组 10 和 VRRP 组 11 中, RA 是 VRRP 组 10 的主路由器,同时也是 VRRP 组 11 的备份路由器,同样 RB 是 VRRP 组 11 的主路由器,同时也是 VRRP 组 10 的备份路由器。在客户端的配置中,PCA 和 PCB 的默认网关设置为 192.168.1.1,是 VRRP 组 10 的虚拟地址。PCC 和 PCD 的默认网关被 设置为 192.168.1.2,是 VRRP 组 11 的虚拟地址。通过这样的设置,PCA 和 PCB 发送到其 他网络的数据流将由 RA 来转发,而 PCC 和 PCD 发送到其他网络的数据流将由 RB 来转 发。这样 RA 和 RB 的带宽都利用起来了,整个网络在有了网关冗余备份的同时,也提供了 流量的负载均衡。

11.1.4　VRRP 接口跟踪

如图 11-7 所示的网络拓扑中,企业的 LAN 使用两台路由器 RA 和 RB 通过两条不同 的线路与 Internet 进行连接。RA 和 RB 被设置到 VRRP 组 10 中,实现网关冗余备份,RA 为主路由器,RB 为备份路由器。在正常情况下 LAN 内的主机将通过 RA 路由器接入 Internet,当连接 RA 路由器 F0/0 接口上的线路出现故障时,此时 LAN 内的主机将会通过 RB 路由器接入 Internet。但是当 RA 路由器的 S0/0 接口所连接的上行线路 Line1 出现故 障时,此时由于 RA 路由器在 F0/0 接口上仍然发送通过信息,声明自己是主路由器,所以 LAN 内的主机仍然会把发往 Internet 的数据发往 RA 路由器,但此时 RA 路由器已经无法 将数据通过 Line1 线路转发出去了。解决这个问题的办法就是 VRRP 的接口跟踪。

VRRP 的接口跟踪能够使 VRRP 根据路由器其他接口的状态,自动调整该路由器的 VRRP 优先级。当被跟踪接口不可用时,路由器的 VRRP 优先级将降低。接口跟踪能确保 当主路由器的重要接口不可用时,该路由器不再是主路由器,使备份路由器有机会成为新的 主路由器。

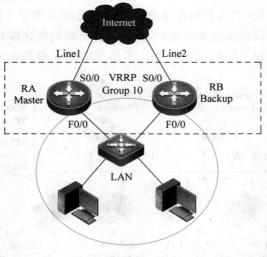

图 11-7　VRRP 接口跟踪

11.1.5 VRRP 抢占模式

在 VRRP 运行过程中,主路由器定期发送 VRRP 通告信息,备份路由器将侦听主路由器的通告信息,当备份路由器在主路由器失效间隔内没有接收到主路由器的通告信息时,它将认为主路由器失效,并接替主路由器工作。

VRRP 抢占模式就是指当原主路由器从故障中恢复,并接入网络中后,将夺回主路由器的角色。如果不使用抢占模式的话,当原主路由器从故障中恢复后将作为备份路由器。

在实际的使用过程中,通常推荐启用 VRRP 抢占模式,这样可以使主链路的故障恢复后,数据仍然从主链路传输。

运行 VRRP 的优点相当明显,网络上单个路由器的故障将不再影响网络内主机与外部的通信。同时把终端主机上的处理负担放在网关上,不需要在主机上增加相应的支持和配置,节约了大量的时间。而且 VRRP 是 RFC 标准协议而不是私有协议能方便地实现各厂家设备间的互通。

11.2 项目实施

11.2.1 任务一:配置 VRRP 单组备份提高网络可靠性

1. 任务描述

公司原先使用路由器 RA 通过一条专线连接 Internet,在使用过程中经常出现线路故障导致网络中断,为了提高公司网络的可靠性,公司添加了路由器 RB 并申请了第二条专线,现通过配置 VRRP 实现两条线路互为备份。

2. 实验网络拓扑图

实验网络拓扑图如图 11-8 所示。

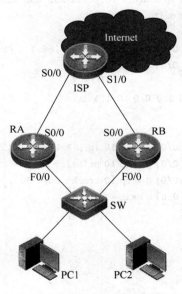

图 11-8 实验网络拓扑图

通过备份路由设备提供企业网络可靠性

设备接口地址分配表如表 11-1 所示。

表 11-1　设备接口地址分配表

设 备 名 称	接　　口	IP 地址	说　　明
路由器 ISP	S0/0	10.1.1.1/24	模拟 ISP 的接入端
	S1/0	20.1.1.1/24	
路由器 RA	S0/0	10.1.1.2/24	VRRP 组 10 主路由器
	F0/0	192.168.1.1/24	
路由器 RB	S0/0	20.1.1.2/24	VRRP 组 10 备份路由器
	F0/0	192.168.1.2/24	
PC1		192.168.1.10/24	网关：192.168.1.254
PC2		192.168.1.11/24	网关：192.168.1.254

3. 设备配置

路由器 ISP 设置如下：

```
Ruijie(config) # hostname ISP
ISP(config) # interface s0/0
ISP(config - if - Serial 0/0) # ip address 10.1.1.1 255.255.255.0
ISP(config - if - Serial 0/0) # exit
ISP(config) # interface s1/0
ISP(config - if - Serial 1/0) # ip address 20.1.1.1 255.255.255.0
ISP(config - if - Serial 1/0) # exit
ISP(config) #
```

路由器 RA 设置如下：

```
Ruijie(config) # hostname RA
RA(config) # interface s0/0
RA(config - if - Serial 0/0) # ip address 10.1.1.2 255.255.255.0
RA(config - if - Serial 0/0) # exit
RA(config) # interface f0/0
RA(config - if - FastEthernet 0/0) # ip address 192.168.1.1 255.255.255.0
RA(config - if - FastEthernet 0/0) # exit
RA(config) #
RA(config) # ip route 0.0.0.0 0.0.0.0 10.1.1.1
//VRRP 配置
RA(config) # interface f0/0
RA(config - if - FastEthernet 0/0) # vrrp 10 ip 192.168.1.254
RA(config - if - FastEthernet 0/0) # vrrp 10 priority 120
RA(config - if - FastEthernet 0/0) # vrrp 10 track   s0/0 30
RA(config - if - FastEthernet 0/0) # exit
RA(config) #
```

路由器 RB 设置如下：

```
Ruijie(config) # hostname RB
RB(config) # interface s0/0
RB(config - if - Serial 0/0) # ip address 20.1.1.2 255.255.255.0
```

```
RB(config - if - Serial 0/0) # exit
RB(config) # interface f0/0
RB(config - if - FastEthernet 0/0) # ip address 192.168.1.2 255.255.255.0
RB(config - if - FastEthernet 0/0) # exit
RB(config) #
RB(config) # ip route 0.0.0.0 0.0.0.0 20.1.1.1
//VRRP 配置
RB(config) # interface f0/0
RB(config - if - FastEthernet 0/0) # vrrp 10 ip 192.168.1.254
RB(config - if - FastEthernet 0/0) # vrrp 10 preempt delay 1
RB(config - if - FastEthernet 0/0) # exit
RB(config) #
```

4. 相关命令介绍

1) 创建 VRRP 组并配置虚拟 IP 地址

视图:接口配置视图。

命令:

vrrp *group* **ip** *ipaddress* [**secondary**]
no vrrp *group* **ip** *ipaddress* [**secondary**]

参数:

group:创建的 VRRP 组编号。取值范围为 1~255,属于同一个 VRRP 组的路由器必须配置相同的 VRRP 组编号。

ipaddress:VRRP 组的虚拟 IP 地址。可以是某台 VRRP 路由器的接口 IP 地址,虚拟 IP 地址必须与接口地址位于同一个子网中。

secondary:VRRP 组的次 IP 地址。

说明:要启用 VRRP 并使 VRRP 能够正常工作,最基本的配置是要创建 VRRP 组,并为 VRRP 组配置虚拟 IP 地址。该命令在接口上启用 VRRP 并设置对应的虚拟 IP 地址。使用 no 选项将禁止该接口上的 VRRP 功能并取消配置的虚拟 IP 地址。注意:如果 VRRP 组使用以太网口的 IP 地址,在使用 no 选项取消 VRRP 组的 IP 地址时,系统会认为出现了错误配置,因为在局域网上存在两个相同的 IP 地址。

例如:在路由器的以太网口 F0/0 上启用 VRRP 功能,VRRP 组号为 10,虚拟 IP 地址为 10.1.1.1。

```
Ruijie(config) # interface f0/0
Ruijie(config - if - FastEthernet 0/0) # vrrp 10 ip 10.1.1.1
Ruijie(config - if - FastEthernet 0/0) # exit
Ruijie(config) #
```

2) 配置 VRRP 路由器优先级

视图:接口配置视图。

命令:

vrrp *group* **priority** *level*
no vrrp *group* **priority**

通过备份路由设备提供企业网络可靠性

参数:

group: VRRP 组编号。

level: VRRP 组的优先级,取值范围为 1~254,默认为 100。0 被保留为特殊用途使用,255 表示 IP 地址拥有者。

说明:该命令用来配置 VRRP 组的优先级,即某台路由器在 VRRP 组中的优先级。默认的优先级为 100。用 no 选项可以恢复路由器在 VRRP 组中的默认优先级。

例如:配置路由器在 VRRP 组 10 的优先级为 120。

```
Ruijie(config)# interface f0/0
Ruijie(config-if-FastEthernet 0/0)#vrrp 10 priority 120
Ruijie(config-if-FastEthernet 0/0)#exit
Ruijie(config)#
```

3)配置 VRRP 组抢占模式

视图:接口配置视图。

命令:

vrrp *group* **preempt** [**delay** *seconds*]
no vrrp *group* **preempt** [**delay**]

参数:

group: VRRP 组编号。

delay*seconds*:抢占的延迟时间,即准备宣告自己拥有 Master 身份之前的延迟。缺省为 0s。

说明:该命令用来配置 VRRP 组工作在抢占模式,no 选项用来禁止 VRRP 抢占功能。默认情况下,VRRP 组工作在抢占模式下。如果 VRRP 组工作在抢占模式下,一旦它发现自己的优先级高于当前 Master 的优先级,它将抢占成为该 VRRP 组的主路由器。如果 VRRP 组工作在非抢占模式下,即便发现自己的优先级高于当前 Master 的优先级,它也不会抢占成为该 VRRP 组的主路由器。

例如:配置路由器在 VRRP 组 10 中一旦发现自己的优先级高于当前的主路由器的优先级,在等待 3s 后宣告自己抢占为主路由器。

```
Ruijie(config)# interface f0/0
Ruijie(config-if-FastEthernet 0/0)#vrrp 10 preeempt delay 3
Ruijie(config-if-FastEthernet 0/0)#exit
Ruijie(config)#
```

4)配置 VRRP 接口跟踪

视图:接口配置视图。

命令:

vrrp *group* **track** *interface* [*priority*]
no vrrp *group* **track** [*interface*]

参数：

group：VRRP 组编号。

interface：被监视的接口。

priority：当发现被跟踪的接口不可用后，所降低的优先级数值，如果不设定，系统默认为 10。

说明：该命令用来配置接口跟踪功能，在缺省情况下系统没有指定被监视的接口。需要注意的是，在配置优先级的降低的数值时，必须保证降低后的优先级小于现有备份路由器的优先级，以便让备份路由器接替主路由器的角色。当接口恢复后，优先级也恢复。

例如：监视路由器 S3/0 接口，当 S3/0 链路断开时，VRRP 组 10 的优先级减少 30。

```
Ruijie(config)# interface f0/0
Ruijie(config-if-FastEthernet 0/0)# vrrp 10 track s3/0 30
Ruijie(config-if-FastEthernet 0/0)# exit
Ruijie(config)#
```

5）显示 VRRP 配置信息

视图：特权用户视图。

命令：

show vrrp [**brief** | *group*]

参数：

brief：指明显示 VRRP 的概况。

group：指定显示的 VRRP 组编号。

说明：该命令用来查看 VRRP 配置等信息，在不使用可选参数的情况下，将显示所有的 VRRP 组的情况。

例如：显示所有的 VRRP 组的情况。

```
Ruijie(config)# show vrrp
FastEthernet 0/0 - Group 10
  State is Backup
  Virtual IP address is 192.168.1.254 configured
  Virtual MAC address is 0000.5e00.010a
  Advertisement interval is 1 sec
  Preemption is enabled
    min delay is 1 sec
  Priority is 100
  Master Router is 192.168.1.1 , priority is 120
  Master Advertisement interval is 1 sec
  Master Down interval is 3 sec
Ruijie(config)#
```

例如：显示 VRRP 组的概况。

```
RB(config)# show vrrp brief
Interface        Grp Pri timer Own Pre State   Master addr     Group addr
FastEthernet 0/0 10  100 3      -   P   Backup 192.168.1.1     192.168.1.254
RB(config)#
```

通过备份路由设备提供企业网络可靠性

11.2.2　任务二：配置多组 VRRP 进行负载均衡

1. 任务描述

公司原先使用路由器 RA 通过一条专线连接 Internet，在使用过程中经常出现线路故障导致网络中断，为了提高公司网络的可靠性，公司添加了路由器 RB 并申请了第二条专线，现通过配置 VRRP 实现两条线路互为备份，并实现负载均衡。

2. 实验网络拓扑图

实验网络拓扑图如图 11-9 所示。

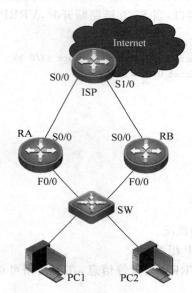

图 11-9　实验网络拓扑图

设备接口地址分配表如表 11-2 所示。

表 11-2　设备接口地址分配表

设 备 名 称	接　　口	IP 地址	说　　明
路由器 ISP	S0/0	10.1.1.1/24	模拟 ISP 的接入端
	S1/0	20.1.1.1/24	
路由器 RA	S0/0	10.1.1.2/24	VRRP 组 10 主路由器
	F0/0	192.168.1.1/24	VRRP 组 20 备份路由器
路由器 RB	S0/0	20.1.1.2/24	VRRP 组 10 备份路由器
	F0/0	192.168.1.2/24	VRRP 组 20 主路由器
PC1		192.168.1.10/24	网关：192.168.1.254
PC2		192.168.1.11/24	网关：192.168.1.253

3. 设备配置

路由器 ISP 设置如下：

```
Ruijie(config)#hostname ISP
ISP(config)#interface s0/0
```

```
ISP(config - if - Serial 0/0)♯ip address 10.1.1.1 255.255.255.0
ISP(config - if - Serial 0/0)♯exit
ISP(config)♯interface s1/0
ISP(config - if - Serial 1/0)♯ip address 20.1.1.1 255.255.255.0
ISP(config - if - Serial 1/0)♯exit
ISP(config)♯
```

路由器 RA 设置如下：

```
Ruijie(config)♯hostname RA
RA(config)♯interface s0/0
RA(config - if - Serial 0/0)♯ip address 10.1.1.2 255.255.255.0
RA(config - if - Serial 0/0)♯exit
RA(config)♯interface f0/0
RA(config - if - FastEthernet 0/0)♯ip address 192.168.1.1 255.255.255.0
RA(config - if - FastEthernet 0/0)♯exit
RA(config)♯
RA(config)♯ip route 0.0.0.0 0.0.0.0 10.1.1.1
//VRRP 配置
RA(config)♯interface f0/0
RA(config - if - FastEthernet 0/0)♯vrrp 10 ip 192.168.1.254
RA(config - if - FastEthernet 0/0)♯vrrp 10 priority 120
RA(config - if - FastEthernet 0/0)♯vrrp 10 track   s0/0 30
RA(config - if - FastEthernet 0/0)♯vrrp 20 ip 192.168.1.253
RA(config - if - FastEthernet 0/0)♯vrrp 20 preempt delay 1
RA(config - if - FastEthernet 0/0)♯exit
RA(config)♯
```

路由器 RB 设置如下：

```
Ruijie(config)♯hostname RB
RB(config)♯interface s0/0
RB(config - if - Serial 0/0)♯ip address 20.1.1.2 255.255.255.0
RB(config - if - Serial 0/0)♯exit
RB(config)♯interface f0/0
RB(config - if - FastEthernet 0/0)♯ip address 192.168.1.2 255.255.255.0
RB(config - if - FastEthernet 0/0)♯exit
RB(config)♯
RB(config)♯ip route 0.0.0.0 0.0.0.0 20.1.1.1
//VRRP 配置
RB(config)♯interface f0/0
RB(config - if - FastEthernet 0/0)♯vrrp 10 ip 192.168.1.254
RB(config - if - FastEthernet 0/0)♯vrrp 10 preempt delay 1
RB(config - if - FastEthernet 0/0)♯vrrp 20 ip 192.168.1.253
RB(config - if - FastEthernet 0/0)♯vrrp 20 priority 120
RB(config - if - FastEthernet 0/0)♯vrrp 20 track   s0/0 30
RB(config - if - FastEthernet 0/0)♯exit
RB(config)♯
```

通过备份路由设备提供企业网络可靠性

11.3 拓展知识

11.3.1 VRRP 报文

VRRP 只有一种报文,VRRP 通告报文(也称 VRRP 广播报文)。VRRP 报文用来将主路由器的优先级和状态通告给同一虚拟路由器的所有 VRRP 路由器。

VRRP 通告报文由主路由器定时发出来通告它的存在,当备份路由器在规定时间接收到 VRRP 通告报文时,就知道网络中有主路由器存在并正常工作中。当备份路由器在规定时间内没有接收到 VRRP 通告报文时,备份路由器就会认为主路由器出现故障,这时重新进行 VRRP,选出主路由器。VRRP 通告报文除了用于主路由器的选择外,还可以用来检测虚拟路由器的各种参数。为了减少对网络带宽的占用,只有主路由器才会周期性地发送 VRRP 通告报文。VRRP 报文使用 IP 组播数据包进行封装,组播地址为 224.0.0.18,协议号是 112,TTL 是 255。VRRP 报文结构如图 11-10 所示。

0	3 4	7		15	23		31
Version	Type		Virtual Rtr ID		Priority		Count IP Addrs
Auth Type			Adver Int		Checksum		
IP Address(1)							
...							
IP Address(n)							
Authentiaction Data(1)							
Authentiaction Data(2)							

图 11-10   VRRP 报文结构

VRRP 报文中各字段的含义如下。

Version:协议版本号,现在的 VRRP 版本为 2。VRRPv2 是基于 IPv4 的,VRRPv3 是基于 IPv6 的。两个版本在功能和工作原理上都是相同的,只是针对的寻址环境不同。

Type:VRRP 报文类型,目前只有一种取值,1。

Virtual Rtr ID:虚拟路由器 ID(VRID),取值范围是 1~255。

Priority:发送报文的 VRRP 路由器在虚拟路由器中的优先级。取值范围是 0~255,其中可以使用的范围是 1~254。0 表示设备停止参与 VRRP,用来使备份路由器尽快成为主路由器,而不必等到计时器超时;255 则保留给 IP 地址拥有者,默认值是 100。

Count IP Addrs:VRRP 广播中包含的虚拟 IP 地址个数。

Authentication Type:验证类型,RFC3768 中的认证功能已经取消,此值为 0,当值为 1、2 时只作为对老版本 RFC2338 的兼容。

Checksum:校验和,校验范围只是 VRRP 数据,即从 VRRP 的版本字段开始的数据,不包括 IP 报头。

IP Address(n):和虚拟路由器相关的 IP 地址,数量由 Count IP Addrs 决定。

Authentiaction Data:RFC3768 中定义该字段只是为了和老版本 RFC2338 兼容。

11.3.2 VRRP 定时器

VRRP 在运行过程中使用两个定时器来进行状态检测。

（1）通告定时器（Adver-timer）：该定时器在主路由器中使用，用来定义通告时间间隔。主路由器以该定时器的时间间隔定期发送 VRRP 通告报文，告知其他备份路由器自己仍在线，通告间隔默认为 1s，可以通过配置相关参数来修改。

配置通告间隔时需要注意，较小的通过间隔会消耗一定的带宽和系统资源，但能提供更快的故障检测和切换；较大的通告间隔虽然可以节省带宽和系统资源，但是不能提供最快的故障检测和切换。

（2）主路由器失效定时器（master-down-timer）：该定时器在备份路由器中使用，用来定义主路由器失效时间间隔。主路由器失效间隔指的是备份路由器多长时间没有收到主路由器的通告报文后，将认为主路由器已经失效，并开始选举新的主路由器。主路由器失效间隔是通告间隔的 3 倍，默认为 3s，该时间不能通过命令来对其设置，是通过通告报文的时间间隔进行计算的。

11.3.3 VRRP 验证

VRRP 支持对 VRRP 报文的认证。在一般对安全性要求不高的情况下，无须考虑认证。但在一个有安全性要求的网络环境中，就需要考虑对 VRRP 报文增加认证机制。启用认证后，路由器对发生的 VRRP 报文增加认证字，而接收 VRRP 报文的路由器会将接收到的 VRRP 报文认证字与本地配置的认证字进行比较，若相同，就认为是一个合法的 VRRP 报文；若不相同，则认为是一个非法的 VRRP 报文，并将其丢弃。锐捷网络设备实现的 VRRP 支持明文验证，在同一个 VRRP 组中的路由器必须设置相同的验证口令。

11.3.4 华为的相关命令

（1）创建 VRRP 组并配置虚拟 IP 地址。

视图：以太网接口配置视图。

命令：

vrrp vrid *virtual - router - ID* **virtual-ip** *virtual - address*
undo vrrp vrid *virtual - router - ID* **virtual-ip** [*virtual-address*]

参数：

virtual-router-ID：创建 VRRP 组编号，取值范围为 1～255。

virtual-address：虚拟 IP 地址。

说明：vrrp vrid virtual-ip 命令用来创建一个备份组，并添加虚拟 IP 地址，undo vrrp vrid 命令用来删除备份组。缺省情况下，系统无备份组。用户可以通过这条命令来创建一个备份组，也可以向一个已经存在的备份组添加虚拟 IP 地址，一个备份组最多可以添加 16 个虚拟 IP 地址。用户还可以通过 undo vrrp vrid virtual-router-ID 命令来删除一个已经存在的备份组，或者用 undo vrrp vrid virtual-router-ID virtual-ip virtual-address 命令删除备份组中的某个虚拟地址。如果备份组中的地址被删除完，则系统也会自动将这个备份组删除。

（2）配置路由器在 VRRP 中的优先级。

视图：以太网接口配置视图。

命令：

```
vrrp vrid virtual - router - ID priority priority-value
undo vrrp vrid virtual-router-ID priority
```

参数：

virtual-router-ID：VRRP 组编号，取值范围为 1～255。

priority-value：优先级的值，可配置的取值范围为 1～254，默认为 100。

说明：vrrp vrid priority 命令用来设置路由器在备份组中的优先级。undo vrrp vrid priority 命令用来将优先级恢复为缺省值。优先级决定路由器在备份组中的地位，优先级越高，越有可能成为 MASTER。优先级 0 是系统保留为特殊用途来使用的，255 则是系统保留给 IP 地址拥有者的。

（3）配置 VRRP 的抢占模式。

视图：以太网接口配置视图。

命令：

```
vrrp vrid virtual - router - ID preempt-mode [ timer delay delay-value ]
undo vrrp vrid virtual - router - ID preempt - mode
```

参数：

virtual-router-ID：VRRP 组编号，取值范围为 1～255。

delay-value：延迟时间，单位为秒，取值范围为 0～255，缺省情况下，为抢占，延迟时间为 0s。

说明：vrrp vrid preempt-mode 命令用来设置备份组中路由器的抢占方式和延迟时间，undo vrrp vrid preempt-mode 命令用来取消备份组的抢占方式。如果需要优先级高的路由器能够主动抢占成为 MASTER，就需要将这台路由器设置为抢占方式。如果需要将抢占的时间延长，还可以设置延迟时间。当设置为不抢占时，延迟时间会自动被置为 0s。

（4）配置 VRRP 接口跟踪。

视图：以太网接口配置视图。

命令：

```
vrrp vrid virtual - router - ID track interface interface [ reduced priority - reduced ]
undo vrrp vrid virtual - router - ID track [ interface interface ]
```

参数：

virtual-router-ID：VRRP 组编号，取值范围为 1～255。

interface：被跟踪的接口。

priority-reduced：优先级降低的数额，取值范围为 1～255。缺省情况下，优先级降低的数额为 10。

说明：vrrp vrid track 命令用来设置监视接口。undo vrrp vrid track 命令用来取消监视指定接口。VRRP 的监视接口功能，更好地扩充了备份功能，即不仅在路由器出现故障时提供备份功能,而且在某网络接口 DOWN 掉时,也可以实现备份功能。配置命令后,如果被监视接口 DOWN 掉,则路由器的优先级就会降低,备份组内的其他成员的优先级就会变成最高的优先级,从而成为新的 MASTER,实现备份功能。当路由器为 IP 地址拥有者时,不允许对其进行监视接口的配置。

（5）显示 VRRP 相关配置信息。

视图:任意视图。

命令:

display vrrp [*interface* [**vrid** *virtual-router-ID*]]

参数:

interface:接口名,只能是以太网。

virtual-router-ID:VRRP 组编号。

说明:display vrrp 命令用来显示 VRRP 的概要信息。可以查看当前 VRRP 的状态信息和配置参数。如果不输入接口名和备份组号,则显示该路由器上所有备份组的状态信息;如果只输入接口名,则显示该接口上的所有备份组的状态信息;如果输入接口名和备份组号,则显示该备份组的状态信息。

11.4　项目实训

由于公司网络业务流量较大,所以申请了两条互联网的接入,分别由路由器 RA 和 RB 作为出口网关,如图 11-11 所示。为了提高互联网接入的稳定性和出口的负载均衡,现在路由器 RA 和 RB 上采用 VRRP 进行网关冗余和负载均衡,完成配置并进行相关的网络测试。

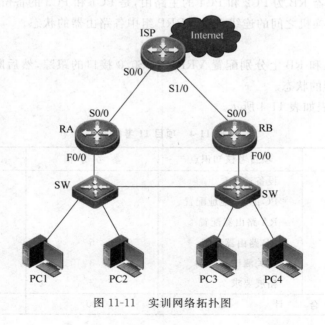

图 11-11　实训网络拓扑图

通过备份路由设备提供企业网络可靠性

设备接口地址分配表如表 11-3 所示。

表 11-3　设备接口地址分配表

设 备 名 称	接　　口	IP 地址	说　　明
路由器 ISP	S0/0	10.1.1.1/24	模拟 ISP 的接入端
	S1/0	20.1.1.1/24	
路由器 RA	S0/0	10.1.1.2/24	
	F0/0	192.168.1.1/24	
路由器 RB	S0/0	20.1.1.2/24	
	F0/0	192.168.1.2/24	
PC1		192.168.1.10/24	网关：192.168.1.254
PC2		192.168.1.11/24	网关：192.168.1.253
PC3		192.168.1.12/24	网关：192.168.1.254
PC4		192.168.1.13/24	网关：192.168.1.253

基本要求：

(1) 正确选择设备并使用线缆连接。

(2) 正确给各路由器的相关接口配置 IP 地址。

(3) 正确配置各 PC 的 IP 地址、子网掩码和网关等参数。

(4) 在路由器 RA 和路由器 RB 上配置相关路由,使得所有 PC 都能访问 Internet。

(5) 在路由器 RA 和 RB 上配置 VRRP 组 11 和 12,VRRP 组 11 虚拟 IP 地址为 192.168.1.254,VRRP 组 12 虚拟 IP 地址为 192.168.1.253。

(6) 配置路由器 RA 为 PC1 和 PC3 的主路由,是 PC2 和 PC4 的备份路由。

(7) 配置路由器 RB 为 PC2 和 PC4 的主路由,是 PC1 和 PC3 的备份路由。

(7) 端口两交换机之间的连线查看 VRRP 组中各路由器的状态。

拓展要求：

在路由器 RA 和 RB 上分别配置 VRRP 对 S0/0 接口的跟踪,然后断开相关链路查看 VRRP 中各路由器的状态。

项目 11 考核表如表 11-4 所示。

表 11-4　项目 11 考核表

序　　号	项目考核知识点	参考分值	评　　价
1	设备连接	2	
2	PC 的 IP 地址配置	2	
3	RA 路由器配置	5	
4	RB 路由器配置	5	
5	相关测试	3	
6	拓展要求	3	
合　　计		20	

11.5 习　题

1. 选择题

(1) 下面对 VRRP 相关描述错误的是(　　)。

    A. VRRP 路由器是 Master 状态还是 Backup 状态是由路由器所处的具体物理位置决定的

    B. VRRP 通过比较路由器的优先级进行选举,优先级高的路由器将成为主路由器

    C. VRRP 组中存在 IP 地址拥有者时,IP 地址拥有者将成为主路由器

    D. VRRP 路由器的优先级默认为 100,最高为 255

(2) VRRP 使用的组播地址是(　　)。

    A. 224.1.1.18　　　B. 225.1.1.18　　　C. 224.0.0.18　　　D. 225.0.0.18

(3) 下面哪个定时器在 VRRP 的主路由器中使用?(　　)

    A. 通告定时器　　　　　　　　　　B. 主路由器失效定时器

    C. 更新计时器　　　　　　　　　　D. 刷新计时器

(4) VRRP 路由器在什么状态下不对 VRRP 报文做任何处理?(　　)

    A. Initialize 状态　　　　　　　　B. Master 状态

    C. Backup 状态　　　　　　　　　D. Initialize 状态和 Backup 状态

(5) VRRP 组中的 IP 地址拥有者的优先级是多少?(　　)

    A. 0　　　　　　　B. 100　　　　　　C. 254　　　　　　D. 255

(6) 对 VRRP 组的虚拟 IP 地址描述正确的是(　　)。

    A. 同一组 VRRP 中的路由器的虚拟 IP 地址必须相同

    B. VRRP 路由器中的接口 IP 地址不能用于虚拟 IP 地址

    C. 虚拟 IP 地址必须与接口地址位于同一个子网中

    D. 虚拟 IP 地址可以与所有路由器接口地址都不相同

(7) 下面哪个命令是正确的?(　　)

    A. Ruijie(config)♯vrrp 2 ip 10.1.1.1

    B. Ruijie(config)♯vrrp ip 10.1.1.1

    C. Ruijie(config-if-FastEthernet 0/0)♯vrrp 2 ip 10.1.1.1

    D. Ruijie(config-if-FastEthernet 0/0)♯vrrp ip 10.1.1.1

(8) 下面哪条命令正确配置了 VRRP 中路由器的优先级?(　　)

    A. Ruijie(config)♯vrrp 1 priority 120

    B. Ruijie(config-if-FastEthernet 0/0)♯vrrp 1 priority 120

    C. Ruijie(config)♯vrrp 1 priority 0

    D. Ruijie(config-if-FastEthernet 0/0)♯vrrp 1 priority 255

(9) 锐捷路由器中默认 VRRP 中备份路由器多长时间没有收到主路由器的通告报文后,将认为主路由器已经失效?(　　)

    A. 1s　　　　　　　B. 2s　　　　　　　C. 3s　　　　　　　D. 4s

(10) 关于 VRRP 实现流量负载均衡描述错误的是(　　)。

通过备份路由设备提供企业网络可靠性

A. VRRP 负载均衡是通过使用多个 VRRP 组来实现的

B. VRRP 负载均衡必须要终端配置的配合

C. 实现负载均衡的路由器在不同的 VRRP 组中担任不同的角色

D. 一个 VRRP 组也可以实现负载均衡

2. 简答题

(1) VRRP 运行过程中会经历哪三种状态?

(2) VRRP 是如何实现流量负载均衡的?

(3) VRRP 接口跟踪的作用是什么?

(4) VRRP 使用了几个定时器? 各定时器的作用是什么?

项目 12 对企业网络配置相关的防攻击措施

1. 项目描述

由于公司网络中经常出现 DHCP 攻击、IP 欺骗攻击和 ARP 攻击等情况,使得公司网络变得不稳定,因此公司决定在网络中配置防火墙,同时在接入交换机、汇聚交换机上配置 DHCP 监听、IPSG 和 DAI,来保障网络通信安全。

2. 项目目标

- 熟悉防火墙技术;
- 熟悉 DHCP 监听技术;
- 熟悉 IP 源保护技术;
- 熟悉动态 ARP 检测技术;
- 完成局域网的网络安全配置,防御局域网内常见的安全威胁。

12.1 预 备 知 识

12.1.1 防火墙配置

1. 证书导入

管理员可以用证书方式进行身份认证。证书包括 CA 证书、防火墙证书、防火墙私钥、管理员证书。前三项必须导入防火墙中,后一个同时要导入管理主机的 IE 中。

证书文件有两种编码格式:PEM 和 DER,后缀名可以有 pem,der,cer,crt 等多种。＊.p12 文件是将 CA、证书和私钥打包的文件。使用和配置防火墙前必须要导入证书,如图 12-1 和图 12-2 所示。

2. 管理员首次登录

正确管理防火墙前,需要配置防火墙的管理主机、管理员账号和权限、网口上可管理 IP、防火墙管理方式等内容,相应的默认配置如下。

- 默认管理员账号为 admin,密码为 firewall。
- 默认管理口:防火墙 FE1 口。
- 可管理 IP:FE1 口上的默认 IP 地址为 192.168.10.100/255.255.255.0。
- 管理主机:默认为 192.168.10.200/255.255.255.0。
- 默认管理方式:①管理主机与 FE1 口连接;②用电子钥匙进行身份认证;③访问 https://防火墙可管理 IP 地址:6666。登录账号为默认管理员账号与密码,访问 Web 界面。此方式下的配置通信是加密的。

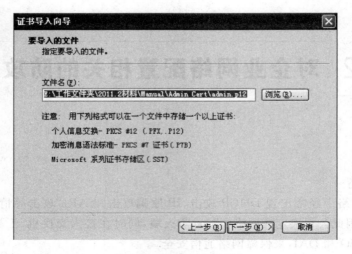

图 12-1　证书导入向导

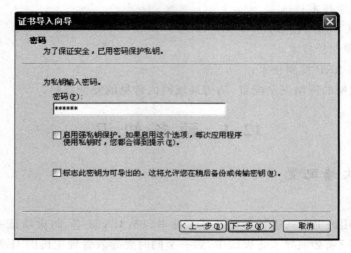

图 12-2　证书导入向导输入密码

　　将默认管理主机的网口用交叉连接的以太网线(两端线序不同)与防火墙的 FE1 口连接,管理主机的 IE 版本必须是 5.5 及以上版本,如果是证书认证,在浏览器中输入 https://192.168.10.100:6666。正确输入默认管理员账号与密码,进入下面如图 12-3 所示的防火墙配置管理界面。

　　在第一次登录成功后,管理员可以按需求变更管理员账号、管理主机、防火墙可管理IP、管理方式或导入管理员证书。下次登录时,按变更内容进行认证与登录。

　　当管理员完成管理任务或者离开管理界面时,应主动退出 Web 管理界面。正确的操作方法是单击快捷菜单最右端的"退出"快捷图标,这将通知防火墙本管理员退出操作,然后关闭本窗口。如果单击 IE 标题栏上的,则只是关闭了窗口,并没有通知防火墙该管理员已退出管理。防火墙 Web 界面有超时机制,默认超时时间为 600s,如果防火墙持续(>600s)未接收到 Web 界面操作请求,则超时退出。

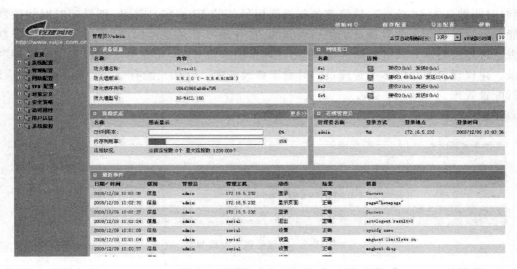

图 12-3　防火墙配置管理主界面

3. 管理员再次登录

当管理主机与防火墙的某个网口连接,并为其配置可管理 IP 时,管理员需要电子钥匙进行身份认证或者管理员证书方式认证。

使用管理员证书方式时,需要在防火墙上导入管理员证书,在管理主机上导入管理员证书,访问 https://防火墙可管理 IP:6666,认证成功后,进入防火墙配置管理界面。

4. 管理配置之管理主机

管理员要想管理防火墙,必须增加管理主机,即通过此菜单添加管理主机的 IP,然后通过网口连接防火墙即可进行管理。防火墙最多支持 256 个管理主机对其进行管理。如图 12-4 是管理主机界面。

序号	管理主机IP	备注	操作
1	10.50.10.22	bihy	✎ 🗑
2	10.50.10.46	renxy	✎ 🗑
3	10.50.10.81	xiaowj	✎ 🗑
4	10.50.40.25	chengchao	✎ 🗑
5	192.168.10.200	出厂默认管理主机	✎ 🗑

图 12-4　管理主机界面

5. 管理配置之管理员账号

防火墙支持多种管理员权限的账号对其进行管理,分别为超级管理员、策略管理员和日志审计管理员。不同权限的用户只能在自己的权限范围内管理防火墙。通过图 12-5 管理员账号配置界面可以灵活添加多个不同级别的账号。

选择"允许多个管理员同时管理"时,防火墙系统才会允许多个管理员同时登录。未选中"允许多个管理员同时管理",如果此管理员访问非正常退出,在超时时间未到的情况下

对企业网络配置相关的防攻击措施

（超时时间默认为 10 分钟），该管理员如果使用另外的 IP 或账号登录，则受超时时间限制，不能登录。但是如果此管理员仍使用相同的 IP 和账号登录是可以的，不受超时时间限制。或者通过超级终端方式登录防火墙，利用管理员命令设置为"允许多个管理员同时管理"并登录。建议设置不允许多个管理员同时登录修改配置。默认只能有一个管理员登录防火墙进行配置管理。

注意：默认管理员账号为 admin；密码为 firewall。账号 admin 不能删除。

图 12-5　管理员账号配置界面

在"管理配置＞＞管理员账号"，单击"添加"按钮，将弹出如 12-6 所示的管理员账号维护界面。

图 12-6　管理员账号维护窗口

管理员通过 IE 完成证书认证，访问 https：//防火墙可管理 IP：6666，登录防火墙配置界面，使用防火墙 Web 服务器的客户端的证书进行信道加密。当管理员使用证书方式进行身份认证时，必须在防火墙中导入一套证书（CA 中心证书、防火墙证书、防火墙密钥、管理员证书），并在管理主机的 IE 中导入管理员证书。管理员可以单击 CA 中心证书的链接、防火墙证书的链接进行查看。管理员可以查看导入的管理员证书列表。

如图 12-7 所示的导入管理员证书界面包括以下功能：

- 到锐捷 CA 中心下载证书。
- 导入一套证书（CA 中心证书、防火墙证书、防火墙密钥、管理员证书）。
- 查看 CA 中心证书、防火墙证书。
- 管理员证书维护（生效、删除）。

通过管理员证书管理防火墙的操作步骤如下：

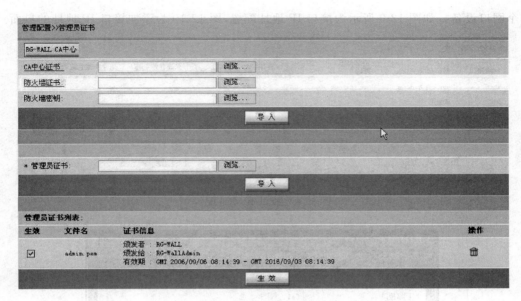

图 12-7　导入管理员证书

（1）管理员向 CA 中心申请证书,选择一套匹配的 CA 中心证书、防火墙证书、防火墙密钥"导入"。

（2）管理员要将选择匹配的管理员证书"导入"。单击"生效",使用相关管理员证书生效。

（3）下次登录防火墙系统前,请将有效管理员证书导入管理主机的 IE 浏览器中,访问 https://防火墙可管理 IP:6666,进入防火墙配置管理界面。

6. 网络配置之网络接口

RG-WALL 防火墙通过配置网络接口(FE1-FE4)的属性信息,可提高防火墙系统的效率与安全性,保证对数据流的走向进行灵活、严格的控制。网络接口配置界面如图 12-8 所示。

接口名称	工作模式	MTU	网口速率	TRUNK	VLAN ID	非IP协议	日志	操作
fe1	路由	1500	自动协商	✕		✕	✕	📝
fe2	路由	1500	自动协商	✕		✕	✕	📝
fe3	路由	1500	自动协商	✕		✕	✕	📝
fe4	路由	1500	自动协商	✕		✕	✕	📝
s1f1	路由	1500	自动协商	✕		✕	✕	📝
s1f2	路由	1500	自动协商	✕		✕	✕	📝
s2f1	路由	1500	自动协商	✕		✕	✕	📝
s2f2	路由	1500	自动协商	✕		✕	✕	📝

图 12-8　网络接口配置界面

7. 网络配置之接口 IP

RG-WALL 160M 提供 4 个网口:4 个 10/100M 自适应以太网接口(FE1,FE2,FE3,FE4),提供一个虚网口设备 br:如果某些网口设置为混合方式,系统就会自动生成一个虚网口设备 br,并将这些混合模式的网口绑定在该虚网口设备上,即虚网口设备 br 可以看作

对企业网络配置相关的防攻击措施

一个网口设备。如图 12-9 所示为接口 IP 地址配置,图 12-10 为添加接口 IP 地址的界面。

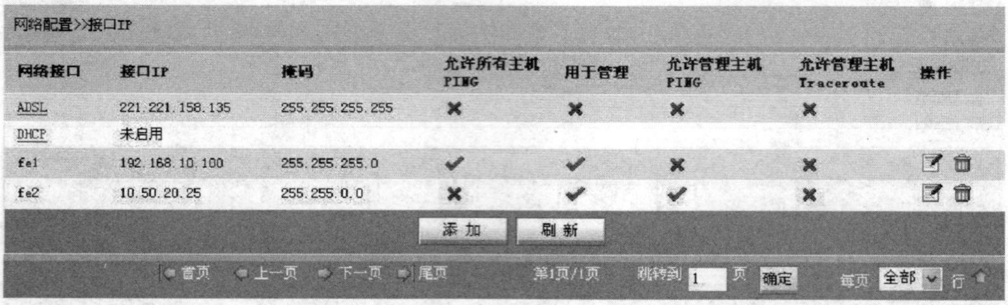

网络接口	接口IP	掩码	允许所有主机PING	用于管理	允许管理主机PING	允许管理主机Traceroute	操作
ADSL	221.221.158.135	255.255.255.255	✖	✖	✖	✖	
DHCP	未启用						
fe1	192.168.10.100	255.255.255.0	✔	✔	✖	✖	✏ 🗑
fe2	10.50.20.25	255.255.0.0	✖	✔	✔	✖	✏ 🗑

图 12-9　接口 IP 地址配置

图 12-10　添加接口 IP 地址

　　例如:在"网络配置>>网络接口"界面中,分别将 FE1/FE2 设置为混合模式。在"网络配置>>接口 IP"界面中单击添加,弹出"接口 IP 维护"界面,网络接口处会显示为 br: FE1 和 br:FE2 这样两个设备名。接口 IP 配置完成后,在接口 IP 列表中会将已配置给 br: FE1 和 br:FE2 设备的 IP 地址显示在虚网口设备 br 下。在"网络配置>>网络接口"中,将 FE1/FE2 由混合方式切换为路由方式后,配置在 br:FE1 上的 IP 将保留在 FE1 上,配置 br:FE2 上的 IP 将保留在 FE2 上。接口 IP 列表将自动更新显示。注意:接口 IP 在被安全规则引用以及被 HA 基本配置引用时,无法进行删除操作。

8. 网络配置之策略路由

　　RG-WALL 防火墙提供策略路由机制,除常规的按目的 IP 方式的路由功能外,还支持路由负载均衡和按源 IP 方式的路由功能。路由负载均衡指按照下一跳的权值来从多条路由中自动选择一条。按源 IP 方式是根据数据帧中的源 IP 地址来决定下一跳地址的。通过按源 IP 路由功能的有效补充,管理员可以方便地选择按源地址路由或按目的地址路由,实现策略路由功能。策略路由表包括:手工加入的静态路由表(分为源路由表项、路由表项和路由负载均衡表项)、系统根据防火墙 IP 地址自动加入的网段地址的路由表项。当匹配多条路由时,按源路由、目的路由和默认网关的顺序选择下一跳地址。策略路由的使用说明:

（1）网口允许"按源路由"时，如果策略路由表中有匹配的源 IP 路由，则按源 IP 路由；无源 IP 路由匹配时，则按目的 IP 路由；无匹配目的 IP 路由时，则按默认网关路由（优先级别）。

（2）网口禁止"按源路由"时，无论有无匹配的源 IP 路由，均按匹配的目的 IP 路由；无匹配目的 IP 路由时，则按默认网关路由。

（3）网口配置中，默认路由的策略是源 IP 路由功能禁止，此时按目的 IP 地址路由。

（4）策略路由功能和网口工作模式无关，也就是网口可以在路由模式，也可以在混合模式下，只要数据包需要进行路由，并且该网口开启了"按源 IP 路由"功能，那么就会匹配策略路由。如图 12-11 所示为策略路由配置界面。

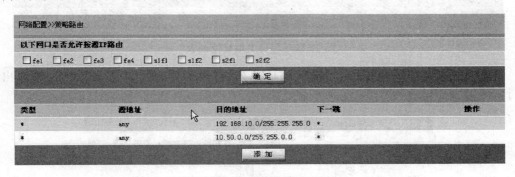

图 12-11　策略路由配置界面

在"网络配置＞＞策略路由"界面上，单击"添加"按钮，在弹出的页面上方选择不同的路由方式，将会出现如图 12-12 所示的添加策略路由界面。

图 12-12　添加策略路由

9. 对象定义

为简化防火墙安全规则的维护工作，引入了对象定义，可以定义以下对象。

- 地址：地址列表、地址组、服务器地址、NAT 地址池。
- 服务：服务列表、服务组。
- 代理：预定义代理、自定义代理。
- 时间：时间列表、时间组。
- 带宽：带宽列表。
- URL 列表：黑名单、白名单。
- 病毒过滤：病毒库文件导入、网上更新病毒库。

对象使用应注意以上几点：

（1）定义规则前需先定义该规则所要引用的对象。

对企业网络配置相关的防攻击措施

（2）定义的对象只有被引用时才真正使用。

（3）被引用的对象编辑后，在"安全策略＞＞安全规则"界面中单击"刷新"后生效。

10. 地址之 NAT 地址池

在"安全策略＞＞安全规则"的 NAT、IP 映射和端口映射规则中，将用到这里定义的"NAT 地址池"。"NAT 地址池列表"如图 12-13 所示。

图 12-13 "NAT 地址池列表"

在"对象定义＞＞地址＞＞NAT 地址池列表"界面中，单击"添加"按钮，将弹出如图 12-14 所示的添加 NAT 地址池界面。

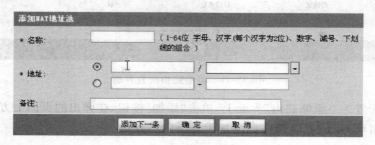

图 12-14 添加 NAT 地址池

11. URL 列表

Web 服务是互联网上使用最多的服务之一。互联网上信息鱼龙混杂，有部分不良信息，因此必须对其访问进行必要的控制。RG-WALL 防火墙可以通过对某些 URL 进行过滤实现对访问不良信息的控制。通过使用黑名单和白名单来控制用户不能访问哪些 URL，可以访问哪些 URL。

在"安全策略＞＞安全规则"中配置包过滤、NAT 策略均可以针对 HTTP 协议进行 URL 过滤（如图 12-15 所示），URL 过滤所使用的列表就是这里定义的 URL 列表。URL 过滤提供两种类型的 URL 列表。①黑名单：禁止名单中的 URL 通过，其他的 URL 均可访问。②白名单：只允许名单中的 URL 通过，其他的 URL 均不允许访问。

图 12-15 URL 列表配置界面

在"对象定义＞＞URL 列表"界面中，单击"添加"按钮，将弹出如图 12-16 所示的界面。黑名单：禁止名单中的 URL 通过，其他的 URL 均可访问。

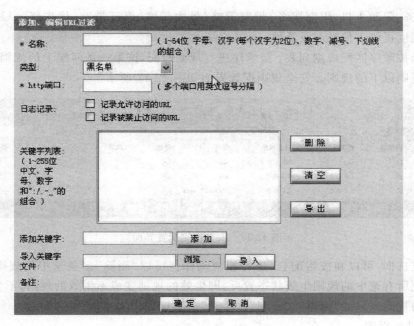

图 12-16　添加 URL 过滤

白名单：只允许名单中的 URL 通过，其他的 URL 均不允许访问。

修改 URL 列表对象以后，需要到"安全策略＞＞安全规则"界面单击"刷新"按钮，修改才能生效。

12. 安全策略

安全策略是防火墙的核心功能。防火墙所有的访问控制均根据安全规则的设置完成。安全规则包括：

- 包过滤规则；
- NAT 规则（网络地址转换）；
- IP 映射规则；
- 端口映射规则；
- 代理规则；
- 病毒过滤规则。

1）安全策略

防火墙的基本策略是：没有明确被允许的行为都是被禁止的。根据管理员定义的安全规则完成数据帧的访问控制，规则策略包括："允许通过"、"禁止通过"、"NAT 方式通过"、"IP 映射方式通过"、"端口映射方式通过"、"代理方式通过"、"病毒过滤方式通过"。支持对源 IP 地址、目的 IP 地址、源端口、目的端口、服务、流入网口、流出网口等控制。另外，根据管理员定义的基于角色控制的用户策略，并与安全规则策略配合完成访问控制，包括限制用户在什么时间、什么源 IP 地址可以登录防火墙系统，该用户通过认证后能够享有的服务。RG-WALL 防火墙提供基于对象定义的安全策略配置。对象包括地址和地址组、NAT 地址池、服务器地址、服务（源端口、目的端口、协议）和服务组、时间和时间组、用户和用户组（包括用户策略：如登录时间与地点，源 IP/目的 IP、目的端口、协议等）、连接限制（保护主

对企业网络配置相关的防攻击措施

机、保护服务、限制主机、限制服务)带宽策略(最大带宽、保证带宽、优先级)、URL 过滤策略。最大限度提供方便性与灵活性。

防火墙按顺序匹配规则列表:按顺序进行规则匹配,按第一条匹配上的规则执行,不再匹配该条规则以下的规则。安全规则配置界面如图 12-17 所示。

图 12-17　安全规则配置界面

选中复选框,可以和按钮配合,进行相应动作。可以"删除"多条选中的规则,单击"生效"按钮,把所有选中的规则生效状态置反,即生效的规则变成不生效的规则,不生效的规则变成生效的规则。只能"编辑"、"复制"、"移动"一条规则。

2)包过滤规则

提供基于状态检测(基于 TCP/UDP/ICMP 协议)的动态包过滤。包过滤规则可以实现对源地址/掩码、目的地址/掩码、服务、流入流出网口的访问控制,可以设置对这类经过防火墙的数据包是允许还是禁止。另外,是否启用用户认证、是否启用带宽控制、是否启用 URL 过滤、是否启用连接限制功能以及是否记录日志,是否走 VPN 隧道都在包过滤规则中设置。包过滤规则是管理员应用最多的安全规则。RG-WALL 防火墙的包过滤规则功能十分灵活、强大。支持的协议包括基本协议(如 HTTP、telnet、SMTP 等)、ICMP、动态协议(如 H323、FTP、SIP、SQLNet 等)。在"安全策略＞＞安全规则"界面中,单击"添加"按钮,将弹出如图 12-18 所示的界面。

输入新增策略规则的序号。防火墙按规则序号顺序从小到大的顺序匹配规则并执行。序号为数字。若该数字与已定义的规则序号有重复,则防火墙会自动将原策略规则以及序号排在其后的所有规则自动后移一个数字,将新增策略规则的序号设为输入的序号。若不修改界面中序号,即为添加到最后。如果序号大于已有规则总数加 1,即为添加到最后。

3)NAT 规则

NAT(Network Address Translation)是在 IPv4 地址日渐枯竭的情况下出现的一种技术,可将整个组织的内部 IP 都映射到一个合法 IP 上来进行 Internet 的访问,NAT 中转换前源 IP 地址和转换后源 IP 地址不同,数据进入防火墙后,防火墙将其源地址进行了转换后再将其发出,使外部看不到数据包原来的源地址。一般来说,NAT 多用于从内部网络到外部网络的访问,内部网络地址可以是保留 IP 地址。RG-WALL 防火墙支持源地址一对一的转换,也支持源地址转换为地址池中的某一个地址。用户可通过安全规则设定需要转换的源地址(支持网络地址范围)、源端口。此处的 NAT 指正向 NAT,正向 NAT 也是动态 NAT,通过系统提供的 NAT 地址池,支持多对多,多对一,一对多,一对一的转换关系。在"安全策略＞＞安全规则"界面中,单击"添加"按钮,将弹出如图 12-19 所示的界面。

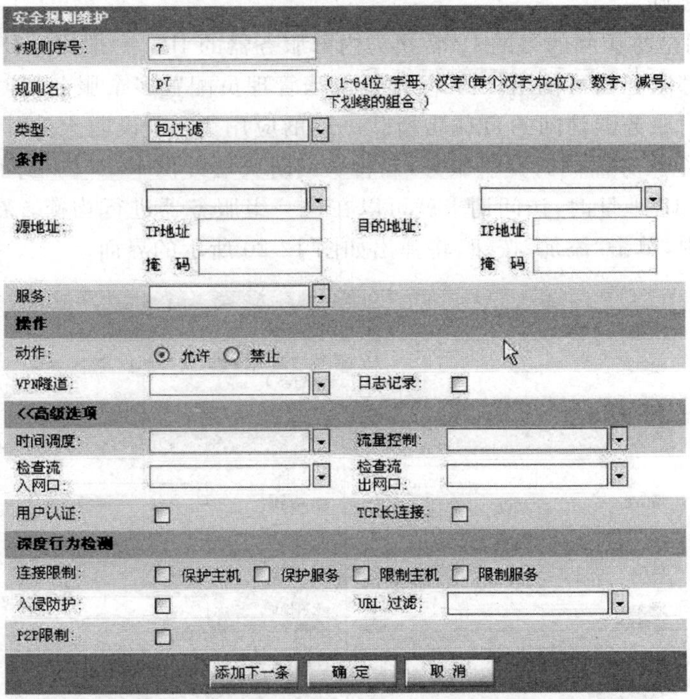

图 12-18　包过滤安全规则维护界面

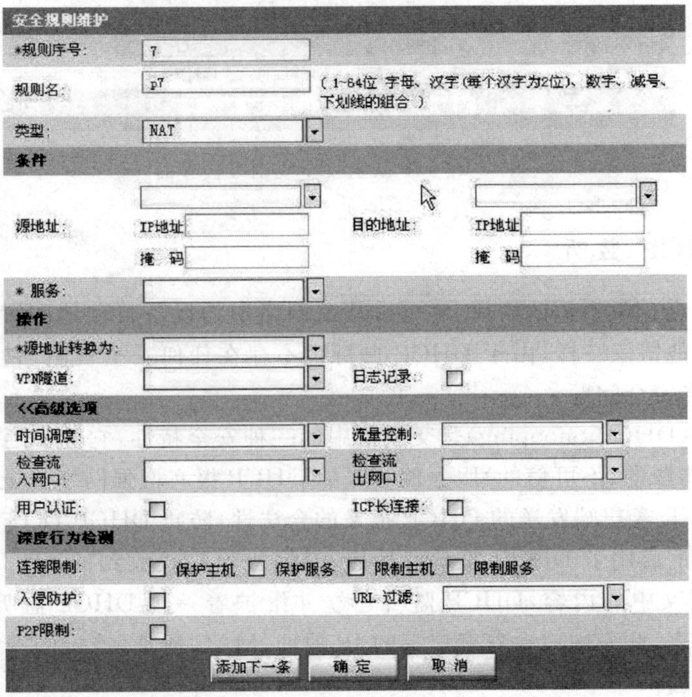

图 12-19　NAT 安全规则维护界面

对企业网络配置相关的防攻击措施

4）IP 映射规则

IP 映射规则是将访问的目的 IP 转换为内部服务器的 IP。一般用于外部网络到内部服务器的访问，内部服务器可使用保留 IP 地址。当管理员配置多个服务器时，就可以通过 IP 映射规则，实现对服务器访问的负载均衡。一般的应用为：假设防火墙外网卡上有一个合法 IP，内部有多个服务器同时提供服务，当将访问防火墙外网卡 IP 的访问请求转换为这一组内部服务器的 IP 地址时，访问请求就可以在这一组服务器进行均衡。在"安全策略＞＞安全规则"界面中，单击"添加"按钮，将弹出如图 12-20 所示的界面。

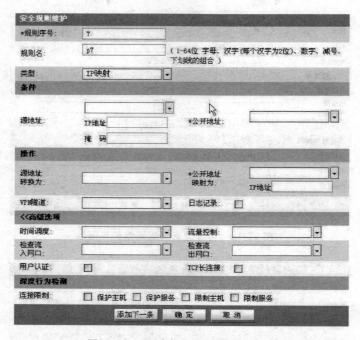

图 12-20　IP 映射安全规则维护界面

12.1.2　DHCP 监听

DHCP 是一个非常有用的协议，它可以帮助网络中的设备自动地配置 IP 地址等信息，但是就像很多其他协议一样，由于 DHCP 自身也不存在任何安全机制，它也会被其他攻击者利用，产生网络安全问题。

DHCP 监听(DHCP Snooping)是交换机中的一种安全特性，它能够通过过滤网络中接入的伪 DHCP(非法的、不可信的)服务器发送的 DHCP 报文增强网络安全性。DHCP 监听还可以检查 DHCP 客户端发送的 DHCP 报文的合法性，防止 DHCP DOS 攻击。

当在交换机上启用了 DHCP 监听特性后，交换机将检查收到的所有 DHCP 报文。通过读取 DHCP 报文中的内容，DHCP 监听建立并维护着一个 DHCP 监听数据库，也称为 DHCP 监听绑定表，此表中包含着客户端的 IP 地址、MAC 地址、连接的端口、VLAN 号、地址租用期限等信息。

DHCP 监听特性通过信任(Trust)和非信任(Untrust)端口来辨别网络中 DHCP 服务器的合法性。对于信任端口，DHCP 监听特性将允许任何 DHCP 报文通过，信任端口通常是连接网络中合法 DHCP 服务器的端口；对于非信任端口，DHCP 监听特性将只允许 DHCPDISCOVER 与 DHCPREQUEST 通过，另外一些由 DHCP 服务器发送的报文，例如 DHCPOFFER 报文将被丢弃，这就防止了伪 DHCP 服务器通过连接到非信任端口为客户端分配 IP 地址。在部署 DHCP 监听特性时，可以将连接合法 DHCP 服务器的端口和连接到汇聚层交换机的上行链路端口设置为 DHCP 监听信任端口，其他设置为非信任端口。

12.1.3 VPN

1. VPN 的概述

利用公共网络来构建的私人专用网络称为虚拟私有网络（VPN），在公共网络上组建的 VPN 像企业私有网络一样提供安全性、可靠性和可管理性等。

虚拟专用网指的是依靠 ISP（Internet 服务提供商）和其他 NSP（网络服务提供商），在公用网络中建立专用的数据通信网络的技术。在虚拟专用网中，任意两个节点之间的连接并没有传统专网所需的端到端的物理链路，而是利用某种公众网的资源动态组成的。

VPN 采用了隧道技术，在公网中建立自己专用的“隧道”，让数据包通过隧道传输。在这条隧道上可以进行安全、高效的数据传输，同时减少用户花费在 WAN 和远程网络连接上的费用。网络隧道技术指的是利用一种网络协议传输另一种网络协议。VPN 可以连接两个终端系统，也可连接多个网络。

2. VPN 必须具备的功能

（1）保证数据的真实性，通信主机必须是经过授权的，要有抵抗地址冒认（IP Spoofing）的能力。

（2）保证数据的完整性，接收到的数据必须与发送时的一致，要有抵抗不法分子篡改数据的能力。

（3）保证通道的机密性，提供强有力的加密手段，必须使偷听者不能破解拦截到的通道数据。

（4）提供动态密钥交换功能，提供密钥中心管理服务器，必须具备防止数据重演（Replay）的功能，保证通道不能被重演。

（5）提供安全防护措施和访问控制，要有抵抗黑客通过 VPN 通道攻击企业网络的能力，并且可以对 VPN 通道进行访问控制（Access Control）。

3. VPN 的分类及用途

（1）内部网 VPN——用 VPN 连接公司总部和其分支机构。

连接企业总部、远程办事处和分支机构的企业内联网 VPN。

（2）远程访问 VPN——用 VPN 连接公司总部和远程用户。

对于出差流动员工、远程用户和远程小办公室和企业总部网之间建立的私有的网络连接。

（3）外联网 VPN——用 VPN 连接公司和其业务伙伴。

将客户、供应商、合作伙伴或兴趣群体连接到企业内部网。

4. VPN 技术

1）隧道技术

网络隧道技术指的是利用一种网络协议传输另一种网络协议。网络隧道技术涉及三种

对企业网络配置相关的防攻击措施

网络协议：网络隧道协议、支撑隧道协议的承载协议和隧道协议所承载的被承载协议。

现有两种类型的隧道协议：一种是二层隧道协议，用于传输二层网络协议，例如 PPTP/L2TP 第二层隧道技术；另一种是三层隧道协议，用于传输三层网络协议，例如 IPSec 第三层隧道技术。

2）加解密技术

因为虚拟专用网络建筑在 Internet 公众数据网络上，为确保私有资料在传输过程中不被其他人浏览、窃取或篡改，所有的数据包在传输过程中均需加密，当数据包传送到专用数据网络后，再将数据包解密。加解密的作用是保证数据包在传输过程中即使被窃听，黑客也只能看到一些封锁意义的乱码。

3）密钥管理技术

黑客若想解读数据包，必须先破解加解密所用的密钥。密钥管理的主要任务就是来保证在开放网络环境中安全地传输密钥而不被黑客窃取。Internet 密钥交换协议（IKE）用于通信双方协商和建立安全联盟，交换密钥。IKE 定义了通信双方进行身份认证、协商加密算法以及生成共享的会话密钥的方法。

4）身份认证技术

网络上的用户与设备都需要确定性的身份认证，设备间交换资料前，须先确认彼此的身份，接着出示彼此的数字证书，双方将此证书比对，如果比对正确，双方才开始交换资料，反之，则不交换。IKE 提供了共享验证字、公钥加密验证、数字签名验证等验证方法。

12.2　项 目 实 施

12.2.1　任务一：配置透明模式防火墙

1. 任务描述

你是某公司的网管，为了保证公司的网络安全，公司新购进一台防火墙，要求局域网可以访问 WAN 网络，局域网可以访问 DMZ，WAN 网区可以访问服务器区（DMZ）Web Server（TCP 80 端口）Mail Server（TCP 110 端口和 25 端口），其他全部拒绝。

防火墙区域地址分配表如表 12-1 所示。

表 12-1　防火墙区域地址分配表

名　　称	参 数 要 求
桥	brg0：192.168.1.1
控制区	IP：192.168.1.2/255.255.255.0
LAN 区	IP：192.168.1.X/255.255.255.0
（非军事化）区	Web Server IP：192.168.1.7/255.255.255.0
	Mail Server IP：192.168.1.9/255.255.255.0
非安全区	局端 IP：192.168.1.1/255.255.255.0

2. 实验网络拓扑图

透明模式防火墙拓扑图如图 12-21 所示。

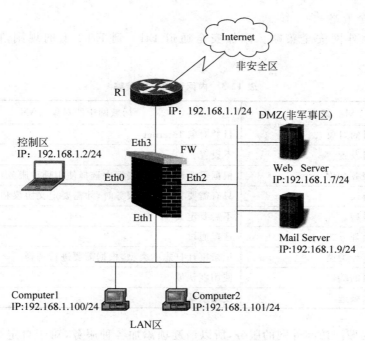

图 12-21 透明模式防火墙拓扑图

3. 设备配置

第一步：服务器配置。

接口定义,分配地址:
eth0 ip: 127.0.0.50/255.255.255.0
eth1 ip: 127.0.0.51/255.255.255.0
eth2 ip: 127.0.0.52/255.255.255.0
eth3 ip: 127.0.0.53/255.255.255.0

第二步：包过滤。

（1）定义资源对象：在"安全策略"标签中单击"包过滤"图标,在打开的下拉菜单中选择并单击其中的"资源对象"选项,定义各区的对象,如表 12-2 所示。

表 12-2   定义资源对象

说　明	对象名称	IP 地址	掩　码
局域网对象（表示任意对象）	LAN	192.168.1.0	255.255.255.0
服务器区对象	Web Server	192.168.1.7	255.255.255.255
	Mail Server	192.168.1.9	255.255.255.255
公网对象（表示任意对象）	Internet	0.0.0.0	0.0.0.0

2. 定义过滤规则

在"安全策略"标签中单击"包过滤"图标,从打开的下拉菜单中选择并单击其中的"定义过滤规则"选项。

1）定义安全通道

定义三条安全通道,分别是从 Eth1 到 Eth3,从 Eth1 到 Eth2 以及从 Eth3 到 Eth2。

对企业网络配置相关的防攻击措施

2）定义安全策略

局域网访问外网安全策略。添加安全通道 Eth1 到 Eth3 上的规则，内容如表 12-3 所示。

表 12-3　内网访问外网策略

源　对　象	局域网中的对象 LAN
目的对象	目的对象 Internet
组设置	不设置
服务名称	根据需要从下拉列表框中选择使用哪种服务，如 HTTP 服务
协议	只有需要自行定义服务时，才需要定义协议和类型两个参数
类型	不需要定义
处理方式	选择通过
审计类型	记录审计日志的类型，根据需要进行选择
目的端口	使用默认值
高级选项	使用默认值

因不限制局域网访问外网的服务，所以请逐项添加各种服务，对于自定义的服务，请选择使用的协议和类型以及输入目的端口。

局域网访问服务器区安全策略。添加安全通道 Eth 到 Eth2 上的安全策略，内容与局域网访问外网的安全策略相似，只需略作修改。

源对象：外部 Internet。

目的对象：非军事化区的主机，一个为 Web Server，另一个为 Mail Server。

服务：不同的服务器有不同的服务，如 Web Server，应选择 HTTP 服务，目的端口自动变为 80，Mail Server 则应选择 SMTP-TCP 和 POP3-TCP，目的端口自动变为 25 和 110。

外部网需要访问服务器区的安全策略。添加安全通道 Eth3 到 Eth2 上的安全策略，内容与局域网访问外网的安全策略，只需略作修改。

源对象：外部 Internet。

目的对象：非军事化区的主机，一个为 Web Server，另一个为 Mail Server。

服务：不同的服务器有不同的服务，如 Web Server，应选择 HTTP 服务，目的端口自动变为 80，Mail Server 则应选择 SMTP-TCP 和 POP3-TCP，目的端口自动变为 25 和 110。

注意：透明模式下配置防火墙不需要定义网络地址转换使用的安全策略。

第三步：加载保存配置。

12.2.2　任务二：配置路由模式防火墙

1. 任务描述

某园区网络为了安全考虑安装一防火墙设备，实现局域网可以访问 WAN，局域网可以访问 DMZ，WAN 区可以访问服务器区（DMZ）Web Server（TCP 80 端口）、Mail Server（TCP 110 端口和 25 端口），其他全部拒绝。防火墙区域地址分配表如表 12-4 所示。

表 12-4　防火墙区域地址分配表

名　　称	参 数 要 求
默认网关	61.55.55.56 255.255.255.0
控制区	IP:192.168.0.2/255.255.255.0
LAN 区	IP:192.168.1.X/255.255.255.0
（非军事化）区	Web Server IP:192.168.2.7/255.255.255.0 Mail Server IP:192.168.2.9/255.255.255.0
非安全区	局端 IP:61.55.55.56/255.255.255.0

2. 实验网络拓扑图

路由模式防火墙拓扑图如图 12-22 所示。

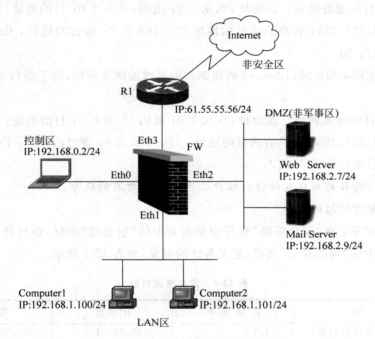

图 12-22　路由模式防火墙拓扑图

3. 设备配置

第一步：进行服务器配置。

网络接口定义：在系统配置标签中单击其中的"接口、网桥"图标。在接口的标签中为网络接口分配地址。

```
eth0 ip:192.168.0.1/255.255.255.0
eth1 ip:192.168.1.1/255.255.255.0
eth2 ip:192.168.2.1/255.255.255.0
eth3 ip:61.55.55.55/255.255.255.0
```

配置路由：在"系统配置"标签中单击其中的"路由配置"图标。定义默认网关：61.55.55.56 255.255.255.0。

对企业网络配置相关的防攻击措施

第二步：定义网络地址转换。

在"安全策略"标签中单击其中的"网络地址转换"图标。选择其中的"定义规则"。在弹出的定义规则窗口中,单击源地址转换标签,可以定义向外源地址转换,单击目的地址转换标签,将可以定义向内目的地址转换。

（1）局域网访问 WAN 区规则。

定义向外源地址转换。源地址：0.0.0.0；掩码：0.0.0.0；目的地址 0.0.0.0；掩码：0.0.0.0；

转换后的源地址：61.55.55.55；通过的接口：any or Eth3。

（2）外网访问 DMZ 区 Web Server 的规则。

定义向内目的地址转换。源地址：0.0.0.0；掩码：0.0.0.0；目的地址：61.55.55.55；掩码：255.255.255.255；转换后的目的地址 192.168.2.7；通过的接口：Eth3 目的端口：80；转换后端口：80。

（3）外网访问 DMZ Mail Server 的规则。需要增加两条规则,除了端口不同,其他完全相同。

定义向内目的地址转换。源地址：0.0.0.0；掩码：0.0.0.0；目的地址：61.55.55.55；掩码：255.255.255.255；转换后的目的地址：192.168.2.9；通过的接口：Eth3 目的端口：25/110；转换后端口：25/110。

注意：可以将目的端口或转换后端口设为 0,表示所有的服务。

第三步：配置包过滤规则

定义资源对象：在"安全策略"标签中单击其中的"包过滤"图标,在打开的下拉菜单中选择并单击其中的"资源对象"选项,定义各区的对象,如表 12-5 所示。

表 12-5　定义资源对象

说　　明	对象名称	IP 地址	掩　　码
局域网对象（表示任意对象）	LAN	192.168.1.0	255.255.255.0
服务器区对象	Web Server	192.168.2.7	255.255.255.255
	Mail Server	192.168.2.9	255.255.255.255
公网对象（表示任意对象）	Internet	0.0.0.0	0.0.0.0

4. 定义过滤规则

在"安全策略"标签中单击其中的"包过滤"图标,从打开的下拉菜单中选择并单击其中的"定义过滤规则"选项。

1）增加安全通道

定义三条安全通道,分别是从 Eth1 到 Eth3,从 Eth1 到 Eth2 以及从 Eth3 到 Eth2。

2）增加规则

局域网访问外网安全策略。添加安全通道 Eth1 到 Eth3 上的规则,内容如表 12-6 所示。

表 12-6 内网访问外网策略

源 对 象	局域网中的对象 LAN
目的对象	目的对象 Internet
组设置	不设置
服务名称	根据需要从下拉列表框中选择使用哪种服务,如 HTTP 服务
协议	只有需要自行定义服务时,才需要定义协议和类型两个参数
类型	不需要定义
处理方式	选择通过
审计类型	记录审计日志的类型,根据需要进行选择
目的端口	使用默认值
高级选项	使用默认值

因不限制局域网访问外网的服务,所以请逐项添加各种服务,防火墙提供 TCP-ALL 和 UDP-ALL 两种定制服务,用户可以选择此两项,将开放此安全通道的所有 TCP 和 UDP 协议的服务。对于自定义的服务,请选择使用的协议和类型以及输入目的端口。

局域网访问服务器区安全策略。添加安全通道 Eth1 到 Eth2 上的安全策略,内容与局域网访问外网的安全策略相似,只需略作修改。

源对象:局域网 LAN 区域。

目的对象:非军事化区的主机,一个为 Web Server,另一个为 Mail Server。

服务:不同的服务器有不同的服务,如 Web Server,应选择 HTTP 服务,目的端口自动变为 80,Mail Server 则应选择 SMTP-TCP 和 POP3-TCP,目的端口自动变为 25 和 110。

外部网需要访问服务器区的安全策略。添加安全通道 Eth3 到 Eth2 上的安全策略,内容与局域网访问外网的安全策略,只需略作修改。

源对象:外部 Internet。

目的对象:非军事化区的主机,一个为 Web Server,另一个为 Mail Server。

服务:不同的服务器有不同的服务,如 Web Server,应选择 HTTP 服务,目的端口自动变为 80,Mail Server 则应选择 SMTP-TCP 和 POP3-TCP,目的端口自动变为 25 和 110。

其他拒绝的策略可以由系统默认的规则定制,不需要再另行配置。

第四步:加载保存配置。

在配置管理主界面导航目录中选择"加载并保存配置"文件夹图标,双击其中的"加载规则"图标,只需在弹出的窗口中单击"加载规则"按钮。

12.2.3 任务三:配置 DHCP 监听

1. 任务描述

某企业网络,使用了 DHCP 分配 IP 地址,有员工抱怨无法访问网络资源,经过故障排查后,发现客户端 PC 通过 DHCP 获得了错误的 IP 地址,从该现象可以判断出网络中可能出现了 DHCP 攻击,有人私自架设了伪 DHCP 服务器。设置交换机的 DHCP 监听特性以防止非法服务器为客户端分配 IP 地址。

2. 实验网络拓扑图

DHCP 监听配置拓扑图如图 12-23 所示。

对企业网络配置相关的防攻击措施

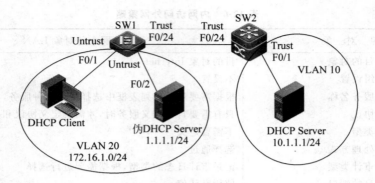

图 12-23　DHCP 监听配置拓扑图

3. 设备配置

配置 DHCP 服务器：合法 DHCP 服务器中的分配地址池为 172.16.1.0/24，伪 DHCP 服务器中分配的地址池为 1.1.1.0/24。

```
//交换机 SW1 基本配置
Switch(config)#hostname SW1
SW1(config)#vlan 20
SW1(config-vlan)#exit
SW1(config)#int range f0/1-2
SW1(config-if)#switchport access vlan 20
SW1(config-if)#exit
SW1(config)#int f0/24
SW1(config-if)#switchport mode trunk
SW1(config-if)#end
SW1#
//交换机 SW2 基本配置
Switch(config)#hostname SW2
SW2(config)#int f0/24
SW2(config-if)#switchport mode trunk
SW2(config-if)#exit
SW2(config)#vlan 20
SW2(config-vlan)#exit
SW2(config)#int vlan 20
SW2(config-if)#ip add 172.16.1.1 255.255.255.0
SW2(config-if)#exit
SW2(config)#vlan 10
SW2(config-vlan)#exit
SW2(config)#int vlan 10
SW2(config-if)#ip address 10.1.1.2 255.255.255.0
SW2(config-if)#exit
SW2(config)#interface f0/1
SW2(config-if)#switchport access vlan 10
SW2(config-if)#end
SW2#
//交换机 SW2 配置为 DHCP 中继
SW2(config)#service dhcp
SW2(config)#ip helper-address 10.1.1.1          //指定正确的 DHCP 服务器地址
```

```
SW2(config)#end
SW2#
//交换机 SW2 配置 DHCP 监听。
SW2(config)#ip dhcp snooping            //开启 DHCP 监听特性
SW2(config)#interface f0/1
SW2(config-if)#ip dhcp snooping trust   //配置端口为 trust 端口
SW2(config-if)#exit
SW2(config)#interface f0/24
SW2(config-if)#ip dhcp snooping trust
SW2(config-if)#end
SW2#
//交换机 SW1 配置 DHCP 监听。
SW1(config)#ip dhcp snooping
SW1(config)#interface f0/24
SW1(config-if)#ip dhcp snooping trust
SW1(config-if)#end
```

12.2.4 任务四：配置 VPN

1. 任务描述

某公司总部和分部需要传输重要的业务数据，要求采用 IPSec VPN 技术对数据进行加密。

2. 实验网络拓扑图

IPSec VPN 拓扑图如图 12-24 所示。

图 12-24   IPSec VPN 拓扑图

3. 设备配置

```
//路由器 RA 配置
RA(config)#interface s2/0
RA(config-if)#ip address 10.1.1.1 255.255.255.0
RA(config-if)#exit
RA(config)#interface f0/0
RA(config-if)#ip address 192.168.1.1 255.255.255.0
RA(config-if)#exit
//配置缺省路由
RA(config)#ip route 0.0.0.0 0.0.0.0 10.1.1.2
//配置 IPSec VPN
RA(config)#crypto isakmp policy 10
RA(isakmp-policy)#authentication pre-share
RA(isakmp-policy)#hash md5
RA(isakmp-policy)#group 2
RA(isakmp-policy)#exit
RA(config)#crypto isakmp key 0 ruijie address 10.1.1.2
```

对企业网络配置相关的防攻击措施

```
RA(config)# crypto ipsec transform-set vpn ah-md5-hmac esp-des esp-md5-hmac
RA(cfg-crypto-trans)# mode tunel
RA(config)# crypto map vpnmap 10 ipsec-isakmp
RA(config-crypto-map)# set peer 10.1.1.2
RA(config-crypto-map)# set transform-set vpn
RA(config-crypto-map)# match address 110
RA(config-crypto-map)# exit
//定义访问控制列表及应用 VPN
RA(config)# access-list 110 permit ip 192.168.1.0 0.0.0.255 192.168.2.0 0.0.0.255
RA(config)# interface f0/0
RA(config-if)# crypto map vpnmap
//路由器 RB 配置
RB(config)# interface s2/0
RB(config-if)# ip address 10.1.1.2 255.255.255.0
RB(config-if)# exit
RA(config)# interface f0/0
RA(config-if)# ip address 192.168.2.1 255.255.255.0
RA(config-if)# exit
//配置缺省路由
RB(config)# ip route 0.0.0.0 0.0.0.0 10.1.1.1
//配置 IPSec VPN
RA(config)# crypto isakmp policy 10
RB(isakmp-policy)# authentication pre-share
RB(isakmp-policy)# hash md5
RB(isakmp-policy)# group 2
RB(isakmp-policy)# exit
RB(config)# crypto isakmp key 0 ruijie address 10.1.1.1
RB(config)# crypto ipsec transform-set vpn ah-md5-hmac esp-des esp-md5-hmac
RB(cfg-crypto-trans)# mode tunel
RB(config)# crypto map vpnmap 10 ipsec-isakmp
RB(config-crypto-map)# set peer 10.1.1.1
RB(config-crypto-map)# set transform-set vpn
RB(config-crypto-map)# match address 110
RB(config-crypto-map)# exit
//定义访问控制列表及应用 VPN
RB(config)# access-list 110 permit ip 192.168.2.0 0.0.0.255 192.168.1.0 0.0.0.255
RB(config)# interface f0/0
RB(config-if)# crypto map vpnmap
```

12.3 拓 展 知 识

12.3.1 DHCP 攻击

目前针对 DHCP 进行的攻击主要有以下两种类型:

(1) 对 DHCP 服务器进行的 DoS(拒绝服务攻击)。

利用 DHCP 服务器不对 DHCP 客户端进行验证就响应其 DHCP 请求并分配 IP 地址的这一安全漏洞,恶意用户只要在网络上广播大量含有不同伪造 MAC 地址的 DHCP 请求报文,就可以很快耗尽 DHCP 服务器地址池中有限的 IP 地址资源,导致 DHCP 服务器不能继续提供服务,如图 12-25 所示。

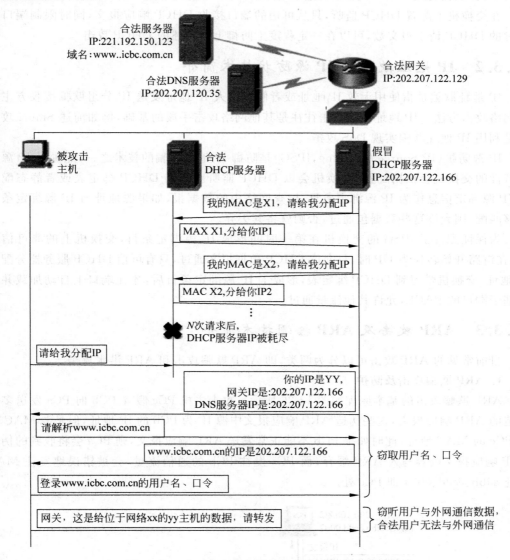

图 12-25　对 DHCP 服务器进行 DoS 拒绝服务攻击

(2) 对 DHCP 客户端进行的欺骗攻击。

利用 DHCP 客户端不对 DHCP 服务器进行验证的安全漏洞,恶意用户可以对网络上发出 DHCP 请求的主机发动 DHCP 欺骗攻击。为进行 DHCP 欺骗攻击,恶意用户一般会对合法 DHCP 服务器进行 DoS 攻击,一旦网络上合法的 DHCP 服务器不能再提供服务,恶意用户就开始假冒 DHCP 服务器响应 DHCP 客户端请求,将其自身地址作为网关、DNS 服务器地址发送给希望获得 IP 地址的主机。

当被欺骗的主机开始使用假冒网关地址通信时,就会把所有到其他网络的流量发送给恶意用户主机。而如果被欺骗的主机使用获得的假 DNS 服务器地址请求解析要访问的服务器域名时,恶意用户主机又可以再假冒 DNS 服务器,将伪造的 DNS 解析结果返回给被欺

对企业网络配置相关的防攻击措施

骗的主机,从而将用户引导到假冒服务器上,泄露用户信息。

在交换机上配置 DHCP 监听,只从可信的端口接收 DHCP 响应报文,同时限制端口上通过的 DHCP 请求报文数,可以在一定程度上防御上面所述的 DHCP 攻击

12.3.2 IP 地址欺骗及 IP 源防护技术简介

IP 地址欺骗是指使用无效 IP 地址或者假冒他人 IP 地址发送 IP 分组欺骗接收方主机的网络攻击方法。IP 地址欺骗攻击往往是其他网络攻击手段的基础,例如前述 Smurf 攻击就是利用 IP 地址欺骗实现 DoS 攻击。

IP 源防护(IP Source Guarding,IPSG)是防御 IP 地址欺骗的技术之一,配置了 IP 源保护特性的交换机会根据配置,交换机会以 DHCP 监听获得的 DHCP 绑定表或者静态配置的 IP 源绑定信息作为 IP 源绑定条目,检查网络中的数据报,如果源地址与 IP 源绑定条目能够匹配,则允许这些数据包通过,否则就将其丢弃。

为保证配置了 IPSG 的交换机在第一时间形成 IP 源绑定条目,交换机上的非可信端口,在链路开始转换为 UP 时,只允许 DHCP 数据报文通过,只有可信 DHCP 服务器分配了 IP 地址,交换机学习到 DHCP 绑定表,形成了 IP 源绑定条目后,才在端口上自动加载并计算基于端口的 PACL,允许其他流量通过。

12.3.3 ARP 攻击及 ARP 检测技术简介

目前常见的 ARP 攻击可以分为两类,即 ARP 欺骗攻击和 ARP 洪水攻击。

1. ARP 欺骗攻击及防护

ARP 欺骗攻击的基本原理如图 12-26 所示。攻击主机 PCc 假冒 PCb 向 PCa 发送多个伪造的 ARP 响应报文,这些伪造 ARP 响应报文中源 IP 为 PCb 的 IP 地址,但是源 MAC 却为 PCc 的 MAC 地址,此时如果 PCb 不能正常发送 ARP 响应报文,则 PCa 会将收到的伪造 ARP 响应报文内容写入 ARP 缓存,而 PCa 发往 PCb 的通信流量,会被错误地发往 MAC地址 aabb、ccdd、0004 即 PCc 处。

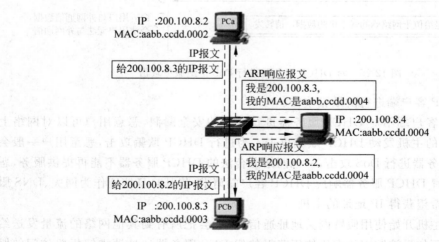

图 12-26   ARP 欺骗攻击基本原理

一般常见的 ARP 欺骗攻击是假冒网关发送 ARP 应答报文,欺骗网络中的主机将恶意主机当作网关,而把所有到外网的访问流量发送给它,这种攻击可导致被欺骗主机到其他网络的连接中断;另一种常见的 ARP 欺骗攻击是向被欺骗主机发送大量含有被欺骗主机 IP 地址的 ARP 响应报文,这种攻击可使被欺骗主机以为出现 IP 地址冲突,而被迫从网络断开,从而使恶意用户假冒被欺骗主机进行其他攻击提供方便。

要防范 ARP 欺骗攻击,可从 ARP 工作原理入手,由于静态的 ARP 条目的优先级高于动态 ARP 信息,所以可以在主机和网络设备上静态绑定 ARP 条目,防范假冒 ARP 响应报文的欺骗攻击。这种防御手段有两种实施方式,一种是在主机和网络设备的 ARP 缓存中手工配置 IP 地址、MAC 地址静态绑定信息,但实施起来比较耗时,且扩展性差,另一种相对省事的做法是利用动态 ARP 检测(DAI)结合 DHCP 监听和 IPSG 技术依据动态获得的 IP-MAC 绑定信息实施防御。

DAI 技术的基本工作原理是拦截所有进入交换机的 ARP 报文,然后将其与有效的 IP-MAC 绑定条目进行比较,匹配则通过,不匹配则丢弃。对于启用了 DHCP 监听和 DAI 的交换机,DHCP 绑定表信息将被用来作为有效 IP-MAC 绑定条目,而没有配置 DHCP 监听的交换机则以 ARP ACL 作为依据。

2. ARP 洪水攻击及防护

ARP 洪水攻击的基本原理是向网络发送大量 ARP 广播包,利用 ARP 短小精干且能够大量耗费交换机及网卡处理能力的特点,对交换机、路由器、主机等进行 DoS 攻击,使其负荷过大拒绝服务,导致整个局域网掉线。进行 ARP 洪水攻击时,恶意用户可以通过修改 ARP 广播报文和数据帧中的源 MAC、源 IP 地址,防止自己在攻击时被返回流量堵塞。

目前防御 ARP 洪水攻击的办法主要是限制进入网络中的 ARP 报文数量。配置 DAI 限速可以控制进入交换机端口的 ARP 报文数量,降低 ARP 洪水攻击的力度。

12.4 项 目 实 训

在交换机上实现基本的安全措施,防止未授权用户随意接入网络。

(提示:要实现上述要求,可以在交换机上实施以下操作。)

1. 交换机地址绑定功能

```
S2126#conf
S2126(config)#address-bind 172.16.40.101 0016.d390.6cc5
//绑定 IP 地址为 172.16.40.101,MAC 地址为 0016.d390.6cc5 的主机让其使用网络
S2126(config)#end                        //退回特权模式
S2126# wr                                //保存配置
```

说明:

(1)如果修改 IP 或是 MAC 地址,则该主机无法使用网络,可以按照此命令添加多条,添加的条数跟交换机的硬件资源有关。

(2)S2126 交换机的 address-bind 功能是防止 IP 冲突,只有在交换机上绑定的才进行 IP 和 MAC 的匹配,如果下边用户设置的 IP 地址在交换机中没绑定,交换机不对该数据包做控制,直接转发。

(3)交换机对已经绑定的 IP 进行 MAC 检查,如果不相同,丢弃该帧;对没有绑定的不

对企业网络配置相关的防攻击措施

检查，并照样转发该报文，建议在核心层使用。

2. 交换机防主机欺骗用功能

```
S2126# conf
S2126(config)# int g0/23
        //进入第 23 接口，准备在该接口绑定用户的 MAC 和 IP 地址
S2126(config-if)# switchport port-security maximum 1
        //设置最大 MAC 地址绑定数量，适合该接口下只接一台电脑
S2126(config-if)# switchport port-security mac-address 0016.d390.6cc5 ip-address 172.
16.40.101
//在 23 端口下绑定 IP 地址是 172.16.40.101，MAC 地址是 0016.d390.6cc5 的主机，确保该主机可以
正常使用网络，如果该主机修改 IP 或者 MAC 地址，则无法使用网络，可以添加多条来实现对接入主机
的控制
S2126(config-if)# switchport port-security  //开启端口安全功能
S2126(config)# end                          //退会特权模式
S2126# wr                                    //保存配置
```

注释：可以通过在接口下设置最大的安全地址个数从而来控制该接口下可使用的主机
数，安全地址的个数跟交换机的硬件资源有关，建议在接入层上使用该项。

3. 防网关欺骗

```
S2126# conf
S2126(config)# int ran fa 0/1-24
S2126(config)# anti-arp-spoofing ip 172.16.40.254
//设置为网关 IP 地址，过滤掉所有自称是该 IP 的 ARP 报文
```

4. 过滤发伪造 ARP 包的某个 MAC 地址

```
S2126# conf
S2126(config-if)# mac-address-table filtering 0014.2a6e.7ff7 vlan 3
```

5. 防止客户机改 IP 地址

```
S2126# conf
S2126(config-if)# arp 172.16.40.1010016.d390.6cc5 arpa gi0/1
//将 IP 地址与 MAC 地址绑定，生成静态 ARP 地址表
S2126(config-if)# exit
S2126# sh arp
172.16.40.101      -      0016.d390.6cc5  arpa    VL2
//ARP 地址表显示为静态绑定
```

12.5 习　题

1. 选择题

（1）以下关于 ARP 协议的描述正确的是（　　）。

    A. 工作在网络层　　　　　　　　　B. 将 IP 地址转化成 MAC 地址

    C. 工作在应用层　　　　　　　　　D. 将 MAC 地址转化成 IP 地址

（2）TCP/IP 协议的攻击类型共有 4 类，那么针对网络层攻击中，利用得比较多的协议攻击是（　　）。

  A. ICMP   B. ARP   C. IGMP   D. IP

（3）以下不属于防火墙的基本功能是（　　）。

  A. 控制对网点的访问和封锁网点信息的泄露

  B. 能限制被保护子网的泄露

  C. 具有审计作用，具有防毒功能

  D. 能强制安全策略

（4）虽然网络防火墙在网络安全中起着不可替代的作用，但它不是万能的，有其自身的弱点，主要表现在（　　）。

  A. 不具备防毒功能   B. 对于不通过防火墙的链接无法控制

  C. 可能会限制有用的网络服务   D. 对新的网络安全问题无能为力

2. 简答题

（1）写出防火墙的三种体系结构的主要应用环境。

（2）防火墙的三种工作模式各有什么特点？

项目 13 企业双核心双出口网络的构建案例

1. 项目描述

某著名企业总部设在上海,由于业务发展的需要,准备在广州设置分部,为了实现快捷的信息交流和资源共享,需要构建一个跨越地市的集团网络。总部有研发部、财务部、市场部、行政部和生产部等部门,广州分部设有销售部和技术部。

总部采用双核心的网络架构,采用双出口的网络接入模式,一条链路采用电信接入互联网,一条链路采用移动接入互联网,使用路由器接入互联网络,在网络出口与核心之间使用防火墙保护内网的安全,同时来保障服务器和内网用户主机不被网络攻击。

上海总部与广州分部采用 VPN 连接,上海总部部分区域采用无线覆盖。广州分部采用单核心网络架构,需要使用单臂路由实现 VLAN 间的路由功能。上海总部的网络都采用 OSPF 动态路由协议,广州分部采用 RIPv2 动态路由协议。

2. 网络拓扑图

企业双核心出口网络如图 13-1 所示。

3. IP 地址规划

IP 地址规划如表 13-1 所示。

表 13-1 IP 地址规划表

设备名称	接 口	IP 地址	备 注
ISP	S1/0	23.1.1.1/24	模拟运营商接入
	S2/0	24.1.1.1/24	模拟运营商接入
	S3/0	25.1.1.1/24	模拟运营商接入
R1	S2/0	23.1.1.2/24	接入 Internet
	F0/0	10.1.1.1/24	接防火墙 FW1
R2	S2/0	24.1.1.2/24	接入 Internet
	F0/0	11.1.1.1/24	接防火墙 FW2
R3	S2/0	25.1.1.2/24	接入 Internet
	F0/0.1	172.16.70.1/24	
	F0/0.2	172.16.80.1/24	
SW3-1	F0/1	10.1.1.2/24	
	VLAN 1	192.168.2.31/24	远程管理用 IP
	VLAN 10	192.168.10.1/24	
	VLAN 20	192.168.20.1/24	
	VLAN 30	192.168.30.1/24	
	VLAN 40	192.168.40.1/24	
	VLAN 50	192.168.50.1/24	
	VLAN 60	192.168.60.1/24	
	VLAN 100	192.168.100.1/24	

设备名称	接 口	IP 地址	备 注
	F0/1	11.1.1.32/24	
	VLAN 1	192.168.2.2/24	远程管理用 IP
	VLAN 10	192.168.10.2/24	
	VLAN 20	192.168.20.2/24	
SW3-2	VLAN 30	192.168.30.2/24	
	VLAN 40	192.168.40.2/24	
	VLAN 50	192.168.50.2/24	
	VLAN 60	192.168.60.2/24	
	VLAN 100	192.168.100.2/24	
AP		192.168.60.3/24	
SW2-1	VLAN 1	192.168.2.21/24	远程管理用 IP
SW2-2	VLAN 1	192.168.2.22/24	远程管理用 IP
SW2-3	VLAN 1	192.168.2.23/24	远程管理用 IP
FTP 服务器		192.168.100.249/24	
Web 服务器		192.168.100.250/24	
Mail 服务器		192.168.100.251/24	
DHCP 服务器		192.168.100.252/24	
DNS 服务器		192.168.100.253/24	
网管 PC		192.168.100.200/24	

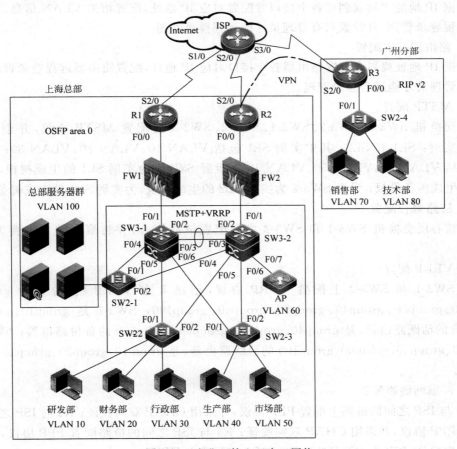

图 13-1　企业双核心双出口网络

企业双核心双出口网络的构建案例

338

4. 具体要求

1）接入层交换机基本配置

接入层交换机根据表 13-2 配置相关 VLAN 和端口信息，所有交换机都配置远程登录管理，并设置只有管理员才能远程登录管理。用户接入端口配置安全功能，每个接入接口的最大连接数为 2，如果违规则关闭接口。

表 13-2 接入层交换机 VLAN 端口配置表

设备名称	VLAN ID	端口号
SW2-1	100	F0/5～F0/10
SW2-2	10	F0/6～F0/10
	20	F0/11～F0/15
	30	F0/16～F0/20
SW2-3	40	F0/6～F0/10
	50	F0/11～F0/15
SW2-4	70	F0/6～F0/10
	80	F0/11～F0/15

2）核心层交换机基本配置

根据 IP 地址规划表创建各个接口并配置对应 IP 地址，配置相关 VLAN 信息。配置交换机远程登录管理，并设置只有管理员才能远程登录管理。

3）路由器基本配置

根据 IP 地址规划表配置路由器各个接口对应 IP 地址，配置路由器远程登录管理，并设置只有管理员才能远程登录管理。

4）MSTP 配置

在交换机 SW3-1、SW3-2、SW2-1、SW2-2、SW2-3 上配置 MSTP 协议，并创建两个 MSTP 实例：SL1 和 SL2；其中实例 SL1 包括 VLAN 10、VLAN 20、VLAN 30；而实例 SL2 包括 VLAN 40、VLAN 50、VLAN 100；设置 SW3-1 为实例 SL1 的生成树根，为实例 SL2 的生成树备份根；设置 SW3-2 为实例 SL2 的生成树根，为实例 SL1 的生成树备份根。

5）链路聚合配置

在核心层交换机 SW3-1 和 SW3-2 之间配置链路聚合，并将聚合端口配置为 trunk 模式。

6）VRRP 配置

在 SW3-1 和 SW3-2 上配置 VRRP 协议，创建 7 个 VRRP 组，分别为 group10、group20、group30、group40、group50、group60、group100；SW3-1 是 group10、group20、group30 的活跃路由器，是 group40、group50、group60、group100 的备份路由器；SW3-2 是 group40、group50、group60、group100 的活跃路由器，是 group10、group20、group30 的备份路由器。

7）广域网链路配置

R1 与 ISP 之间的链路上配置 PPP 协议，并采用 CHAP 双向验证；R2 与 ISP 之间的链路配置 PPP 协议，并采用 CHAP 双向验证；R3 与 ISP 之间的链路配置 PPP 协议，并采用 PAP 单向验证，ISP 为主验证方。R2 和 R3 之间建立 VPN。

8）路由功能配置

在路由器 ISP、R1、R2、R3 和核心交换机 SW3-1、SW3-2 上配置 OSPF 动态路由协议、RIPv2 路由协议、静态路由协议或路由重分发，使全网互通。

9）NAT 功能配置

配置 NAT，内网中的 VLAN 10 用户能够通过地址池（23.1.1.11～23.1.1.15/24）访问互联网；内网中的 VLAN 20 用户能够通过地址池（23.1.1.16～23.1.1.20/24）访问互联网；内网中的 VLAN 30 用户能够通过地址池（23.1.1.21～23.1.1.25/24）访问互联网；内网中的 VLAN 40 用户能够通过地址池（23.1.1.26～23.1.1.30/24）访问互联网；内网中的 VLAN 50 用户能够通过地址池（23.1.1.31～23.1.1.35/24）访问互联网；内网中的 VLAN 60 用户能够通过地址池（23.1.1.36～23.1.1.40/24）访问互联网；内网中的 VLAN 100 用户能够通过地址池（23.1.1.41～23.1.1.45/24）访问互联网；内网中的 VLAN 70 和 VLAN 80 用户使用外部端口的 IP 地址访问互联网；将 FTP 服务器和 Web 服务器发布到互联网上，FTP 服务器使用地址 23.1.1.5；Web 服务器使用地址 23.1.1.6。

10）安全访问控制配置

内网用户只能在工作日的上班时间（8:00～16:00）才能访问互联网；防火墙配置为透明模式；内网部署了 DHCP 服务器，为了保障 DHCP 服务器的正常工作，需要配置 DHCP 监听功能和中继功能；由于网络中经常会用 ARP 攻击，所以还要使用动态 ARP 检测来防止网络中的 ARP 攻击。

企业双核心双出口网络的构建案例

部分习题答案参考

项目 1

1. 选择题

(1) C (2) B (3) D (4) D (5) A (6) C (7) A (8) D (9) A (10) D

2. 简答题

略。

项目 2

1. 选择题

(1) B (2) A (3) C (4) A (5) C (6) D (7) A (8) D (9) B (10) C

2. 简答题

略。

项目 3

1. 选择题

(1) D (2) A (3) B (4) B (5) C (6) A (7) C (8) D (9) B (10) C

2. 简答题

略。

项目 4

1. 选择题

(1) A (2) C (3) A (4) C (5) C (6) D (7) B (8) C (9) D (10) A

2. 简答题

略。

项目 5

1. 选择题

(1) C (2) D (3) A (4) B (5) D (6) B (7) C

2. 简答题

略。

项目 6

1. 选择题

(1) C (2) A (3) D (4) B (5) C (6) B (7) C (8) D (9) A (10) D

2. 简答题

略。

项目 7

1. 选择题

(1) A (2) B (3) B (4) D (5) B (6) C (7) D (8) A (9) D (10) C

2. 简答题

略。

项目 8

1. 选择题

(1) A　(2) C　(3) D　(4) A　(5) B　(6) B　(7) C　(8) C　(9) B　(10) D

2. 简答题

略。

项目 9

1. 选择题

(1) A　(2) C　(3) B　(4) D　(5) D　(6) B　(7) B　(8) B　(9) D　(10) A

2. 简答题

略。

项目 10

1. 选择题

(1) A　(2) C　(3) C　(4) D　(5) B　(6) D　(7) D　(8) C　(9) B　(10) C

2. 简答题

略。

项目 11

1. 选择题

(1) A　(2) C　(3) A　(4) A　(5) D　(6) B　(7) C　(8) B　(9) C　(10) D

2. 简答题

略。

项目 12

1. 选择题

(1) B　(2) AD　(3) C　(4) ABCD

2. 简答题

略。

参 考 文 献

[1] （美）格拉齐亚民（Grazi-ani R）.思科网络技术学院教程.CCNA.接入 WAN.北京：人民邮电出版社,2009.

[2] （美）诺特（Knott W O T）.思科网络技术学院教程.CCNA.1,网络基础.北京：人民邮电出版社,2008.

[3] 张选波,吴丽征,周金玲.设备调试与网络优化学习指南.北京：科学出版社,2009.

[4] 张选波,王东,张国清.设备调试与网络优化实验指南.北京：科学出版社,2009.

[5] 高峡,陈智罡,袁宗福.网络设备互连学习指南.北京：科学出版社,2009.

[6] 华为网络网站.http://www.huawei.com/cn/.

[7] 锐捷网络网站.http://www.ruijie.com.cn/.